建筑快速设计

SWIFT ARCHITECTURAL DESIGN

董莉莉　编著

中国建筑工业出版社

图书在版编目(CIP)数据

建筑快速设计／董莉莉编著.— 北京：中国建筑工业出版社，2016.8

ISBN 978-7-112-19547-3

Ⅰ.①建… Ⅱ.①董… Ⅲ.①建筑设计 Ⅳ.①TU2

中国版本图书馆CIP数据核字（2016）第149218号

责任编辑：李成成
责任校对：王宇枢 张 颖
设计制版：北京美光设计制版有限公司

建筑快速设计
董莉莉 编著
*
中国建筑工业出版社出版、发行（北京西郊百万庄）
各地新华书店、建筑书店经销
北京美光设计制版有限公司制版
北京顺诚彩色印刷有限公司印刷
*
开本：889×1194毫米 1/20 印张：9⅘ 字数：309千字
2016年7月第一版 2017年8月第二次印刷
定价：68.00元
ISBN 978-7-112-19547-3
(29059)

建筑学专业人才的快速设计能力，是其专业技术素质与综合工作能力的集合体现。我国目前在建筑学专业硕博入学考核、建筑设计企业人才选拔考核、建筑师执业资格考核中，虽然其考核目标不同，但全都无一例外地选择了将快速设计能力的考核作为其最重要的核心科目。因此，建筑学专业学生快速设计能力的培养与提高，既能应对当前升学与就业的专业需求，又能满足我国当代城乡建设与发展对专业执业人才的技能需求。

本书针对建筑学专业快速设计的思维、方法、表达等特点，从知识、技能、技巧等方面进行归纳与总结，并坚持实践性、创新性、时效性的三大原则。

由于建筑学专业快速设计具有很强的实践性，为了达到良好的教学效果，本书注重理论知识紧密结合实践案例的示范性教学方式。分类尽量详尽，思路尽量明确、条理尽量清晰，便于学生达到理解的全面性、实用性和针对性。由于建筑学专业快速设计具有很强的创新性，本书的编写注重整合大量真题与实作案例，以图文结合、新颖直观的方式增强学生自行分析的效果。建筑学专业快速设计具有很强的时效性，本书理论建构以最新的规范为依据、类型归纳以最新的标准为依据、案例收集以最新的样题为依据，确保学生对于专业动态的跟进。

本书分为五章：第一章对于建筑快速设计的概念、意义、特点三方面内容进行了梳理；第二章针对建筑快速设计的设计方法，从审题、分析、设计三个步骤进行了总结；第三章针对建筑快速设计的表现技法，从基础知识、绘图工具、表达风格、分类训练、绘图技巧五个方面进行了归纳；第四章针对建筑快速设计的提升策略，从时间安排、手法选择、效果把控、技能集训四个层次进行了分析；第五章按照展览类、景观类、交通类、限定类、扩建类、改建类、内部空间划分类、山地类、总平面布置类九个类别选取了18个真题进行了实作解析，并选取近50份优秀的建筑快速设计作品进行演绎展示。

本书得到重庆市高等教育教学改革研究重点项目（编号：132010），重庆交通大学教育教学改革研究课题（编号：1202006）的资助。

本书编著人员：

董莉莉（重庆交通大学建筑与城市规划学院）

叶　鑫（成都大学建筑与土木工程学院）

祁乾龙（淮海工学院建筑系）

郁雯雯（重庆艾特兰斯园林建筑规划设计有限公司）

彭芸霓（重庆交通大学建筑与城市规划学院）

甘　亮（重庆交通大学建筑与城市规划学院）

本书在编著过程中，张婷婷、杨丽萍等参与了排版的初稿与校对；陈洁、陈睿晶、潘高、黄聪、刘美、王一名、王志飞、熊濯之、闫玫璐、杨柳、殷天伟、张雅韵、赵依帆、郑烈、朱亮亮等负责了实作案例的绘制；陈伟、范韬、葛晓冰、姜红辉、李颖、桑雨岑、盛兰、宋志英、王瑞、王轶楠、王哲星等负责了实作案例的提供，谨此表示感谢。

2016年6月

目录 / CONTENTS

第 1 章 建筑快速设计的概述

1.1 建筑快速设计的概念 002

1.2 建筑快速设计的意义 002

1.2.1 培养设计者的基本素养 002

1.2.2 符合实际工作的要求 005

1.2.3 作为建筑设计教学的重要内容 005

1.2.4 作为建筑专业选拔人才的方式 005

1.3 建筑快速设计的特点 005

1.3.1 课程设计与快速设计的比较 006

1.3.2 设计方法的特点 007

1.3.3 表现技法的特点 007

第 2 章 建筑快速设计的设计方法

2.1 建筑快速设计过程 010

2.1.1 审题 010

2.1.2 分析 011

2.1.3 设计 012

2.2 建筑快速设计要点 014

2.2.1 文化馆建筑（包括展览建筑） 015

2.2.2 图书馆建筑 017

2.2.3 托幼建筑 019

2.2.4 中小学建筑 021

2.2.5 办公建筑 023

2.2.6 饮食建筑 025

2.2.7 商店建筑 026

2.2.8 旅馆建筑 027

2.2.9 汽车客运站建筑 029

2.2.10 其他建筑 031

2.3 相关建筑设计规范 033

2.3.1 民用建筑设计通则 GB 50352—2005 033

2.3.2 建筑设计防火规范 GB 50016—2014 035

第 3 章
建筑快速设计的表现技法

3.1 基础知识的积累 038
3.2 快速绘图工具的准备 038
3.3 手绘表达风格的选择 040
3.3.1 马克笔 040
3.3.2 铅笔 042
3.3.3 彩色铅笔 043
3.3.4 针管笔 043
3.3.5 钢笔 043
3.3.6 水彩 044
3.4 针对性较强的分类训练 046
3.4.1 线条 046
3.4.2 透视 046
3.4.3 配景 046
3.5 快速绘图技巧 050
3.5.1 马克笔 050
3.5.2 彩色铅笔 050
3.5.3 水彩 051
3.5.4 钢笔 051
3.5.5 钢笔淡彩 051

第 4 章
建筑快速设计的提升策略

4.1 合理安排时间进度 054
4.2 恰当选取设计手法 055
4.3 充分表达图面效果 056
4.3.1 专业的图面功能表达 056
4.3.2 适宜的图面布局设计 061
4.3.3 适合的图面表现方式 061
4.4 明确目标分类训练 062

第 5 章
建筑快速设计的案例解析

5.1 展览类 064
5.1.1 设计题目 1：某建筑院校内小型展览陈列馆 064
5.1.2 设计题目 2：书画艺术陈列馆 070
5.2 景观类 076
5.2.1 设计题目 1：广州市郊青年旅社建筑设计 076

5.2.2 设计题目 2：山地会所设计 084
5.3 交通类 090
5.3.1 设计题目 1：停车库及休闲景观平台设计 090
5.3.2 设计题目 2：南方某旅游小镇长途汽车站 096
5.4 限定类 101
5.4.1 设计题目 1：社区活动中心设计 101
5.4.2 设计题目 2：近代名人故居纪念馆建筑设计 106
5.5 扩建类 111
5.5.1 设计题目 1：中学科技楼扩建 111
5.5.2 设计题目 2：教学楼顶层扩建 117
5.6 改建类 124
5.6.1 设计题目 1：工业厂房改造 124
5.6.2 设计题目 2：滨江厂房改造设计 129
5.7 内部空间划分类 134
5.7.1 设计题目 1：建筑师事务所快题设计 134
5.7.2 设计题目 2：文化展示中心 138
5.8 山地类快题设计 142
5.8.1 设计题目 1：城市商业综合体设计 142
5.8.2 设计题目 2：山地滨江办公综合楼设计 150
5.9 总平面布置类 157
5.9.1 设计题目 1：滨水创意产业园区企业家会所设计 157
5.9.2 设计题目 2：城市建设发展中心规划与建筑设计 164
5.10 优秀建筑快速设计作业 169

参考文献

第1章

建筑快速设计的概述

1.1 建筑快速设计的概念

快速设计又称快题设计、快图设计，是指在很短的时间内，完成建筑设计从方案构思到图形表达的过程。建筑快速设计是建筑设计的一种特殊形式，其考察的是设计者的基地分析能力、理性判断能力、方案构思能力、创新能力、表达能力等。建筑快速设计在设计范围内体现的是对专业技能的掌握，而在艺术范畴中体现的是对艺术美学的感知，在理性设计与感性表现之间，设计者应始终保持热情的态度去发现、感受和创造美的事物，并借助工具与技法将艺术灵感注入具体的形象和画面之中。

近年来，建筑快速设计作为建筑专业求职考试、专业升学考试常采用的方式，逐渐引起了建筑师和建筑专业学生的关注。快速设计不过分追求细节，而是讲究设计的完整性，这正体现了设计者快速设计思维的基本素养。快速地从任务书中抽取重要信息和背景，快速地协调各种矛盾，快速地表达自己的设计思维，这些都是建筑师必须具备的能力，而快速设计提供了一种快速养成这些能力和认识建筑、认识建筑设计过程的手段。

快速设计按照完成时间的限定主要分为以下几种模式:

① 3~4 小时

这种模式的快速设计时间非常短，因此往往要求设计者完成一个规模较小、功能简单的建筑单体设计。一些题目明确要求只完成部分建筑方案设计的内容，如总平面布局或平面设计等，但是基本上均要求能够表达出方案整体性的设计构思（图 1.1）。

② 6~8 小时

通常将这种模式的快速设计用作建筑学专业考试，如高等院校研究生入学考试、设计单位招聘考试、注册建筑师考试等。该模式与前者相比，设计任务增加，一般要求绘制完整的总平面图、平面图、立面图、剖面图和透视图，以及设计说明、经济技术指标等。在较为紧张的时间范围内，设计者除了表达方案的主要构思，还要注重图面效果和总体风格。因此，这种模式的快速设计能较好地反映设计者的基本功、创新能力和综合表达水平（图 1.2）。

③ 几天内完成的快速设计

与前两种模式相比，这种模式的快速设计时间相对宽裕，且可以借助外界帮助，如资料查阅、调研等，但由于设计深度要求较高，设计者必须在有限的时间内整合完成任务书上的所有要求并绘制成图。这种模式的快速设计主要用于高校建筑学专业课程设计的快速设计、某些设计竞赛，以及较为重要的实际工程的多方案比较等。

总的来说，快速设计强调一个“快”字，考验的是设计者从事建筑创作的基本功，所谓冰冻三尺非一日之寒，基本功的积累需要长期的专业培养和美学熏陶，只有不断地练习、总结，才能水到渠成。

1.2 建筑快速设计的意义

建筑学专业人才的快速设计能力，是其专业技术素养与综合工作能力的集合体现。国际上众多国家均将快速设计能力考核作为建筑学专业综合素质测试的核心内容，并使其成了建筑学专业国际性行业执业资格认证的考核惯例。通过 5 年的学习，在大学毕业之际，无论是选择进入设计院工作，还是选择考研深造，都会面临用人单位或申报学校的考试。尽管两者考试的目的有所不同，但快速设计都是其中必要的内容。

1.2.1 培养设计者的基本素养

建筑快速设计的特殊性决定了要在很短的时间内完成一套设计方案，这种时间的限制有助于设计者摆脱平时养成的思维惰性。在理解任务书要求的基础上，快速唤起创作灵感，紧接着手与脑的热情在一瞬间被调动，成为默契的整体。长此以往的训练，可以有效

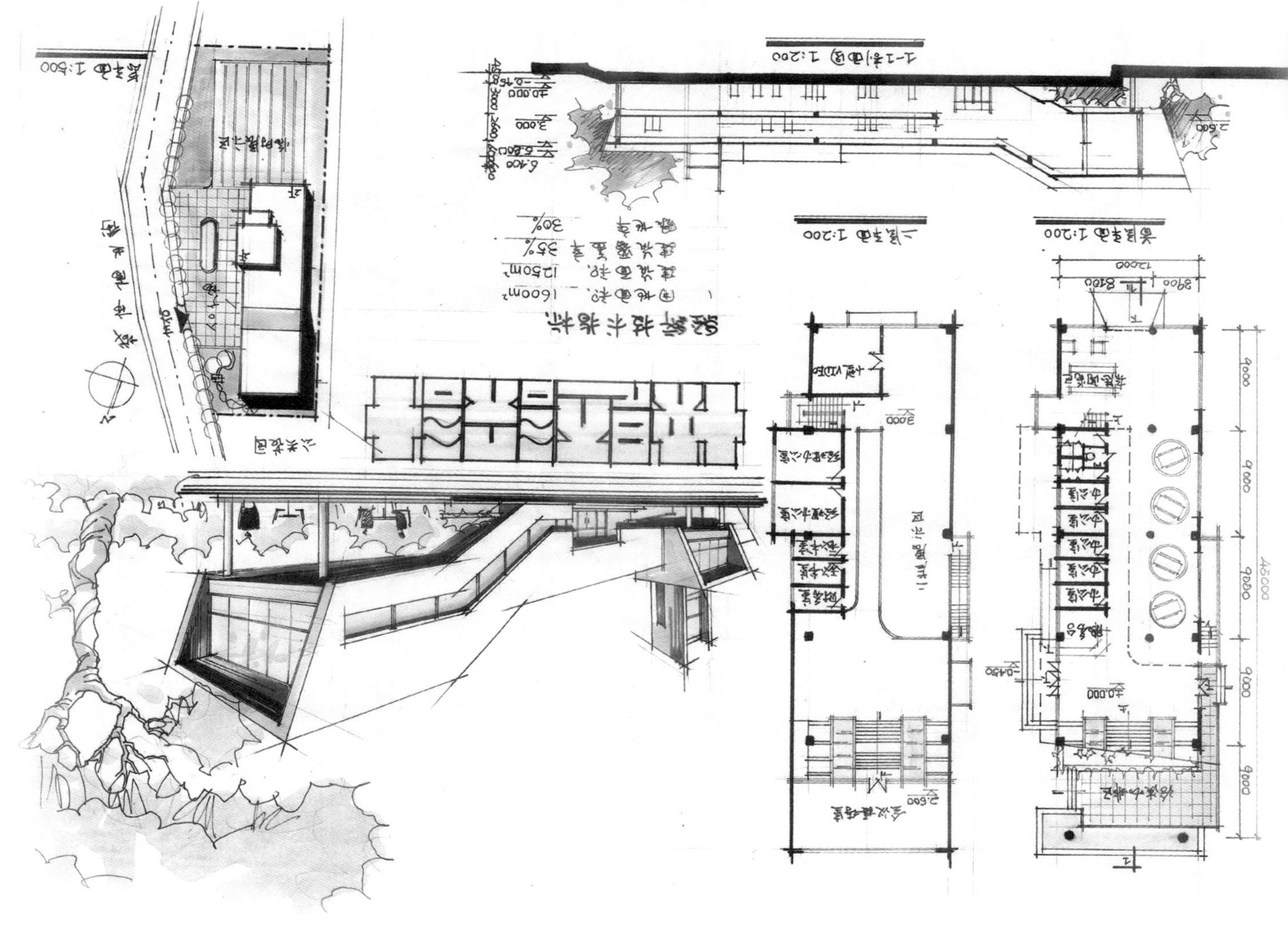
经济技术指标
用地面积 1600m²
建筑面积 1250m²
建筑覆盖率 35%
绿地率 30%
总平面 1:500
首层平面 1:200
二层平面 1:200
1-1剖面图 1:200

图 1.1

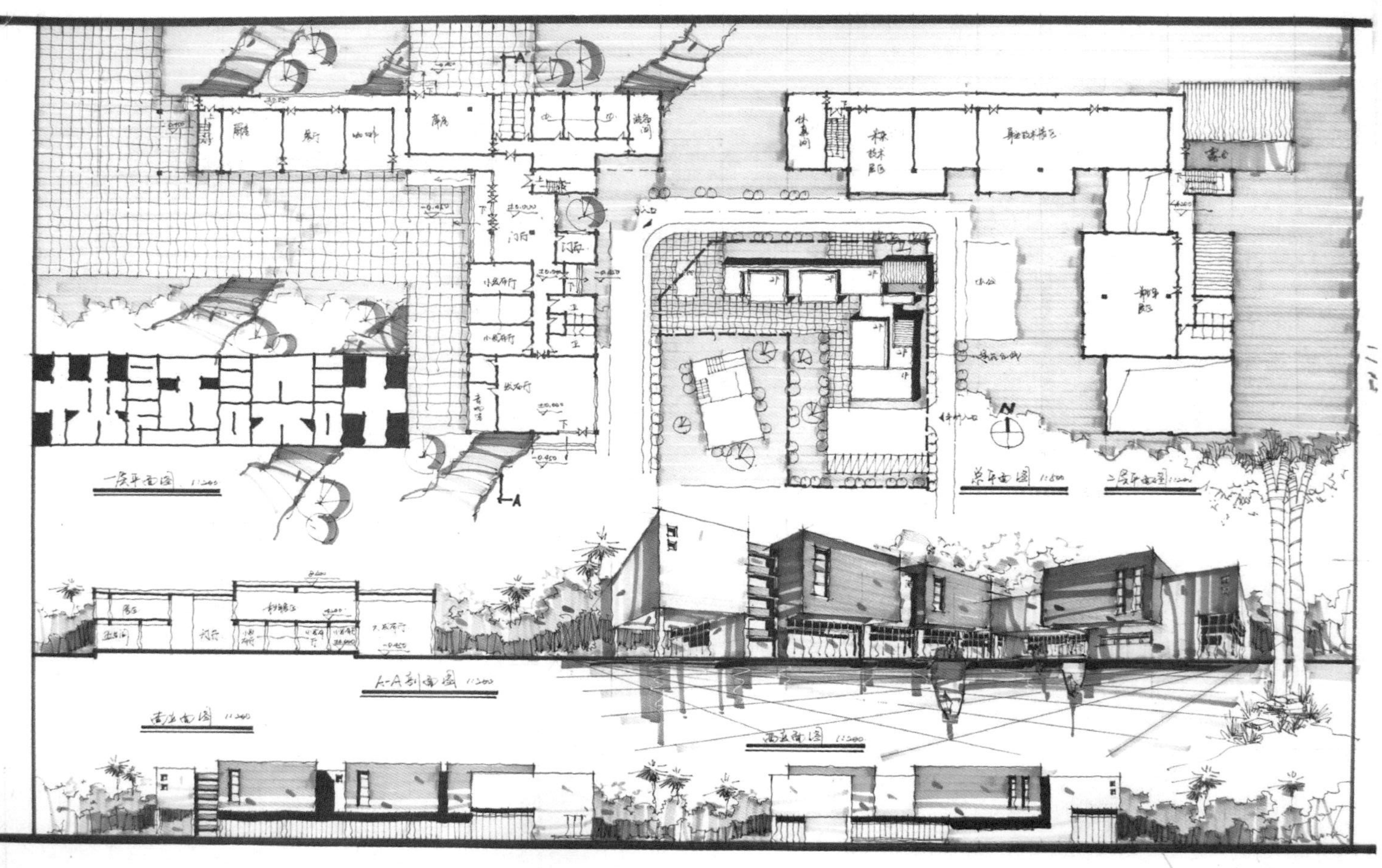

图 1.2

提高思维能力和表达能力。另外，快速设计要求设计者通过自身的理性思考，凭借日积月累的专业知识，选择适合自己的设计手法及表达方式完成设计工作，其间不得查阅资料，不得与人讨论，这大大提高了设计者独立思考的能力。因此，利用建筑快速设计来培养建筑设计从业者的基本素养是最为有效的手段。

1.2.2 符合实际工作的要求

如今，由于建筑行业的蓬勃发展，涌现出大量应急设计任务，要求设计者在短期内又快又好地完成设计方案。面对这种特殊任务，设计者无法按常规出牌，只能采用快速设计的方法以满足社会的需求。在实际工作中，一个建筑设计项目通常分为三个阶段，即方案设计、初步设计、施工图设计。方案设计是其中的第一个环节，它的任务是：在熟悉建筑设计任务书、明确设计要求的前提下，综合考虑建筑的功能、空间、造型、环境、结构、材料等问题，做出较为合理的方案。因此，只有通过建筑快速设计训练以提高方案设计能力，才能为走向工作岗位打下坚实的基础。

1.2.3 作为建筑设计教学的重要内容

课程设计能全面系统地引导学生从起步到认识建筑设计，掌握各种类型建筑的设计原理，最终具备方案设计的能力。而快速设计是学习阶段后期对课程设计的总结和检验，也是对思维、手法及表达等综合能力训练的最佳途径。一些学生过分依赖于计算机制图，而忽视了手绘的重要性，这种依赖最后将导致思维能力、动手能力及表达能力的缺失。手绘作为建筑设计者的基本功，借助于线条、图示、符号等梳理思路，在方案设计中更能突显其优势，这也是快速设计作为一门必要的教学课程的原因。

1.2.4 作为建筑专业选拔人才的方式

无论是考研还是设计单位招聘考试，建筑快速设计都是在短时间内检验应试者设计能力的最佳方案。因为快速设计压缩了一般方案设计构思、推敲、表现的过程，应试者在快速设计中真实展现其思维能力、表达能力及专业知识，讲究真刀真枪，来不得半点虚假。建筑快速设计的考察方式给每个应试者公平的机会展现其基本功与应对能力，最终选拔出符合时代要求的综合性人才。

然而，目前在全国高等院校建筑学专业本科教学中，快速设计往往以“填充剂”的身份出现在强调过程的设计课程中，缺乏系统性和连贯性，更多地只起到了暂时、单一目的的训练作用。当学生面临就业、升学时，往往因为缺乏相应的综合应对能力而产生不得不临时抱佛脚突击的局面，进而影响其就业、升学效果。因此，建筑学专业人才快速设计能力的培养，既是我国该学科专业与世界接轨的国际需求，也是使该学科专业人才能够适应我国当代城市建设发展的社会需求。为了获得就业、升学选择的理想结果，熟练掌握并正确运用建筑快速设计的方法和特殊技巧是极为重要的。

1.3 建筑快速设计的特点

建筑快速设计作为一种特殊形式的方案设计，从分析思路到设计程序再到完成目标，都具有其自身的特点，可以说，快速设计对设计者提出了更大的挑战。

要想在建筑快速设计考试中取得理想的成绩，第一步是明确考试的目的，即出题者的目的和应试者的目的。通常来说，出题者的目的是考察设计者的综合设计能力及综合分析判断能力，其中学校会偏重前者，因此设计成果的完整性相当重要；而设计院会偏重后者，因此设计成果的合理性尤为重要。而应试者的目的则是通过考试顺利升学或就业。接下来一步是要理清建筑学专业快速设计考试的特点，才能依据目标早做准备，制定相应的计划，确保考试时能够扬长避短，达到最佳的效果。

1.3.1 课程设计与快速设计的比较

在建筑学专业平时的建筑设计课程中，通常是用较长的时间完成一个建筑设计，其间设计要经过反复推敲，为的是培养学生对于各种类型建筑特点的充分掌握，以及设计方法的熟练驾驭，最终成果是一套完全反映设计全部内容的方案图纸。快速设计作为一种建筑学专业特有的考察方式，是指在特定的时间内完成一个建筑设计。最终成果是一套相对完整并能反映设计主要内容的方案图纸，与平时的课程设计相比具有表 1.1~ 表 1.3 所示的不同特点。

通过以上比较可以知道，课程设计的特点是分散、耗时较长、建筑规模较大、成果要求全面、设计过程可不断吸取教师的指导意见和借鉴相关资料的内容、评审标准涉及全面详细，整个过程偏重让学生经历不知—知—熟练掌握的过程；快速设计的特点是集中、耗时较短、建筑规模适中、成果要求相对减省但重点突出、设计过程中需要独立思考和独立决断、评审标

课程设计与快速设计比较 * 表 1.1

比较内容		课程设计	快速设计
建筑规模		小型、中型、大型（由低年级向高年级逐渐过渡）	中型（3000~5000m^2）
设计时间		8~9 周	4~8 小时
成果要求	图纸内容	总平面图、各层平面图、立面图、剖面图、透视渲染表现图、建筑模型、说明及经济技术指标	总平面图、各层平面图、立面图、剖面图、透视快速表现图、说明及经济技术指标
	图纸表达	尺规完成、水彩或水粉渲染	徒手完成、彩铅或马克笔快速表现
设计过程		构思—草图（三次）—成图（反复推敲修改）	构思—成图（快速一次定稿）
外界帮助		教师指导、资料查阅	无
评审标准		见表 1.2	见表 1.3

课程设计评分标准 * 表 1.2

分项	总平面图	平面功能布置	立面及形体设计	剖面及结构布置
分值	10	14	14	10
分项	图面效果	表现图	模型	草图完成情况
分值	10	7	5	30

应试快速设计评分标准 * 表 1.3

评分内容	环境构思、建筑造型	使用功能、平面空间组合
分值	30%	40%
评分内容	图面表现技巧文字表达	技术经济结构合理
分值	20%	10%

备注：表 1.1、表 1.2、表 1.3 所包含的为通常内容，特殊内容未纳入此表。

准突出考察目的，整个过程偏重让学生把日常所积累的知识、能力综合表达出来。所以在快速设计的过程中，应将明确的目的贯穿其中，以最佳设计深度的合理控制与表达来符合其特点。具体来说，建筑快速设计的特点表现在设计方法及表现技法两个方面。

1.3.2 设计方法的特点

建筑快速设计与课程设计相比，最大的特点是时间的限制，从审题到分析再到设计，最终呈现出一套相对满意的方案，都要在短短的几个小时内完成，这就要求设计者必须将平时设计过程中的每个步骤都加速推进。

首先，要做到思维敏捷。大多数学生在课程设计中养成了“慢热型”的设计状态，慢条斯理地思考问题，按部就班地运行设计，这在快速设计中都是行不通的。快速设计强调的是快速理解题意，快速分析设计条件，快速构思灵感，快速找准设计方向。因此，保证思维的敏捷、连贯是提高设计效率的关键。

其次，设计思维最终将落实到图面表达，而思维是闪念的、流动的，如果手的操作跟不上思维活动，那思维将受到约束。只有熟练地运用各种图示、符号来对模糊的概念进行分析、归纳，才能逐渐形成清晰、完整的方案原型。

1.3.3 表现技法的特点

建筑快速设计强调的是理性判断，考察设计者运用专业技能统筹解决立意、功能、空间、形态、环境等问题的综合能力。在如此短暂的时间内要做到完美无缺是不现实的，只需抓住设计的主要矛盾，解决方案全局的实质性问题，便达到最终的考察目的。设计成果要求高度概括，能清晰地表达设计意图，而不过分地拘泥于细枝末节。在图面表现上，注重整体风格的协调统一，营造良好的综合印象（图 1.3）。线条的运用体现快速设计的特点，流畅而不拘一格；颜色干净整洁，突出重点，主次分明；配景简洁概括，用以烘托环境氛围，但避免过分眼花缭乱，做到适可而止（图 1.4）。

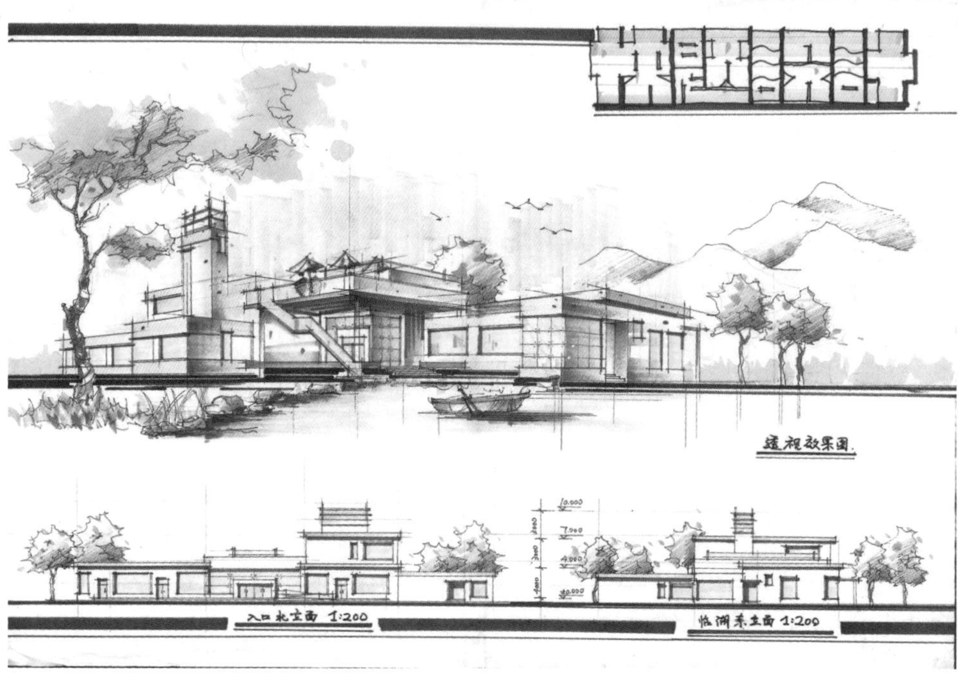
快题设计
透视效果图
入口北立面 1:200
临湖东立面 1:200

图 1.3

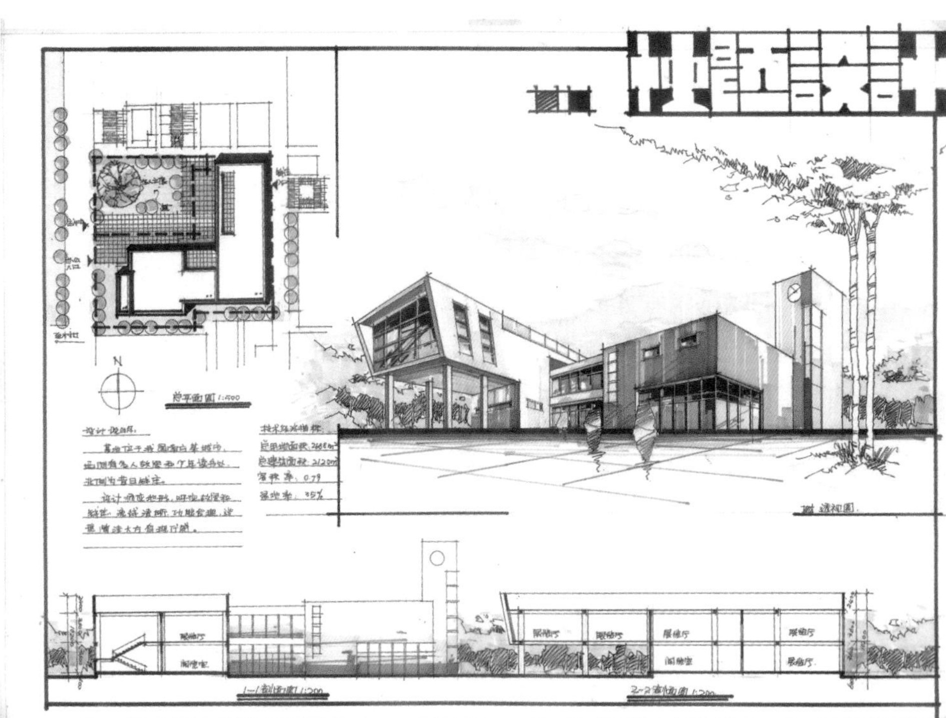
快题设计
总平面图 1:500
N
1-1剖面图 1:200
2-2剖面图 1:200

图 1.4

第2章

建筑快速设计的设计方法

2.1 建筑快速设计过程

2.1.1 审题

题目是设计的核心，尤其对于快速设计来说，能够获取的全部重要信息都来自题目，而设计的整个过程都是在围绕这个题目“做文章”。因此，正确的审题是建筑快速设计成功的关键。

快速设计的题目一般包含设计性质、设计内容和设计要求三个部分的信息，以文字及地形图的方式给出。对于文字部分一定要逐字逐句阅读，抓住其中的关键词，切勿为了节省时间一眼带过，最后适得其反，酿成大错。特别需要提醒的是，地形图中也包含了许多重要信息，如：指北针、等高线、道路红线、建筑控制线等，往往容易被忽视。

下面从三个方面介绍如何正确审题。

1）设计性质

明确设计的性质就是要解决“设计什么、为谁设计”的问题。一般而言，作为研究生升学考试或设计单位招聘考试的建筑快速设计，其目的是为了考察设计者的设计能力及表达能力，尤其是从平时的生活体验及设计经验中总结出来的专业素养，因此，题目一般为常见的非特殊功能性建筑，如展览馆、图书馆、幼儿园、活动中心等，建筑规模在 3000~5000m^2。

在审题过程中，尤其需要仔细揣摩限定词，以免设计方向出现差错。例如，南方某老年活动中心设计、北方某大学教学楼设计，其中“南方”、“北方”限定了设计的区位，直接关系到气候特征与建筑风格。又如，6 个班的幼儿园设计、藏书 80 万册的某图书馆设计，由数量词限定了设计的规模，决定了其平面功能布局。再如，某居住区会馆设计、某公园茶室设计，“居住区”、“公园”则限定了特定的使用对象，明确指出了该设计的服务人群。

2）设计内容

设计内容又可分为场地设计内容和建筑设计内容两个方面。

场地设计内容一般出现在任务书以及地形图中，包括用地范围、周边道路、地形地貌、场地方位及景观条件等，一些快速建筑设计的任务书中还给出了气候条件及人文背景。不同于平时的课程设计，快速设计无法对设计内容进行现场踏勘，因此只能通过对地形图的理性分析获得重要信息。建筑如何与周边环境结合？如何与自然地形结合？如何与历史文脉结合？这些都是审题过程中需要思考的问题。

建筑设计内容主要包括房间的面积、数量及功能要求。任务书中通常会给出一系列功能房间，如：5 间教室，3 间办公室等。审题时，对主要功能房间的面积及数量要做到心中有数。在常见类型的建筑快速设计中，房间往往是富于变化的，有大空间的会议厅、多功能厅等，也有小空间的客房、办公室等，如何组织不同大小、功能要求的房间，就需要设计者熟练地掌握各种房间形态的要求及特点。

3）设计要求

设计要求包括规划要求、建筑要求及成果要求。

规划要求是指建筑控制线、建筑出入口位置、建筑密度、容积率等，另外，一些题目为了易于发挥创造，在基地内设置如河流、树木等限制性要求，以考察设计者的综合应对能力；建筑要求是指房间组成、房间功能、房间高度、屋顶形式等，如，报告厅、展厅等房间要求层高大于 4.50m，如何处理高差问题成为测试的重点；成果要求是指图纸内容、图纸比例、表现方式等，审题过程中只需要简单的浏览，绘图过程中再一一对照要求完成。

设计要求体现了出题者考察的主要意图，也是关系图纸分数高低的重要标准。例如，建筑压红线，分数降低 20%；建筑超过红线，分数降低 30%；与其他范围条件不符则不及格。因此，为了避免设计结果偏离设计要求，应试者应当仔细阅读任务书中的每一项设计要求，理解出题者的用意。

2.1.2 分析

分析可以在审题完成之后，也可以伴随在审题过程之中。若为了节省时间而省去分析的步骤，一知半解就开始设计画图，其结果是欲速则不达。对任务书的内容合理有效的分析，可以帮助设计者进一步理清思路，找准解题的突破口，明确设计的方向。

建筑快速设计时，主要抓住以下三个方面进行分析和思考。

1）基本功能分析

基本功能分析的目的首先要把握任务书中列出的若干功能空间的相互关系，必要时可以绘制平面功能泡泡图。更为重要的是将设计内容中平面性的文字叙述，转换成立体性的空间组合，这样可以有助于后面设计阶段快速、合理地将房间在竖向上进行功能分区。其次，根据任务书中各功能空间的面积分配，在基地中划分方块图，大致确定各功能区所在的位置及形态。但需要注意的是，前面这两步要从全局出发，尤其是对于功能较复杂的快速建筑设计，应从大的功能分区开始着手，把问题简单化，然后再进一步梳理每个区域内房间的相互关系和面积分配，切勿在一开始就过分拘泥于房间的形状、大小而陷入思维的混乱之中。有了前面的基础，再来分析以下问题：各功能空间的开放程度，空间是对内还是对外？各功能空间的朝向要求，主要房间有何要求？次要房间有何要求？各功能空间的净高要求，每种房间需要的净高是多少？与之相适应的结构是什么？各功能空间的动静要求，哪些房间嘈杂？哪些房间安静？如何做到动静分区？

所谓万事开头难，解决好以上问题正是为后面方案设计的顺利进行开个好头。这种由全局到局部的基本功能分析，可以确保平面布局的合理性，在此基础上完成建筑的平面图也是水到渠成的事了。

2）限制条件分析

限制条件分析可以从基地环境、规划要求、地区气候、景观要求、保护要素等方面展开。

基地环境。拿到地形图首先观察基地的平面形状，建筑的平面形状应该与基地的形状相吻合，特别注意当基地出现斜边或者锐角时建筑的处理方式。然后根据周边道路的尺寸分析出车流、人流的主次关系，从而确定车行出入口与人行出入口的位置。接下来分析周边建筑物的限制条件，如建筑轮廓、建筑高度、建筑出入口的位置等，处理好新建建筑与现有建筑的关系，以达到和谐统一。最后观察基地的地形地貌，建筑的平面组合形式要顺应地势，若基地内有较大高差，建筑则可能采用错层布置的形式。

规划要求。任务书中通常会给出城市总体规划对建筑设计的限制条件，例如，建筑退距、建筑限高、建筑密度、容积率、绿地率等，这些限制条件直接影响了建筑方案设计。根据建筑退距可以确定用地范围；根据建筑限高可以确定建筑的层数及层高；根据建筑密度、容积率、绿地率可以确定图底关系。

地区气候。建筑所在地区及该地区的气候条件对设计有很大影响，它直接关系到建筑平面的布局、建筑造型的选择及建筑材料的使用。例如，建筑处于南方地区，则宜采用分散式的布局形式，形体相对通透，以利于夏季通风；建筑处于北方地区，则宜采用集中式的布局形式，形体相对封闭，以利于冬季避寒。

景观要求。景观条件的限制对于平面设计中确定主要房间的朝向十分重要。若建筑所处的环境中有较好的景观界面时，建筑设计则要考虑提供良好的视角来观赏这些景观。但如果景观条件与前面分析出的朝向不相一致时，则需要平衡其中的利弊关系。

保护要素。当基地内存在需要保留的环境要素（如：植物、水池、河流）或者名胜古迹（如古建筑、构筑物）等限制条件时，建筑设计应当考虑如何在平面布局和空间组织上与之有机结合。尽可能采取积极的做法充分利用这些元素，使其与建筑成为一个整体。

3）陷阱内容分析

建筑快速设计要在短时间内考察应试者的分析、判断能力，要用分数来评定方案的好坏，那么必然会设定许多陷阱内容，如果不能及时发现它并采取措施应对，就会“误入歧途”，还可能导致设计方案跑题。

具体来说，题目给出了场地高差、周边建筑、景观条件等一系列信息，在这些信息之中，暗含了设计的方向。如：场地内出现了古树，那一定是要求做一个活动的场所，并且形成建筑的对景；场地外出现了山和水，一定是指明了景观方向，提示了动静分区以及休憩餐饮等功能的朝向；给定了周边建筑和道路，就会对建筑入口方向、建筑平面轮廓、建筑外的空间围合产生提示。应试者必须对诸如此类的陷阱内容保持高度的敏感性。

一些不起眼的环境条件往往会是陷阱所在。例如，指北针作为基地重要环境条件，因为太过常见而有可能熟视无睹，出题者却常常在这上面做文章。若不看清楚指北针方向，仅凭定势思维做判断就开始方案设计，则南辕北辙。又比如，某美术馆设计中提到建设地点为“南方”城市，按照一般的思维模式，建筑为适应气候条件宜采用分散式的布局形式，却忽略了该建筑位于市区，规模达 10000m^2，采用分散式布局会使得流线过长，不利于室内外空间组织，这是展览类建筑的禁忌。因此，面对众多的限制条件，要分清主次，有所取舍，抓住出题者的主要意图，切勿走错方向。

2.1.3 设计

1）建筑快速设计流程

（1）场地设计

方案设计的第一步为场地设计，即考虑建筑与环境的问题，如：地理环境、自然环境、交通环境等。任何一个建筑都是处于特定的环境条件之中的，场地设计需要解决建筑与环境之间的各种矛盾，以达到和谐统一。具体来说，场地设计包括出入口的选择与确定“图底”关系两个步骤。

建筑快速设计中场地的出入口一般有两个：为使用者服务的主要出入口和为后勤服务的次要出入口，出入口位置的选择不仅与周边道路的尺度有关，还与建筑的性质、规模有关，一般应遵循主要出入口迎合主要人流方向的原则设置。而次要出入口应尽量和主要出入口分隔开，条件允许时宜分别设置在两条道路上，以满足主要人流与后勤流线相互独立、不交叉的要求。

若把建筑看作一个整体，即为“图”，那么道路、广场、绿地、庭院等就为“底”，解决好图底关系则完成了建筑总平面图设计。图底关系的确定与建筑密度、容积率、绿地率息息相关，首先根据这些指标大致估算“图”的大小，而“图”的形状取决于建筑的类型、地区气候等，如学校、办公等建筑宜采用较为规整的集中式；展览馆、博物馆等则可以采用较为舒展的分散式。最后是“图”的位置，从全局的角度出发，综合考虑周边建筑、出入口位置、日照条件等限制因素，最终确定“图”的位置。

（2）功能布局

在分析阶段已经进行了基本功能分析，而功能布局则是在此基础上进一步安排房间和交通空间的位置。

首先，根据前一步功能分析的结果寻求合理的功能布局，包括平面上和竖向上，保证每个功能区的房间合理布局，既相互联系，又互不干扰。特别值得注意的是，观众厅、报告厅、大活动室等特殊功能空间，其位置关系到其他空间的布局；门厅等枢纽性的功能空间，决定着交通组织的形式；教室、活动室等主体功能空间构成了整体的空间形象；广场等室外空间影响了交通、朝向等。

其次，处理好人车流线、内外流线、动静流线的关系，寻求合理的交通系统，把握好水平交通与垂直交通。水平交通的节点处形成了门厅、大厅或过厅，由此引出水平交通流线，通达各个功能区的各个房间；垂直交通的方式为楼梯和电梯，位于入口处的楼梯起分流的作用；位于走道尽端的楼梯起疏散的作用；位于中庭处的楼梯起联系的作用。若需要设置电梯，则应当与楼梯形成交通体，不宜分开设置。

最后，通过空间的处理寻求合理的形态构成。在熟悉建筑设计原理的前提下，注重空间的尺度、走向等，将空间的形态与使用的要求尽量结合起来。根据空间的构成选择合适的结构体系，在以测试为目的的建筑快速设计中，一般采用的是框架结构。在完成了基本空间布局的基础上，再考虑形态的交接与细部处理，以增加空间的趣味性。

（3）剖面设计

剖面设计反映了建筑与环境的关系，同时反映了建筑内部空间的关系，甚至还反映了结构系统、节点处理、通风、采光、保温、隔热等的技术措施。剖面设计与平面设计、立面设计相互影响、相互制约，是建筑快速设计的重要组成部分，也是难点所在。

剖面设计首先要选择合适的剖切位置，剖面的目的是为了表现方案的形式和空间的变化，因此，一般选择能代表建筑内部空间和外部体量变化的位置进行剖切，比如中庭、内院、有高差变化的地方等。接下来就要通过剖面正确表达梁、柱、板三者的关系，反过来也可以检查结构设计的合理性，如楼梯净空高度是否合理？悬挑部分结构是否合理？解决了这些问题，再通过剖面研究空间设计的合理性，如一些具有特殊功能要求的空间层高是否合理？错层间的交通联系是否合理？最后还需要通过剖面来确定立面的尺寸与比例，如窗台的高度、女儿墙的高度、外墙的位置及屋顶的形式等。剖面设计的另外一个作用是检验坡地建筑对地形地势的利用，甚至一些建筑快速设计专门考察设计者对基地内高差的处理，其平面设计在很大程度上受限于剖面设计，此类题目应从剖面设计入手，利用错层等将建筑内部空间与地形相结合。

总之，剖面设计在建筑快速设计中虽占篇幅不大，但体现了设计者的基本功。因此一定要扎实掌握结构和构造的基础概念，在平时的训练中把握每一处细节。

（4）造型处理

建筑造型指的是立面和透视，这是最直观体现设计者审美素养与创造能力的一项内容，也是大多数建筑快速设计考试中较为看重的方面。好的造型处理往往会给人留下深刻的第一印象，反之，若造型处理平淡无味，在分数上也会大打折扣。

造型处理的过程中，需要把握以下几个要点。

首先，造型处理是对设计内容的真实反映，因此不能脱离平面、剖面设计的成果，建筑造型与功能务必要统一。有时候为了美观的需要，在造型处理中可能会对设计内容进行适当的调整，但必须在不违背平面、剖面设计的前提下进行。另外，造型处理应当突出不同类型建筑的特点，反映建筑的个性，如茶室建筑本身可以作为园林小品，建筑造型应小巧精致；旅馆建筑主要由客房标准层组成，建筑造型应体现重复和韵律；观演建筑由于观众厅特殊的空间形式，建筑造型应高大挺拔等。

其次，任何一座建筑都是处于特定的环境中，建筑在色彩、体量等方面反映了该地区气候、文化等环境特征，因此，建筑造型与环境要尽可能融合。例如，题目要求是扩建设计，则拟建的建筑与原有建筑在造型处理上必然有联系，如果置原有建筑于不顾，一味标新立异，其结果必然是破坏了建筑与环境的和谐统一。又如，高差较大的山地建筑设计，特别要注意尊重环境特征，若建筑体量过大，则可能会显得突兀；若将建筑适当分成小体量，并加以绿化，则更加适应地形的变化。

最后，在造型处理的时候把握好整体性原则，既要有变化也要有统一。过分追求形式的多样性，导致建筑造型杂乱无章是建筑快速设计中常见的弊病。为了避免出现这种情况，在处理立面的门、窗、洞、柱时，除了需要设计者综合运用美学手法外，还应当具有系统性思维。将立面中的各种元素看作一个有机的整体，在形状、尺寸、高度、材质等方面寻求统一。可以选择一种构图形式进行重复使用，增强韵律感，达到艺术美的效果。但是，造型处理时并非所有的部分都需要深入细致的推敲，毕竟时间有限，要理清主从关系。在建筑快速设计中，通常选择入口进行强调处理，通过细部点缀增加趣味性。

2）建筑的分类

（1）按使用功能分类

①公共建筑：主要是指提供人们进行各种社会活动的建筑物，其中包括：

行政办公建筑，如行政机关、企事业单位的办公楼等；

文教建筑，如学校、图书馆、文化宫、文化中心等；

托幼建筑，如托儿所、幼儿园等；

科研建筑，如研究所、科学实验楼等；

医疗建筑，如医院、诊所、疗养院等；

商业建筑，如商店、商场、购物中心、超级市场等；

观览建筑，如电影院、剧院、音乐厅、影城、会展中心、展览馆、博物馆等；

体育建筑，如体育馆、体育场、健身房等；

旅馆建筑，如旅馆、宾馆、度假村、招待所等；

交通建筑，如航空港、火车站、汽车站、地铁站、水路客运站等；

通信广播建筑，如电信楼、广播电视台、邮电局等；

园林建筑，如公园、动物园、植物园、亭台楼榭等；

纪念性建筑，如纪念堂、纪念碑、陵园等。

②居住建筑：主要是指提供人们进行家庭和集体生活起居用的建筑物，如住宅、宿舍、公寓等；

③工业建筑：主要是指为工业生产服务的各类建筑，如生产车间、辅助车间、动力用房、仓储建筑等；

④农业建筑：主要是指用于农业、牧业生产和加工的建筑，如温室、畜禽饲养场、粮食与饲料加工站、农机修理站等。

（2）按规模分类

①大量性建筑：主要是指量大面广、与人们生活密切相关的那些建筑，如住宅、学校、商店、医院、中小型办公楼等；

②大型性建筑：主要是指建筑规模大、耗资多、影响较大的建筑，与大量性建筑相比，其修建数量有限，但这些建筑在一个国家或一个地区具有代表性，对城市的面貌影响很大，如大型火车站、航空港、大型体育馆、博物馆、大会堂等。

（3）按建筑层数分类

①低层建筑：指 1~3 层建筑；

②多层建筑：指 4~6 层建筑；

③中高层建筑：指 7~9 层建筑；

④高层建筑：指 10 层及 10 层以上的居住建筑，以及建筑高度超过 24m 的其他民用建筑。

（4）按民用建筑耐火等级分类

在建筑设计中，应对建筑的防火与安全给予足够的重视，特别是在选择结构材料和构造做法上，应根据其性质分别对待。现行《建筑设计防火规范》GB 50016—2014 把建筑物的耐火等级划分成四级，一级耐火性能最好，四级最差。性质重要的或规模较大的建筑，通常按一、二级耐火等级进行设计；大量性或一般的建筑按二、三级耐火等级设计；次要或临时建筑按四级耐火等级设计。

2.2 建筑快速设计要点

由于绘图条件和时间限定等多方面要求，建筑快速设计涉及的建筑类型也相对有限。一般来说，针对建筑快速设计的出题规律，其考查内容主要包括场地的处理、空间的组合、造型的设计等方面，所涉及的建筑类型可以对考生的设计能力进行全面的考查。因此，根据建筑快速设计的建筑类型特点，本书将从以下建筑类型剖析在建筑快速设计中相关的设计要点。

2.2.1 文化馆建筑（包括展览建筑）

文化馆是作为开展社会宣传教育、普及科学文化知识、组织辅导群众文化艺术（活动）场所的综合性建筑。文化馆一般包括四个基本组成部分——群众活动区、学习辅导（培训）区、专业工作区、行政管理区。

1）文化馆建筑设计要点

（1）由于此类建筑内部功能繁杂多样，应做到功能分区明确、合理组织人流和车辆交通流线，对喧闹与安静的用房应有明确的分区和适当的分隔；

（2）基地至少应设两个出口；

（3）观演用房一般包括门厅、观演厅、舞台、化妆室、放映室、卫生间等；

（4）游艺用房附设管理间、贮存间，儿童游艺室外宜设儿童活动场地；

（5）交谊用房一般包括舞厅、歌厅、歌舞厅、管理间、卫生间、小卖部等，舞厅应具有单独开放条件和直接对外出入口；

（6）阅览用房一般包括阅览室、资料室、书报贮存间等，应设于馆内较安静的部位；应光线充足，照度均匀，避免眩光及直射光；

（7）展览用房一般包括展览厅（廊）、贮藏间等，每个展览厅使用面积不宜小于 65m^2，以自然采光为主，并应避免眩光及直射光。

2）文化馆建筑设计规范

依据《文化馆建筑设计规范》JGJ/T 41—2014

（1）基地至少应设有两个出入口，且当主要出入口紧邻城市交通干道时，应符合城乡规划的要求并应留出疏散缓冲距离。

（2）当文化馆基地距医院、学校、幼儿园、住宅等建筑较近时，室外活动场地及建筑内噪声较大的功能用房应布置在医院、学校、幼儿园、住宅等建筑的远端，并应采取防干扰措施。

（3）文化馆设置儿童、老年人的活动房间时，应布置在三层及三层以下，且朝向良好和出入口安全、方便的位置。

（4）当观众厅规模超过 300 座时，观众厅的座位排列、走道宽度、视线及声学设计、放映室及舞台设计，应符合国家现行标准《剧场建筑设计规范》JGJ 57 执行。当观众厅为 300 座以下时，可将观众厅做成水平地面、伸缩活动座椅。

（5）文化馆应根据活动内容和实际需要设置大、中、小游艺室，并应附设管理及储藏空间，大游艺室的使用面积不应小于 100m^2，中游艺室的使用面积不应小于 60m^2，小游艺室的使用面积不应小于 30m^2；大型馆的游艺室宜分别设置综合活动室、儿童活动室、老人活动室及特色文化活动室，且儿童活动室室外宜附设儿童活动场地。

（6）报告厅规模宜控制在 300 座以下，并应设置活动座椅，且使用面积不应小于 1.0m^2。

（7）展览厅内的参观路线应顺畅，并应设置可灵活布置的展板和照明设施；宜以自然采光为主，并应避免眩光及直射光。

（8）阅览室应设于文化馆内静态功能区；阅览室应光线充足，照度均匀，并应避免眩光及直射光；宜设儿童阅览室，并宜临近室外活动场地。

（9）舞蹈排练室宜靠近排演厅后台布置，并应设置库房、器材储藏室等附属用房；室内净高不应低于 4.5m；每间人均使用面积不应低于 6m^2。

（10）普通教室宜按每 40 人一间设置，大教室宜按每 80 人一间设置，且教室的使用面积不应小于 1.40m^2/ 人；文化教室课桌椅的布置及有关尺寸，不宜小于现行国家标准《中小学校设计规范》GB 50099 有关规定。

（11）美术教室应为北向或顶部采光，并应避免直射阳光。

（12）琴房的数量可根据文化馆的规模进行确定，且使用面积不应小于 6m^2/ 人，并应采用隔声处理。

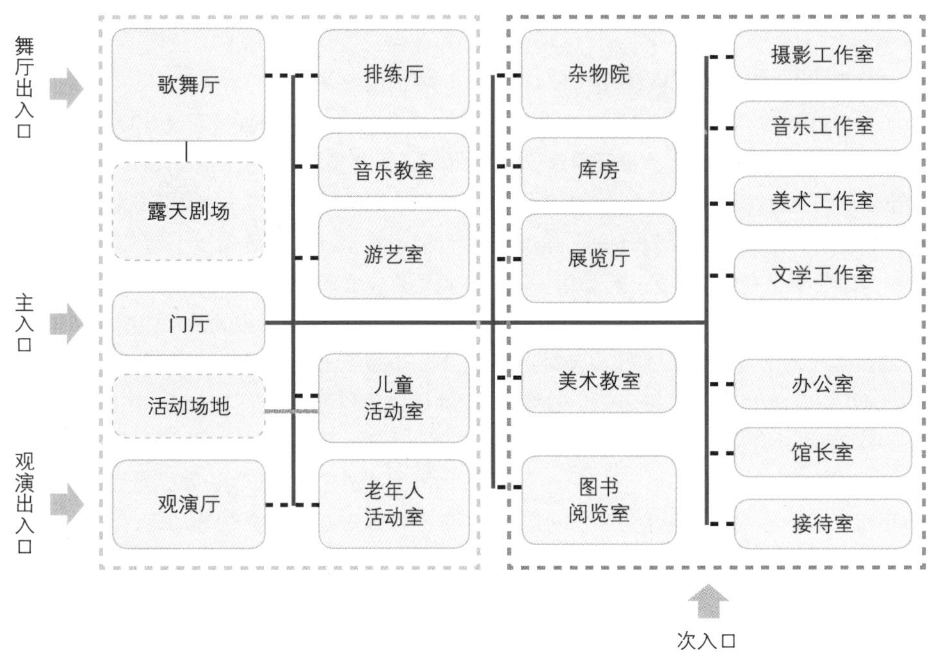

图 2.1　文化馆建筑功能流线

（13）演唱演奏室和表演空间与控制室之间的隔墙应设观察窗。

3）文化馆建筑功能流线（图 2.1）

展览馆是展出临时性陈列品的公共建筑。展览馆一般包括四个基本组成部分——展览区、观众服务区、库房区、办公后勤区。

4）展览馆建筑设计要点

（1）建筑覆盖率宜在 40%~50% 左右；

（2）室内展区一般位于底层，便于展品运输及大量人流集散，其层数不应超过二层；

（3）场地内必须留有大片室外场地，以供人员集散、展出、观众活动、停车及绿化等需要；

（4）参观路线的安排是展厅平面尺寸的关键，小型展览馆一般选择连续性较强的串联式布局，陈列布局应满足参观要求，避免迂回、交叉，合理布置休息处和厕所，展品及工作人员出入要方便；

（5）展厅内应避免光线直射观众和眩光；

（6）库房面积接近展厅面积的 1/10。

5）展览馆建筑功能流线（图 2.2）

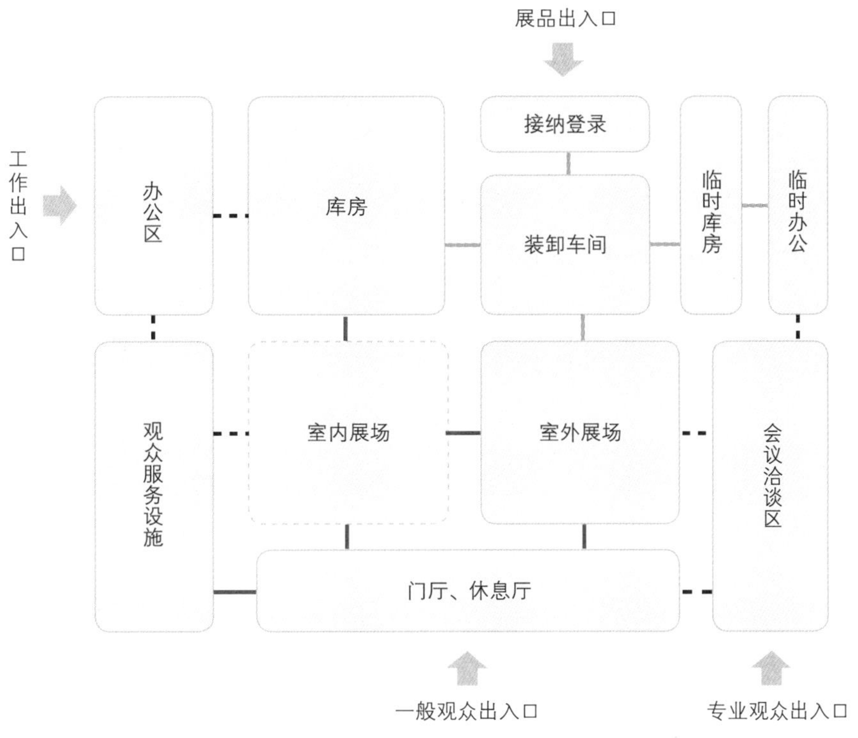

图 2.2　展览馆建筑功能流线

2.2.2 图书馆建筑

图书馆是搜集、整理、收藏图书资料以供人阅览、参考的机构，图书馆有保存人类文化遗产、开发信息资源、参与社会教育等职能。图书馆一般包括四个基本组成部分——阅览区、书库、技术及办公区、报告厅。

1）图书馆建筑设计要点

（1）建筑设计要因地制宜，结合现状，集中紧凑，功能分区明确，人流、书流分开；

（2）在选址和总图规划时，应留有扩建用地，以便日后发展；

（3）新建公共图书馆的建筑物基地覆盖率不宜大于 40%，绿化率不宜小于 30%；

（4）道路布置应便于图书运送、装卸和消防疏散；

（5）图书馆的门厅兼有验证、咨询、收发、寄存和监理值班等多种功能，应与借阅部分和阅览室有方便的联系。一般宜将浏览性读者用房和公共活动用房（如报告厅、陈列室等）靠近门厅布置，使之出入方便和不影响阅览室的安静；

（6）阅览室室外环境应安静，光线充足、照度均匀，并避免眩光；

（7）少年儿童阅览室的理想位置在底层，有单独的出入口和室外庭院；

（8）基本书库要与辅助书库、目录室、出纳台、阅览室等保持便捷的联系，框架结构的柱网宜采用 1.20m 或 1.25m 的整数倍模数；

（9）报告厅宜设单独对外的出入口，与图书馆的阅览区保持一定的距离，宜设专用卫生间；

（10）陈列厅（室、廊）要求采光均匀、避免产生眩光；

（11）读者休息处宜邻近入口，其使用面积每阅览座位不宜小于 0.10m^2。

2）图书馆建筑设计规范依据《图书馆建筑设计规范》JGJ 38-2015

（1）图书馆宜独立建造。当与其他建筑合建时，应满足图书馆的使用功能和环境要求，并宜单独设置出入口。

（2）二层至五层的书库应设置书刊提升设备，六层及六层以上的书库应设专用货梯。

（3）书库的净高不应小于 2.40m。有梁或管线的部位，其底面净高不宜小于 2.30m。采用积层书架的书库，结构梁或管线的底面净高不应小于 4.70m。

（4）书库内的工作人员专用楼梯的梯段净宽不宜小于 0.80m，坡度不应大于 45°，并应采取防滑措施。

（5）报告厅应符合下列规定：

① 超过 300 座规模的报告厅应独立设置，并应与阅览区隔离；

② 报告厅与阅览区毗邻设置时，应设单独对外出入口；

③ 报告厅宜设休息区、接待室及厕所；

④ 报告厅应设置无障碍轮椅席位。

3）图书馆建筑功能流线（图 2.3）

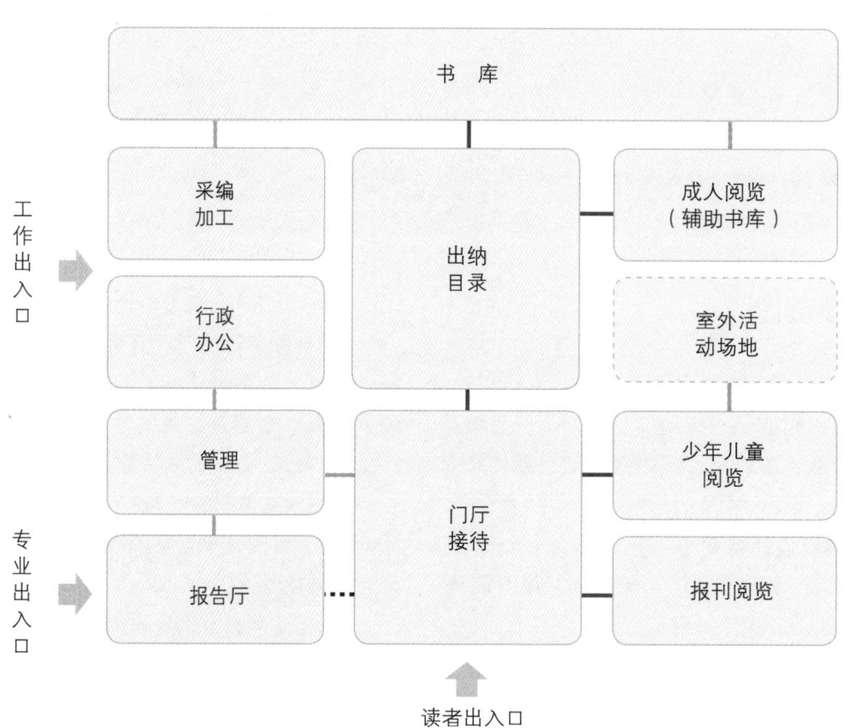

图 2.3　图书馆建筑功能流线

2.2.3 托幼建筑

托儿所、幼儿园是对幼儿进行保育和教育的机构。接纳不足三周岁幼儿的为托儿所，接纳三至六周岁幼儿的为幼儿园。托幼建筑一般包括三个基本组成部分——生活用房、服务用房、供应用房。

1）托幼建筑设计要点

（1）基地选择应远离各种污染源，避免交通干扰，日照充足，场地干燥，总体布置应做到功能分区合理，创造符合幼儿生理、心理特点的环境空间；

（2）平面布置应功能分区明确，避免互相干扰，方便使用管理，有利交通疏散；

（3）活动室、寝室、卫生间每班应为单独使用的单元，活动室、卧室净高为3.0m；

（4）生活用房应布置在当地最好的日照方位，并满足冬至日底层满窗日照不小于3h要求；

（5）活动室、寝室应有良好的采光和通风；

（6）活动室、卧室、多功能厅等幼儿使用的房间应设双扇平开门，其宽度不应小于1.20m。疏散通道中不应使用转门、弹簧门和推拉门；

（7）卫生间应临近活动室、寝室；

（8）音体活动室的位置宜临近生活用房，不应和服务用房混设在一起，单独设置时宜用连廊与主体建筑连通；

（9）隔离室应与生活用房有适当距离，并应和儿童活动路线分开，应设有单独的出入口；

（10）厨房位置应靠近对外供应出入口，并应设有杂物院；

（11）幼儿园中游戏场地日照应充足，必须设置各班专用的活动场地，其面积应≥60m^2；

（12）应有全园共用的室外活动场地，其面积≥[180+20×（幼儿园班数-1）]。

2）托幼建筑设计规范依据《托儿所、幼儿园建筑设计规范》JGJ 39-2011版

（1）托儿所、幼儿园是对幼儿进行保育和教育的机构。接纳不足三周岁幼儿的为托儿所，接纳三至六周岁幼儿的为幼儿园；

幼儿园的规模（包括托、幼合建的）分为：

① 大型：10个班至12个班；

② 中型：6个班至9个班；

③ 小型：5个班以下。

（2）幼儿园建筑宜独立设置，其规模在三个班以下时，可以设于居住建筑物的底层，但应有独立出入口和相应的室外游戏场地及防护设施，并符合安全、卫生要求。

（3）幼儿园室外游戏场地应满足下列要求：

① 宜设置各班专用的室外游戏场地。每班的游戏场地面积不应小于60m^2。各游戏场地之间宜采取分隔措施。

② 应有全园共用的室外游戏场地，其面积不宜小于下式计算值：

室外共用游戏场地面积：S=180+20（N-1）m^2；

（4）严禁将幼儿生活用房设在地下室或半地下室；

（5）幼儿园的生活用房及公共活动用房应布置在当地最好日照方向，并应满足冬至日底层满窗日照不小于3h（小时）的要求。夏热冬冷地区、炎热地区，生活用房应避免朝西向，否则应设遮阳设施；

（6）生活用房应有天然采光，其活动室采光标准按窗地比计，不应小于1/5；

（7）幼儿园活动室和寝室的最小使用面积，按每班计分别为70m^{2}和50m^2；

（8）幼儿园卫生间盥洗池的高度为0.50~0.55m，进深为0.40~0.45m，水龙头的间距为0.55~0.60m。厕位的平面尺寸为0.80m×0.70m；

（9）每班卫生间卫生设备的最少数量限值：大便器或沟槽8个，小便槽4个，盥洗台6个，淋浴4个，污水池1个；

（10）幼儿园在供应区内宜设杂物院，并应有单独的对外出入口；

（11）楼梯、栏杆、扶手和踏步等应符合下列规定：

① 楼梯除设成人扶手外，并应设幼儿扶手，其高度不应大于 0.60m；

② 楼梯栏杆应采取不易攀登的构造，当采用垂直杆件做栏杆时，其杆件净距不应大于 0.08m，当楼梯井净宽度大于 0.20m 时，必须采取安全措施；

③ 供幼儿使用的楼梯踏步的高度不应大于 0.13m，宽度不应小于 0.22m，且不宜大于 0.26m；

④ 严寒、寒冷地区不宜设置室外楼梯，否则应采取防滑措施；

（12）活动室、卧室、多功能厅等幼儿使用的房间应设双扇平开门，其门净宽不应小于 1.20m；

（13）幼儿经常出入和安全疏散的通道上，不应设有台阶。如有高差，应设置防滑坡道，其坡度不应大于 1：12；

（14）活动室、多功能厅的窗台距地面高度不应大于 0.6m，并应采取防护措施，防护高度由地面起计算不应低于 0.8m。距地面高 1.3m 内不应设平开窗扇；

（15）阳台、屋顶平台的护栏净高不应小于 1.20m，0.80m 以下应采用实体护栏，栏杆设置必须采用防止幼儿攀登的构造，当采用垂直杆件做栏杆时，其杆件净距离不应大于 0.08m；

（16）距离地面高度 1.30m 以下，幼儿经常接触的室内外墙面，宜采用光滑易清洁的材料，墙角、窗台、暖气罩、窗口竖边等阳角处应做成圆角。

3）托幼建筑功能流线（图 2.4）

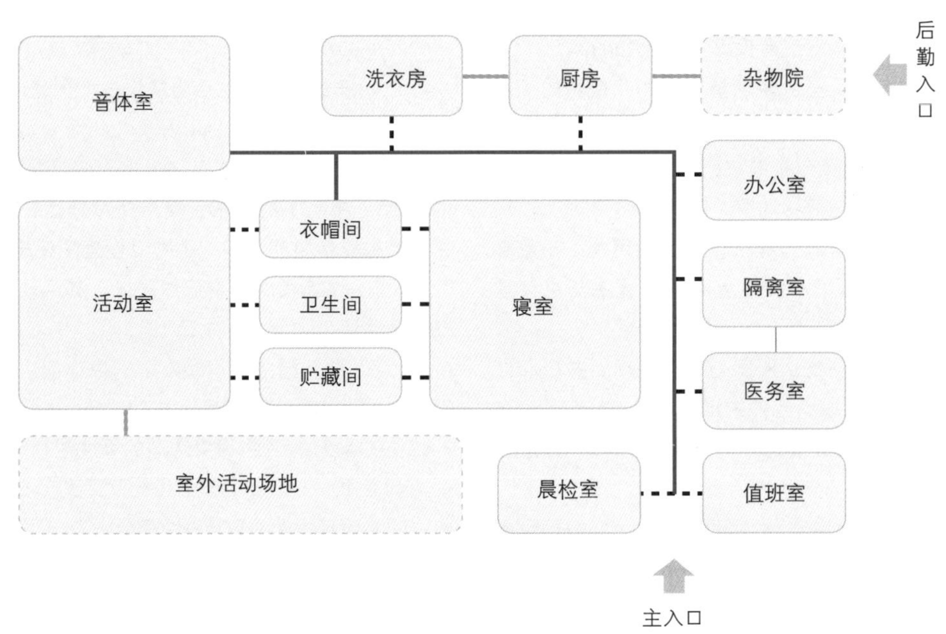

图 2.4　托幼建筑功能流线

2.2.4 中小学建筑

普通中小学校规模，小学以 12~24 班规模为宜，中学以 18~24 班规模为宜。中小学校用地由学校建筑用地、体育活动用地、实验及绿化用地等三部分组成。其中学校建筑由教学用房、办公用房及生活服务用房组成。

1）中小学校建筑设计要点

（1）各部分内容布置应满足使用要求，功能分区明确，布局合理，联系方便，互不干扰；

（2）学校布点应注意学生上下学安全，避免学生穿行主要干道和铁路；

（3）小学建筑容积率不大于 0.8，中学建筑容积率不大于 0.9；

（4）学校主要出入口不宜开向城镇干道，如必须开向干道，校园前应留出适当的缓行地带；

（5）球场、田径场长轴以南北向为宜，球场和跑道皆不宜采用非弹性材料地面；

（6）日照要求教学用房冬至日底层满窗日照不少于 2h，教室长边相对和教室与运动场的间距，受噪声影响，不应小于 25m；

（7）教学用房走道宽度，内廊不小于 2100mm；外廊不小于 1800mm；

（8）外廊栏杆高度不应低于 1100mm，栏杆不应采用易于攀登的花格；

（9）音乐教室宜远离教学楼独立设置，必须设在楼内时宜放在尽端或顶层；

（10）素描教室主要采光为北窗或北顶窗，以取得柔和、均匀、充足的光照，顶光近于室外自然光，效果最好。

2）中小学校建筑设计规范依据《中小学校设计规范》GB 50099-2011

（1）城镇完全小学的服务半径宜为 500m，城镇初级中学的服务半径宜为 1000m；

（2）学校周边应有良好的交通条件，有条件时宜设置临时停车场地。学校的规划布局应与生源分布及周边交通相协调。与学校毗邻的城市主干道应设置适当的安全设施，以保障学生安全跨越；

（3）学校教学区的声环境质量应符合现行国家标准《民用建筑隔声设计规范》GB 50118 的有关规定。学校主要教学用房设置窗户的外墙与铁路路轨的距离不应小于 300m，与高速路、地上轨道交通线或城市主干道的距离不应小于 80m。当距离不足时，应采取有效的隔声措施；

（4）学校周界外 25m 范围内已有邻里建筑处的噪声级不应超过现行国家标准《民用建筑隔声设计规范》GB 50118 有关规定的限值；

（5）各类小学的主要教学用房不应设在四层以上，各类中学的主要教学用房不应设在五层以上；

（6）普通教室冬至日满窗日照不应少于 2h；

（7）中小学校体育用地的设置应符合下列规定：

室外田径场及足球、篮球、排球等各种球类场地的长轴宜南北向布置。长轴南偏东宜小于 20°，南偏西宜小于 10°；

（8）各类教室的外窗与相对的教学用房或室外运动场地边缘间的距离不应小于 25m；

（9）容纳 3 个班及以上的合班教室应设计为阶梯教室；

（10）中小学校主要教学用房的最小净高应满足：

① 普通教室、史地、美术、音乐教室最小净高为 3.00m（小学）、3.05m（初中）、3.10m（高中）；

② 舞蹈教室最小净高为 4.50m；

③ 科学教室、实验室、计算机教室、劳动教室、科技教室、合班教室最小净高为 3.10m；

④ 阶梯教室最后一排（楼地面最高处）距顶棚或上方突出物最小距离为 2.20m。

（11）临空窗台的高度不应低于 0.90m；

（12）上人屋面、外廊、楼梯、平台、阳台等临空部位必须设防护栏杆，防护栏杆必须牢固，安全，高度不应低于 1.10m；

（13）中小学校内，每股人流的宽度应按 0.60m 计算；

（14）中小学校建筑的疏散通道宽度最少应为 2 股人流，并应按 0.60m 的整数倍增加疏散通道宽度；

（15）教学用房的内走道净宽度不应小于 2.40m，单侧走道及外廊的净宽度不应小于 1.80m；

（16）房间疏散门开启后，每樘门净通行宽度不应小于 0.90m；

（17）中小学校的校园应设置 2 个出入口。出入口的位置应符合教学、安全、管理的需要，出入口的布置应避免人流、车流交叉。有条件的学校宜设置机动车专用出入口；

（18）中小学校校园出入口应与市政交通衔接，但不应直接与城市主干道连接。校园主要出入口应设置缓冲场地；

（19）校园道路每通行 100 人道路净宽为 0.70m，每一路段的宽度应按该段道路通达的建筑物容纳人数之和计算，每一路段的宽度不宜小于 3.00m；

（20）校园内除建筑面积不大于 $200m^2$，人数不超过 50 人的单层建筑外，每栋建筑应设置 2 个出入口。非完全小学内，单栋建筑面积不超过 $500m^2$，且耐火等级为一、二级的低层建筑可只设 1 个出入口；

（21）教学用房在建筑的主要出入口处宜设门厅；

（22）教学用建筑物出入口净通行宽度不得小于 1.40m，门内与门外各 1.50m 范围内不宜设置台阶；

（23）中小学校的建筑物内，当走道有高差变化应设置台阶时，台阶处应有天然采光或照明，踏步级数不得少于 3 级，并不得采用扇形踏步。当高差不足 3 级踏步时，应设置坡道。坡道的坡度不应大于 1∶8，不宜大于 1∶12；

（24）中小学校教学用房的楼梯梯段宽度应为人流股数的整数倍。梯段宽度不应小于 1.20m，并应按 0.60m 的整数倍增加梯段宽度。每个梯段可增加不超过 0.15m 的摆幅宽度；

（25）中小学校楼梯每个梯段的踏步级数不应少于 3 级，且不应多于 18 级，并应符合下列规定：

① 各类小学楼梯踏步的宽度不得小于 0.26m，高度不得大于 0.15m；

② 各类中学楼梯踏步的宽度不得小于 0.28m，高度不得大于 0.16m；

③ 楼梯的坡度不得大于 30°。

（26）疏散楼梯不得采用螺旋楼梯和扇形踏步；

（27）楼梯两梯段间楼梯井净宽不得大于 0.11m，大于 0.11m 时，应采取有效的安全防护措施。两梯段扶手间的水平净距宜为 0.10m~0.20m；

（28）中小学校室内楼梯扶手高度不应低于 0.90m，室外楼梯扶手高度不应低于 1.10m；水平扶手高度不应低于 1.10m；

（29）教学用房的楼梯间应有天然采光和自然通风；

（30）每间教学用房的疏散门均不应少于 2 个，疏散门的宽度应通过计算；同时，每樘疏散门的通行净宽度不应小于 0.90m，当教室处于袋形走道尽端时，若教室内任一处距教室门不超过 15m，且门的通行净宽度不小于 1.50m 时，可设 1 个门。

3）中小学校建筑功能流线（图 2.5）

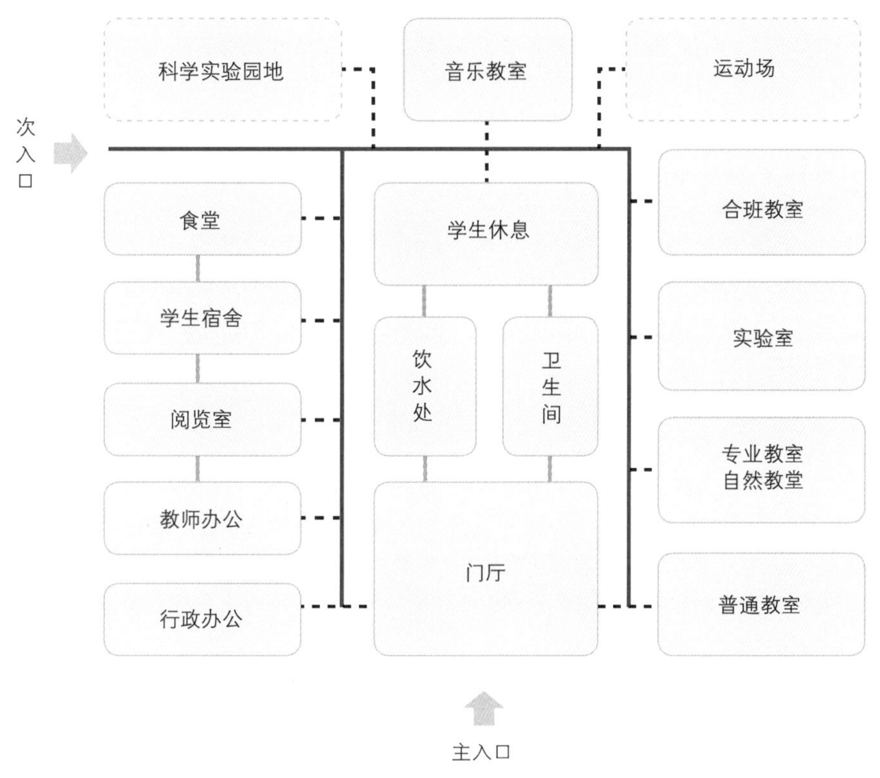

图 2.5　中小学校建筑功能流线

2.2.5 办公建筑

建筑物内供办公人员经常办公的房间称为办公室，以此为单位集合成一定数量的建筑物称为办公建筑，主要分为行政办公楼、专业性办公楼、出租写字楼、综合性办公楼等。办公建筑一般包括三个基本组成部分——办公区、公共区、服务区。

1）办公建筑设计要点

（1）办公建筑以垂直交通方式进行相互联系，应根据使用功能的不同，做到分区明确、布局合理、互不干扰；

（2）办公区域内不宜建造住宅，若两者用地毗邻，应予分隔和分设出入口；

（3）总平面布置宜进行环境及绿化设计，以获得良好的办公环境；

（4）办公建筑基地覆盖率一般应在 25%~40%，低、多层办公楼建筑基地容积率一般为 1~2，高、超高层建筑基地容积率一般为 3~5；

（5）建设基地内应设停车场（库），或在建筑内设停车场；

（6）办公用房宜有良好的朝向和自然通风，专用办公室应避免西晒和眩光；

（7）办公室宜设计成单间式和大空间式，可采用不到顶的灵活隔断把大空间进行分隔；

（8）办公室净高应根据使用性质和面积大小决定，一般净高不低于 2.60m，设空调的办公室可不低于 2.40m；

（9）公共卫生间距离最远的工作房间不应大于 50m，尽可能布置在建筑的次要面，或朝向较差的一面；

（10）贮藏室应布置在采光、朝向较差的一面；

（11）单面布置走道净宽 1300~2200mm，双面布置走道净宽 1600~2200mm，走道净高不得低于 2.10m。

2）办公建筑设计规范

依据《办公建筑设计规范》JGJ 67-2006

（1）当办公建筑与其他建筑共建在同一基地内或与其他建筑合建时，应满足办公建筑的使用功能和环境要求，分区明确，宜设置单独出入口；

（2）总平面应合理布置设备用房、附属设施和地下建筑的出入口；锅炉房、厨房等后勤用房的燃料、货物及垃圾等物品的运输应设有单独通道和出入口；

（3）基地内应设置机动车和非机动车停放场地（库）；

（4）五层及五层以上办公建筑应设电梯；

（5）电梯数量应满足使用要求，按办公建筑面积每 5000m^2 至少设置 1 台；超高层办公建筑的乘客电梯应分层分区停靠；

（6）办公建筑的门洞口宽度不应小于 1.00m，高度不应小于 2.10m；

（7）办公建筑的走道宽度应满足防火疏散要求，当走道长度≤ 40m 时，走道最小净宽单面布房 1.30m，双面布房 1.50m；当走道长度 > 40m 时，单面布房 1.50m，双面布房 1.80m；

（8）根据办公建筑分类，办公室的净高应满足：一类办公建筑不应低于 2.70m；二类办公建筑不应低于 2.60m；三类办公建筑不应低于 2.50m；

（9）特殊重要的办公建筑主楼的正下方不宜设置地下汽车库；

（10）办公室用房宜有良好的天然采光和自然通风，并不宜布置在地下室；办公室宜有避免西晒和眩光的措施；

（11）普通办公室每人使用面积不应小于 4m^2，单间办公室净面积不应小于 10m^2；

（12）设计绘图室，每人使用面积不应小于 6m^2；研究工作室每人使用面积不应小于 5m^2；

（13）公共用房宜包括会议室、对外办事厅、接待室、陈列室、公用厕所、开水间等；

（14）会议室应符合下列要求：

① 根据需要可分设中、小会议室和大会议室；

② 中、小会议室可分散布置；小会议室使用面积宜为 30m^2，中会议室使用面积宜为 60m^2；中小会议室每人使用面积：有会议桌的不应小于 1.80m^2，无会议桌的不应小于 0.80m^2。

（15）对外办事大厅宜靠近出入口或单独分开设置，并与内部办公人员出入口分开；

（16）公用厕所距离最远工作点不应大于 50m；

（17）设有电梯的办公建筑，应至少有一台电梯通至地下汽车库；

（18）高层办公建筑每层应设强电间，其使用面积不应小于 4m^2，强电间应与电缆竖井毗邻或合一设置；

（19）高层办公建筑每层应设弱电交接间，其使用面积不应小于 5m^2，弱电交接间应与弱电井毗邻或合一设置；

（20）办公建筑的开放式、半开放式办公室，其室内任何一点至最近的安全出口的直线距离不应超过 30m；

（21）综合楼内的办公部分的疏散出入口不应与同一楼内对外的商场、营业厅、娱乐、餐饮等人员密集场所的疏散出入口共用。

3）办公建筑功能流线（图 2.6）

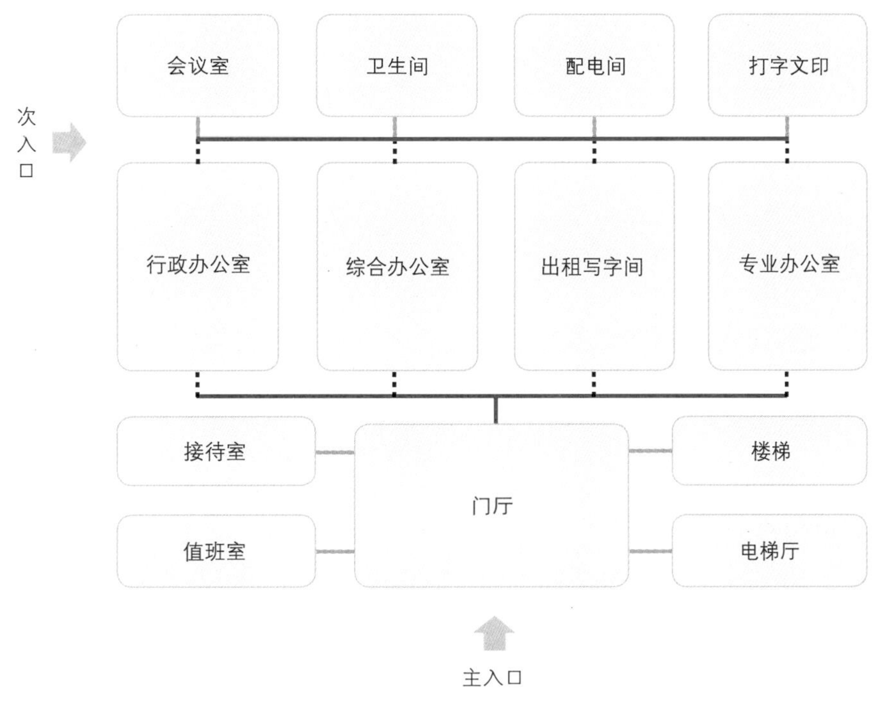

图 2.6　办公建筑功能流线

2.2.6 饮食建筑

在公共场所提供宴请、就餐、零食、零饮的建筑称作饮食建筑。饮食建筑一般包括三个基本组成部分——餐厅（或饮食厅）、厨房（或饮食制作间）、辅助部分。

1）饮食建筑设计要点

（1）饮食建筑的基地出入口应按人流、货流分别设置，妥善处理易燃、易爆物品及废弃物等的运货路线与堆场；

（2）总平面布置上应考虑避免厨房或饮食制作间的油烟、气味、噪声及废弃物等对邻近居住与公共活动场所的污染；

（3）位于三层及三层以上的一级餐馆与饮食店和四层与四层以上的其他各级餐馆与饮食店均宜设置顾客电梯；

（4）一级、二级餐馆与一级饮食店建筑宜有适当的停车场地；

（5）大于 100 座的餐馆、食堂中的餐厅与厨房（包括辅助部分）的面积比（简称餐厨比）应符合：餐馆的餐厨比宜为 1：1.1；食堂的餐厨比宜为 1：1。

2）饮食建筑设计规范

依据《饮食建筑设计规范》JGJ 64-89

（1）在总平面布置上，应防止厨房（或饮食制作间）的油烟、气味、噪声及废弃物等对邻近建筑物的影响；

（2）餐厅与饮食厅每座最小使用面积：

① 餐馆餐厅：一级 1.30m^2/座；二级 1.10m^2/座；三级 1.0m^2/座；

② 饮食店饮食厅：一级 1.30m²/座；二级 1.10m²/座；

③ 食堂餐厅：一级 1.0m²/座；二级 0.85m²/座。

（3）餐厅或饮食厅的室内净高：

① 小餐厅和小饮食厅不应低于 2.60m；设空调者不应低于 2.40m；

② 大餐厅和大饮食厅不应低于 3.00m；

③ 异形顶棚的大餐厅和饮食厅最低处不应低于 2.40m。

（4）食堂餐厅售饭口的数量可按每 50 人设一个，售饭口的间距不宜小于 1.10m，台面宽度不宜小于 0.50m，并应采用光滑、不渗水和易清洁的材料，且不能留有沟槽；

（5）厨房和饮食制作间的室内净高不应低于 3m。

3）饮食建筑功能流线（图 2.7）

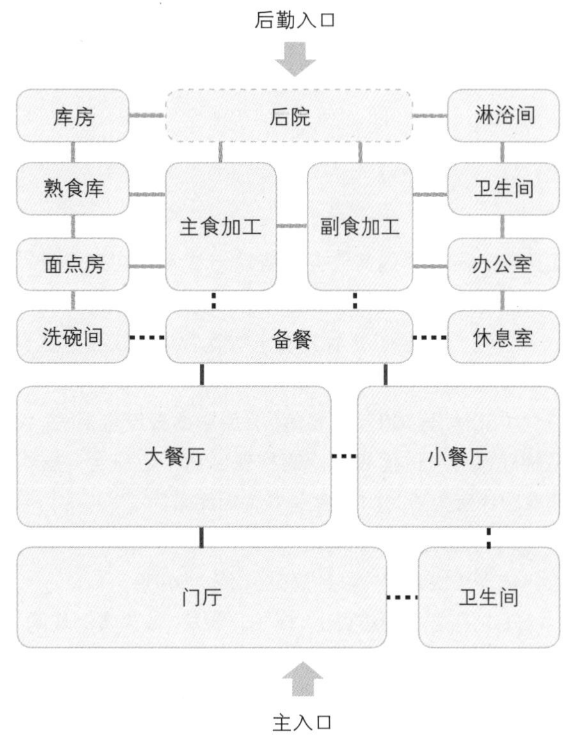

图 2.7 饮食建筑功能流线

2.2.7 商店建筑

商店建筑是消费市场买卖双方进行商品交易活动的场所。商店建筑一般包括三个基本组成部分——营业区、仓储区、辅助区。

1）商店建筑设计要点

（1）总平面布置应按商店使用功能组织好顾客流线、货运流线、店员流线和城市交通之间的关系，避免相互干扰，并考虑防火疏散安全措施和方便残疾人通行；

（2）大中型商店建筑的主要出入口前，按当地规划及有关部门要求，应设相应的集散场地及能供自行车与汽车使用的停车场地；

（3）大中型商店建筑应有不少于两个面的出入口与城市道路相邻接；或基地应有不小于 1/4 的周边总长度和建筑物不少于两个出入口与一边城市道路相邻接；大中型商店基地内，在建筑物背面或侧面，应设净宽度不小于 4m 的运输、消防道路。基地内消防车道也可与运输道路结合设置；

（4）每层营业厅面积一般控制在 2000m² 左右并不宜大于防火分区最大允许建筑面积，进深宜控制在 40m 左右；

（5）自动扶梯上下两端水平部分 3m 范围内不得兼作他用；当厅内只设单向自动扶梯时，附近应设与之相配合的楼梯；

（6）营业厅与仓库应保持最短距离，以便于管理，厅内送货流线与主要顾客流线应避免相互干扰；

（7）营业厅底层层高一般为 5.4~6.0m，楼层层高一般为 4.5~5.4m，尽量利用自然采光；

（8）营业厅出入口有高差处应设供轮椅通行的坡道和残疾人通行标志；厅内尽量避免高差；

（9）进货入口处应靠近通路，并设卸货平台。

2）商店建筑设计规范

依据《商店建筑设计规范》JGJ 48-2014

（1）大型商店建筑的基地沿城市道路的长度不宜

小于基地周长的 1/6，并宜有不少于两个方向的出入口与城市道路相连接；

（2）大型和中型商店建筑的主要出入口前，应留有人员集散场地；

（3）大型和中型商店建筑的基地内应设置专用的运输通道，且不应影响主要的顾客人流，其宽度不应小于 4m，宜为 7m。运输通道设在地面时，可与消防车道结合设置；

（4）自动扶梯倾斜角度不应大于 30°；自动扶梯上下两端水平距离 3m 范围内应保持畅通，不得兼作他用；

（5）普通营业厅内通道最小净宽度：

① 通道在柜台或货架与墙面或陈列窗之间，为 2.20m。

② 通道在两个平行柜台或货架之间：每个柜台长度小于 7.50m 时，为 2.20m；一个柜台或货架长度小于 7.50m，另一个柜台或货架长度为 7.50 ~ 15.00m 时，为 3.00m；每个柜台或货架长度为 7.50 ~ 15.00m 时，为 3.70m；每个柜台或货架长度大于 15.00m 时，为 4.00m；通道一端设有楼梯时，上下两个梯段宽度之和再加 1.00m。

③ 柜台或货架边与开敞楼梯最近踏步间距离 4.00m，并不小于楼梯间净宽度。

（6）应根据厅内可容纳顾客人数，在出厅处按每 100 人设收款台 1 个（含 0.60m 宽顾客通过口）；

（7）自选营业厅的面积可按每位顾客 1.35m² 计，当采用购物车时，应按 1.70m²/ 人计；

（8）商铺内面向公共通道营业的柜台，其前沿应后退至通道边线不小于 0.50m 的位置；

（9）大型和中型商店宜设休息室或休息区，且面积宜按营业厅面积的 1.00%~1.40% 计；

（10）供顾客使用的卫生间宜设独立的清洁间；

（11）商店营业厅的每一防火分区安全出口数目不应少于两个；营业厅内任何一点至最近安全出口直线距离不宜超过 20m；

（12）商店营业厅的疏散门应为平开门，且应向疏散方向开启，其净宽不应小于 1.40m，并不宜设置门槛；

3）商店建筑功能流线（图 2.8）

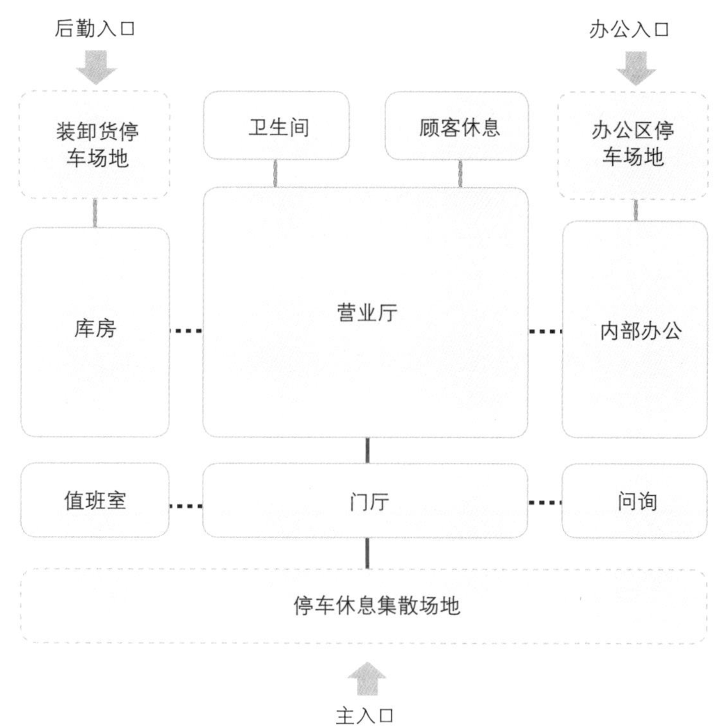

图 2.8　商店建筑功能流线

2.2.8 旅馆建筑

旅馆向顾客提供一定时间的住宿，也可提供饮食、娱乐、健身、会议、购物等服务。旅馆建筑一般包括四个基本组成部分——客房区、公共区、辅助区、广场区。

1）旅馆建筑设计要点

（1）总平面布置方式：分散式：适用于宽敞基地，各部分按使用性质进行合理分区，布局需紧凑，道路及管线不宜太长；集中式：适用于用地紧张的基地，须注意停车场的布置、绿地的组织及整体空间效果；

（2）修养、疗养、观光、运动等旅馆应与风景区、滨海及周围的环境相协调；

（3）除合理组织主体建筑群位置外，还应考虑广场、停车场、道路、庭院、杂物堆放场地的布局。根据旅馆标准及基地条件，还可考虑设置网球场、游泳池及露天茶座；

（4）广场设计应根据旅馆规模，进行相应面积的广场设计，供车辆回转、停放，尽可能使车辆出入便捷，不互相交叉；

（5）旅馆出入口步行道应与城市人行道相连，保证步行至旅馆的旅客安全，不应穿过停车场、与车行道交叉；

（6）客房设计应根据气候特点，环境位置，景观条件，争取良好朝向；

（7）客房长宽比以不超过 2∶1 为宜；客房净高一般≥ 2.40m；客房内走道宽度≥ 1.10m；客房门洞宽度一般≥ 0.90m，高度≥ 2.10m；

（8）卫生间管道应集中，便于维修及更新；卫生间地面应低于客房地面 0.02m，净高≥ 2.10m；卫生间门洞宽度一般≥ 0.75m，高度≥ 2.10m；

（9）旅馆入口处宜设门廊或雨罩，采暖地区和全空调旅馆应设双道门或转门；

（10）室内外高差较大时，在采用台阶的同时，宜设置行李搬运坡道和残疾人轮椅坡道（坡度一般为 1∶12）；

（11）门厅各部分必须满足功能要求，互相既有联系，又不干扰。公共部分和内部用房须分开，互有独立的通道和卫生间；

（12）总服务台和电梯厅位置应明显；

（13）餐厅必须紧靠厨房，以利于提高服务质量。餐厅、厨房的位置应与客房的卫生间位置错开，以满足卫生要求；

（14）多功能厅部分宜单独集中布置，并与前台有一定的联系。多功能厅规模较大时，应尽量单独设置出入口、休息厅、衣帽间和卫生间；

（15）公共走道净高 > 2.10m。

2）旅馆建筑设计规范

依据《旅馆建筑设计规范》JGJ 62-2014

（1）旅馆建筑的卫生间、盥洗室、浴室不应设在餐厅、厨房、食品贮藏等有严格卫生要求用房的直接上层；

（2）四级、五级旅馆建筑 2 层宜设乘客电梯，3 层及 3 层以上应设乘客电梯；一级、二级、三级旅馆建筑 3 层宜设乘客电梯，4 层及 4 层以上应设乘客电梯；

（3）客房最小净面积：单人床间二至五级分别为 8、9、10、12（m^2）；双床或双人床间一至五级分别为 12、12、14、16、20（m^2）；多床间每床不小于 $4m^2$；

（4）客房附设卫生间净面积：一、二级分别不小于 2.5、3.0（m^2），卫生器具件数不少于 2；三至五级分别不小于 3.0、4.0、5.0（m^2），卫生器具件数不少于 3。不附设卫生间的客房，应设置集中的公共卫生间和浴室。上下楼层直通的管道井，不宜在客房附设的卫生间内开设检修门；

（5）客房居住部分净高度，当设空调时不应低于 2.40m；不设空调时不应低于 2.60m。卫生间净高不应低于 2.20m。客房层公共走道及客房内走道净高不应低于 2.10m;

（6）客房部分走道应符合下列规定：

① 单面布房的公共走道净宽度不得小于 1.30m，双面布房的公共走道净宽度不得小于 1.40m；

② 客房内走道净宽度不得小于 1.10m；

③ 无障碍客房走道净宽度不得小于 1.50m。

（7）度假旅馆建筑客房宜设阳台。相邻客房之间，客房与公共部分之间的阳台应分隔，且应避免视线干扰。

（8）厨房的位置应与餐厅联系方便，并避免厨房的噪声、油烟、气味及食品储运对餐厅及其他公共部分和客房部分造成干扰。

3）旅馆建筑功能流线（图 2.9）

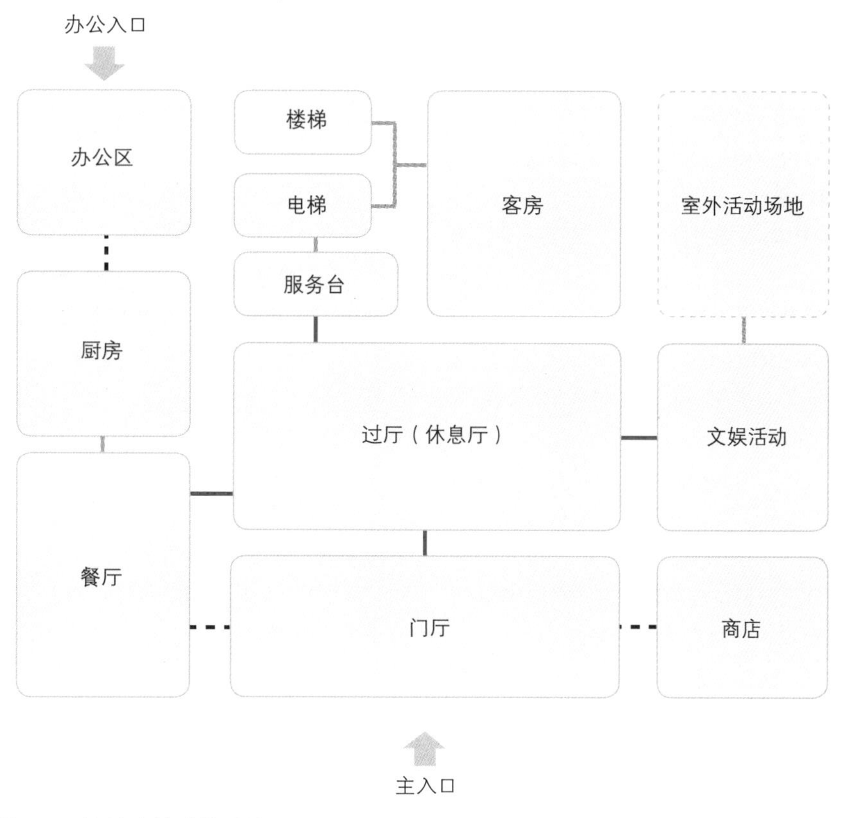

图 2.9　旅馆建筑功能流线

2.2.9 汽车客运站建筑

汽车客运站是指有组织地把周边的运输干线集中起来，以做到方便管理和让出行的旅客方便的交通建筑。汽车客运站一般包括三个基本组成部分——站前广场、站房、停车场。站房主要包括候车、售票、行包房、业务办公等营运用房。

1）汽车客运站建筑设计要点

（1）布置紧凑，合理利用地形，满足站务功能要求。分区明确，使用方便，流线简捷，避免旅客、车辆及行包流线的交叉；

（2）站前广场必须明确划分车流、客流路线，停车区域、活动区域及服务区域，在满足使用的条件下应注意节约用地；

（3）一、二级站汽车进出口必须分别设置，汽车进出站口的宽度不宜小于 4m；

（4）候车厅应充分利用天然采光，净高不宜低于 3.60m；

（5）候车厅安全出口不应少于两个，净宽不应小于 1.40m，安全出口应直通室外，室外通道净宽不应小于 3m；二楼设置候车厅时疏散楼梯亦不应少于两个；

（6）母子候车室应邻近站台并单独设检票口；

（7）售票室的使用面积按每个售票口不应小于 $5m^2$ 计算；

（8）站台设计应利于旅客上下车，行包装卸和客车运转，其净宽不应小于 2.50m；

（9）站台应设置雨棚，位于车位装卸作业区的站台雨棚，净高不应低于 5m；

（10）停车场内车辆宜分组停放，每组停车数量不宜超过 50 辆。

2）汽车客运站建筑设计规范

依据《汽车客运站建筑设计规范》JGJ/T 60-2012

（1）汽车进站口、出站口应满足营运车辆通行要求，并应符合下列规定：

① 一、二级汽车站进站口、出站口应分别独立设置，三、四级站宜分别设置；进站口、出站口净宽不应小于 4.0m，净高不应小于 4.5m；

② 汽车进站口、出站口与旅客主要出入口应设不小于 5.0m 的安全距离，并应有隔离措施；

③ 汽车进站口、出站口与公园、学校、托幼残障人使用的建筑及人员密集场所的主要出入口距离不应小于 20.0m；

④ 汽车进站口、出站口与城市干道之间宜设有车辆排队等候的缓冲空间，并应满足驾驶员行车安全视距的要求。

（2）汽车客运站站内道路应按人行道路、车行道路分别设置。双车道宽度不应小于 7.0m；单车道宽度不应小于 4.0m；主要人行道路宽度不应小于 3.0m；

（3）候乘厅内应设无障碍候乘区，并应邻近检票口；候乘厅与站台应满足无障碍通行要求；

（4）候乘厅座椅排列方式应有利于组织旅客检票；候乘厅每排座椅不应超过 20 座，座椅之间走道净宽不应小于 1.3m，并应在两端设不小于 1.5m 通道；

（5）候乘厅内应设饮水设施，并应与盥洗间和厕所分设；

（6）售票室使用面积可按每个售票窗口不小于 $5.0m^2$ 计算，且最小使用面积不宜小于 $14.0m^2$；

（7）设自动售票机时，其使用面积应按 $4.0m^2$/ 台计算；

（8）汽车客运站发车位和停车区前的出车通道净宽不应小于 12.0m；

（9）汽车客运站应设置发车位和站台，且发车位宽度不应小于 3.9m；

（10）站台设计应有利旅客上下车和客车运转，单侧站台净宽不应小于 2.5m，双侧设站台时，净宽不应小于 4.0m；

（11）发车位为露天时，站台应设置雨棚。雨棚宜能覆盖到车辆行李舱位置，雨棚净高不得低于 5.0m。

（12）站房内应设厕所和盥洗室，并应设无障碍厕位，一、二级交通客运站宜设无性别厕所，并宜与无障碍厕所合用；一、二、三级交通客运站工作人员和旅客使用的厕所应分设，四级及以下站级的交通客运站，工作人员和旅客使用的厕所可合并设置。

3）汽车客运站建筑功能流线（图 2.10）

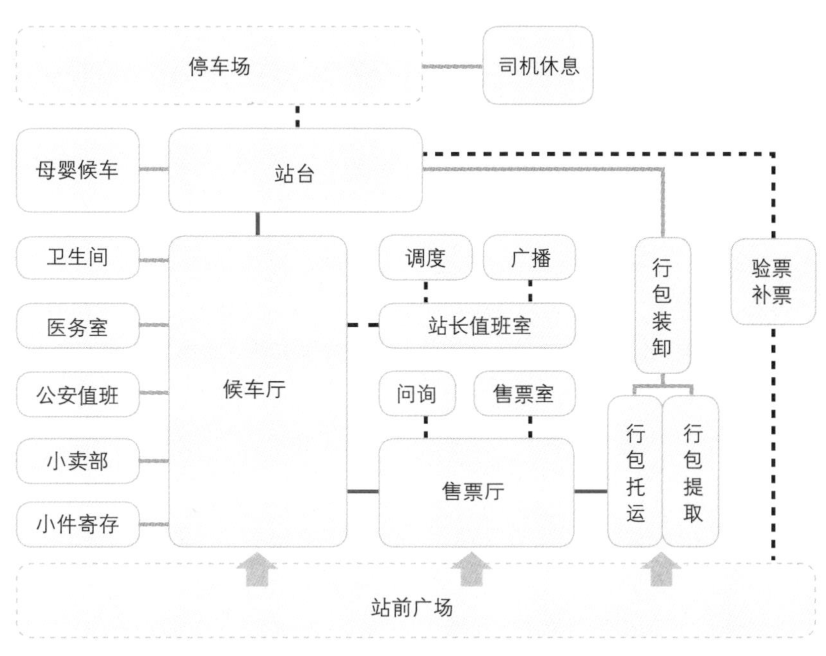

图 2.10　汽车客运站建筑功能流线

2.2.10 其他建筑

1）汽车库建筑

汽车库建筑设计要点：

（1）车库建筑规模宜按汽车类型和容量分为四类：特大型（大于 1000 辆）、大型（301~1000 辆）、中型（51~300 辆）、小型（小于 50 辆）；

（2）库址内车行道与人行道应严格分离，消防车道必须畅通；

（3）大中型汽车库的库址，车辆出入口不应少于 2 个；特大型汽车库库址，车辆出入口不应少于 3 个，并应设置人流专用出入口。各汽车出入口之间的净距不应小于 15m；

（4）出入口的宽度，双向行驶时不应小于 7m，单向行驶时不应小于 4m；

（5）基地出入口不应直接与城市快速路相连接，且不宜直接与主干路连接；

（6）汽车库库址的车辆出入口，距离城市道路的规划红线不应小于 7.50m；

（7）库址车辆出入口与城市人行过街天桥、地道、桥梁或隧道等引道口的距离应大于 50m；距离道路交叉口应大于 80m；

（8）汽车库内当通车道纵向坡度大于 10% 时，坡道上、下端均应设缓坡。其直线缓坡段的水平长度不应小于 3.60m，缓坡坡度应为坡道坡度的 1/2。曲线缓坡段的水平长度不应小于 2.40m，曲线的半径不应小于 20m，缓坡段的中点为坡道原起点或止点；

（9）汽车的最小转弯半径：微型车（4.50m）、小型车（6.00m）、轻型车（6.50~7.20m）、中型车（7.20~9.00m）、大型车（9.00~10.50m）、铰接车（10.50~12.50m）；

（10）汽车库室内最小净高：微型车、小型车 2.20m；轻型车 2.95m；中、大型客车 3.70m；中、大型货车 4.20m；

（11）汽车库内汽车与汽车、墙、柱、护栏之间的最小净距：汽车间横向净距为 0.60m；汽车与柱间净距为 0.30m；汽车与墙、护栏及其他构筑物间净距为 0.50m（纵向）、0.60m（横向）；

（12）汽车库内柱网尺寸一般采用 8.1m×8.1m 或 8.4m×8.4m；

（13）汽车库室内最远工作地点至楼梯间的距离不应超过 45m，当设有自动灭火系统时，其距离不应超过 60m；

2）银行建筑

银行建筑设计要点：

（1）总平面应设置内院，供运钞车辆和其他机动车辆停放使用，其面积大小应满足运钞车辆回转的需要。营业厅门前应留有适当空地，方便停放机动车辆、自行车需要的场地；

（2）营业办公区与职工生活区等建筑应分区布置，避免互相干扰；

（3）营业厅应有良好的天然采光效果；

（4）营业厅内净高不得低于 3.60m；

（5）营业厅的结构形式和柱网尺寸应适应柜台排列要求。建筑净进深不得小于 7.20m；工作区净进深不得小于 3.60m，柜台宽度不得小于 0.60m，客户活动区净进深不得小于 3m；

（6）营业厅内工作区面积与柜台和客户活动区所占面积之比宜为 1：1；柜外面积与柜内面积之比约为 1：2；

（7）库区应有单独的、相对隐蔽的出入口，出口应开向院内。金库要方便与营业厅出纳柜的联系；

（8）金库为银行的重要部分，通常应设在建筑物中央部分或地下室，库房周围设监视廊。

3）医院建筑

医院建筑设计要点：

（1）综合医院主要功能分区分为医疗区、医技区、后勤供应区；

（2）医疗、医技区应置于基地的主要中心位置，其中门诊部、急诊部应面对主要交通干道，设在大门口处；

（3）后勤供应区用房应位于医院基地的下风向，与医疗区保持一定距离或路线互不交叉干扰，同时又应为医疗、医技区服务，联系方便；

（4）出入口设置和道路布置要求功能分区合理，洁污路线清楚，避免或减少交叉感染；

（5）医院出入口不应少于 2 处，人员出入口不应兼作尸体、废弃物出口；

（6）病房楼应获得最佳朝向，病房的前后间距应满足日照要求，且不宜小于 12m。半数以上的病房，应获得良好日照；

（7）太平间、病理解剖室、焚毁炉应设于医院隐蔽处，并应与主体建筑有适当隔离；尸体运送路线应避免与出入院路线交叉；

（8）在门诊、急诊和住院主要入口处，必须有机动车停靠的平台及雨棚；如设坡道时，坡度不得大于 1/10；

（9）门诊、急诊和病房，应充分利用自然通风和天然采光；

（10）四层及四层以上的门诊楼或病房楼应设电梯，且不得少于 2 台；当病房楼高度超过 24m 时，应设污物梯。

（11）室内净高在自然通风条件下，诊查室不应低于 2.60m，病房不应低于 2.80m；

（12）病人使用的厕所隔间的平面尺寸，不应小于 1.10m×1.40m，门朝外开，门闩应能里外开启；

（13）利用走道单侧候诊者，走道净宽不应小于 2.10m，两侧候诊者，净宽不应小于 2.70m；

（14）妇、产科和计划生育应合用检查室，并增设手术室和休息室，设单独出入口；

（15）儿科应自成一区，宜设在首层出入方便之处，并应设单独出入口；应设置仅供一名病儿使用的隔离诊查室，并宜有单独对外出口；

（16）肠道科应自成一区，应设单独出入口、观察室、小化验室和厕所；

（17）手术部平面布置应符合功能流程和洁污分区；

（18）病人使用的疏散楼梯至少应有一座为天然采光和自然通风的楼梯；病房楼的疏散楼梯间，不论层数多少，均应为封闭式楼梯间；高层病房楼应为防烟楼梯间。

2.3 相关建筑设计规范

2.3.1 民用建筑设计通则 GB 50352—2005

1）基本规定

（1）民用建筑按使用功能可分为居住建筑和公共建筑两大类；

（2）民用建筑按地上层数或高度分类划分应符合下列规定：

① 住宅建筑按层数分类：

一层至三层为低层住宅，四层至六层为多层住宅，七层至九层为中高层住宅，十层及十层以上为高层住宅；

② 除住宅建筑之外的民用建筑高度不大于 24m 者为单层和多层建筑，大于 24m 者为高层建筑（不包括建筑高度大于 24m 的单层公共建筑）；

③ 建筑高度大于 100m 的民用建筑为超高层建筑。

（3）民用建筑的设计使用年限：临时性建筑（5 年）、易于替换结构构件的建筑（25 年）、普通建筑和构筑物（50 年）、纪念性建筑和特别重要的建筑（100 年）；

（4）中国建筑气候分区：Ⅰ严寒地区、Ⅱ寒冷地区、Ⅲ夏热冬冷地区、Ⅳ夏热冬暖地区、Ⅴ温和地区；

（5）设置电梯的民用建筑的公共交通部位应设无障碍设施；

（6）残疾人、老年人专用的建筑物应设置无障碍设施。

2）城市规划对建筑的限定

（1）基地应与道路红线相邻接，否则应设基地道路与道路红线所划定的城市道路相连接。基地内建筑面积小于或等于 3000m^2 时，基地道路的宽度不应小于 4m，基地内建筑面积大于 3000m^2 且只有一条基地道路与城市道路相连接时，基地道路的宽度不应小于 7m，若有两条以上基地道路与城市道路相连接时，基地道路的宽度不应小于 4m；

（2）基地机动车出入口位置应符合下列规定：

① 与大中城市主干道交叉口的距离，自道路红线交叉点量起不应小于 70m；

② 与人行横道线、人行过街天桥、人行地道（包括引道、引桥）的最边缘线不应小于 5m；

③ 距地铁出入口、公共交通站台边缘不应小于 15m；

④ 距公园、学校、儿童及残疾人使用建筑的出入口不应小于 20m。

3）场地设计

（1）建筑日照标准应符合下列要求：

① 每套住宅至少应有一个居住空间获得日照，该日照标准应符合现行国家标准《城市居住区规划设计规范》GB 50180 有关规定；

② 宿舍半数以上的居室，应能获得同住宅居住空间相等的日照标准；

③ 托儿所、幼儿园的主要生活用房，应能获得冬至日不小 3h 的日照标准；

④ 老年人住宅、残疾人住宅的卧室、起居室，医院、疗养院半数以上的病房和疗养室，中小学半数以上的教室应能获得冬至日不小于 2h 的日照标准。

（2）沿街建筑应设连通街道和内院的人行通道（可利用楼梯间），其间距不宜大于 80m；

（3）建筑基地道路宽度应符合下列规定：

① 单车道路宽度不应小于 4m，双车道路不应小于 7m；

② 人行道路宽度不应小于 1.50m。

（4）建筑基地内地下车库的出入口设置应符合下列要求：

① 地下车库出入口距基地道路的交叉路口或高架路的起坡点不应小于 7.50m；

② 地下车库出入口与道路垂直时，出入口与道路红线应保持不小于 7.50m 安全距离；

③ 地下车库出入口与道路平行时，应经不小于 7.50m 长的缓冲车道汇入基地道路。

4）平面布置

（1）地下室、半地下室作为主要用房使用时，应符合安全、卫生的要求，并应符合下列要求：

① 严禁将幼儿、老年人生活用房设在地下室或半地下室；

② 居住建筑中的居室不应布置在地下室内；当布置在半地下室时，必须对采光、通风、日照、防潮、排水及安全防护采取措施；

③ 建筑物内的歌舞、娱乐、放映、游艺场所不应设置在地下二层及二层以下；当设置在地下一层时，地下一层地面与室外出入口地坪的高差不应大于 10m。

（2）厕所和浴室隔间的平面尺寸不应小于：（宽度 m× 深度 m）

① 外开门的厕所隔间为 0.90×1.20；

② 内开门的厕所隔间为 0.90×1.40；

③ 医院患者专用厕所隔间为 1.10×1.40；

④ 无障碍厕所隔间为 1.40×1.80（改建用 1.00×2.00）；

⑤ 外开门淋浴隔间为 1.00×1.20；

⑥ 内设更衣凳的淋浴隔间为 1.00×（1.00+0.60）；

⑦ 无障碍专用浴室隔间：盆浴（内扇向外开启）2.00×2.25；淋浴（内扇向外开启）1.50×2.35。

（3）卫生设备间距应符合下列规定：

① 洗脸盆或盥洗槽水嘴中心与侧墙面净距不宜小于 0.55m；

② 并列洗脸盆或盥洗槽水嘴中心间距不应小于 0.70m；

③ 单侧并列洗脸盆或盥洗槽外沿至对面墙的净距不应小于 1.25m；

④ 双侧并列洗脸盆或盥洗槽外沿之间的净距不应小于 1.80m；

⑤ 浴盆长边至对面墙面的净距不应小于 0.65m；无障碍盆浴间短边净宽度不应小于 2m；

⑥ 并列小便器的中心距离不应小于 0.65m；

⑦ 单侧厕所隔间至对面墙面的净距：当采用内开门时，不应小于 1.10m；当采用外开门时不应小于 1.30m；双侧厕所隔间之间的净距：当采用内开门时，不应小于 1.10m；当采用外开门时不应小于 1.30m；

⑧ 单侧厕所隔间至对面小便器或小便槽外沿的净距：当采用内开门时，不应小于 1.10m；当采用外开门时，不应小于 1.30m。

（4）台阶设置应符合下列规定：

① 公共建筑室内外台阶踏步宽度不宜小于 0.30m，踏步高度不宜大于 0.15m，并不宜小于 0.10m，踏步应防滑。室内台阶踏步数不应少于 2 级，当高差不足 2 级时，应按坡道设置；

② 人流密集的场所台阶高度超过 0.70m 并侧面临空时，应有防护设施。

（5）坡道设置应符合下列规定：

① 室内坡道坡度不宜大于 1∶8，室外坡道坡度不宜大于 1∶10；

② 室内坡道水平投影长度超过 15m 时，宜设休息平台，平台宽度应根据使用功能或设备尺寸所需缓冲空间而定；

③ 供轮椅使用的坡道不应大于 1∶12，困难地段不应大于 1∶8；

④ 自行车推行坡道每段坡长不宜超过 6m，坡度不宜大于 1∶5；

⑤ 机动车行坡道应符合国家现行标准《汽车库建筑设计规范》JGJ100 的规定；

⑥ 坡道应采取防滑措施。

（6）阳台、外廊、室内回廊、内天井、上人屋面及室外楼梯等临空处应设置防护栏杆，并应符合下列规定：

① 栏杆应以坚固、耐久的材料制作，并能承受荷载规范规定的水平荷载；

② 临空高度在 24m 以下时，栏杆高度不应低于 1.05m，临空高度在 24m 及 24m 以上（包括中高层住宅）时，栏杆高度不应低于 1.10m（注：栏杆高度应

从楼地面或屋面至栏杆扶手顶面垂直高度计算，如底部有宽度大于或等于0.22m，且高度低于或等于0.45m的可踏部位，应从可踏部位顶面起计算）；

③ 栏杆离楼面或屋面0.10m高度内不宜留空；

④ 住宅、托儿所、幼儿园、中小学及少年儿童专用活动场所的栏杆必须采用防止少年儿童攀登的构造，当采用垂直杆件做栏杆时，其杆件净距不应大于0.11m；

⑤ 文化娱乐建筑、商业服务建筑、体育建筑、园林景观建筑等允许少年儿童进入活动的场所，当采用垂直杆件做栏杆时，其杆件净距也不应大于0.11m。

（7）梯段改变方向时，扶手转向端处的平台最小宽度不应小于梯段宽度，并不得小于1.20m，当有搬运大型物件需要时应适量加宽；

（8）每个梯段的踏步不应超过18级，亦不应少于3级；

（9）楼梯平台上部及下部过道处的净高不应小于2m，梯段净高不宜小于2.20m；

（10）电梯设置应符合下列规定：

① 电梯不得计作安全出口；

② 以电梯为主要垂直交通的高层公共建筑和12层及12层以上的高层住宅，每栋楼设置电梯的台数不应少于2台；

③ 建筑物每个服务区单侧排列的电梯不宜超过4台，双侧排列的电梯不宜超过2×4台；电梯不应在转角处贴邻布置。

2.3.2 建筑设计防火规范GB50016—2014

（1）民用建筑之间的防火间距（表2.1）

民用建筑防火间距（m） 表2.1

建筑类别		高层民用建筑	裙房和其他民用建筑		
		一、二级	一、二级	三级	四级
高层民用建筑	一、二级	13	9	11	14
裙房和其他民用建筑	一、二级	9	6	7	9
	三级	11	7	8	10
	四级	14	9	10	12

（2）不同耐火等级建筑的允许建筑高度或层数、防火分区最大允许建筑面积（表2.2）

不同耐火等级建筑的允许建筑高度/层数、防火分区最大允许建筑面积（m^2） 表2.2

名称	耐火等级	防火分区的最大允许建筑面积	备注
高层民用建筑	一、二级	1500	对于体育馆、剧场的观众厅，防火分区的最大允许建筑面积可适当增加
单、多层民用建筑	一、二级	2500	
	三级	1200	
	四级	600	
地下或半地下建筑（室）	一级	500	设备用房的防火分区允许建筑面积不应大于1000m^2

注：当建筑内设置自动灭火系统时，可按规定增加1.0倍。

（3）建筑内的安全出口和疏散门应分散布置，且建筑内每个防火分区或一个防火分区的每个楼层，每个住宅单元每层相邻两个安全出口以及每个房间相邻两个疏散门最近边缘之间的水平距离不应小于5m（表2.3）；

（4）建筑的楼梯间宜通至屋面，通向屋面的门或窗应向外开启；

（5）自动扶梯和电梯不应计作安全疏散设施；

（6）公共建筑内每个防火分区或一个防火分区的每个楼层，其安全出口的数量应经计算确定，且不应少于2个；

（7）一类高层公共建筑的建筑高度大于32m的二类高层公共建筑，其疏散楼梯应采用防烟楼梯间；裙房和建筑高度不大于32m的二类高层公共建筑，其疏散楼梯间应采用封闭楼梯间；

（8）下列多层公共建筑的疏散楼梯，除与敞开式外廊直接相连的楼梯间外，均应采用封闭楼梯间：

① 医疗建筑、旅馆、老年人建筑及类似使用功能的建筑；

② 设置歌舞娱乐放映游艺场所的建筑；

③ 商店、图书馆、展览建筑、会议中心及类似使用功能的建筑；

④ 6层及以上的其他建筑。

（9）直通疏散走道的房间疏散门至最近安全出口的直线距离（表2.3）

直通疏散走道的房间疏散门至最近安全出口的直线距离（m） **表2.3**

名称			位于两个安全出口之间的疏散门			位于袋形走道两侧或尽端的疏散门		
			一、二级	三级	四级	一、二级	三级	四级
托儿所、幼儿园、老年人建筑			25	20	15	20	15	10
歌舞娱乐放映游艺场所			25	20	15	9	—	—
医疗建筑	单、多层		35	30	25	20	15	10
	高层	病房部分	24	—	—	12	—	—
		其他部分	30	—	—	15	—	—
教学建筑	单、多层		35	30	25	22	20	10
	高层		30	—	—	15	—	—
高层旅馆、展览建筑			30	—	—	15	—	—
其他建筑	单、多层		40	35	25	22	20	15
	高层		40	—	—	20	—	—

第3章

建筑快速设计的表现技法

3.1 基础知识的积累

正如商品需要包装，才能产生广告效应一样，建筑设计也需要艺术性的表现，才能达到引人入胜的目的。建筑快速表现实现的是由思维到画面的过程，其体现了设计者的专业素养。作为设计者，要想在如此短暂的时间内清楚表达设计方案以吸引观者，就只有将平面、立面、剖面及效果图等以美的方式呈现于图面之上，从而由理性设计转化为感性认知。

建筑快速表现能力是设计者长期积累的结果，可以通过手绘临摹、钢笔速写等建立基本的美学修养，保留艺术美的新鲜感受，在快速设计中运用于画面构图、配景布局以及三大基本关系（素描、色彩、光影）的把握，实现理想的整体表达效果。

在基础知识的积累过程中，要做到以下几点：

① 选用最擅长的画笔。初学者宜使用 0.2~0.4mm 的针管笔，这种工具绘画起来要相对细腻很多，容易在刚开始的学习过程中，让自己深入、细致地表达，以积累基本功。在基本功逐步扎实之后，才开始考虑用其他画笔，来丰富自己对画笔的掌控能力；

② 保持随身携带速写本的良好习惯。因为速写讲求熟能生巧，画则进，不画则退。在平时的反复练习中提高手绘能力，同时养成借助图解思考问题的习惯，这些在快速设计过程中都是非常适用的；

③ 基本功的积累遵循“由易到难，循序渐进”的发展规律。可以从临摹优秀作品开始建立对艺术美的感知；然后从照片写生到实景写生，把控素描、色彩、光影三大基本关系；最后有了手绘基础，再熟练运用于建筑设计的创作中，可谓是如虎添翼；

④ “三人行必有我师”，在基础知识积累阶段，虚心向老师或前辈请教，同时也积极和同学交流，学习别人好的方法、经验，完善自我，以达到事半功倍的效果。

3.2 快速绘图工具的准备

快速设计的绘图工具包括针管笔、马克笔、彩铅、颜料、丁字尺、三角尺、比例尺、曲线板、绘图纸等。选择最适合自己的绘图工具，可以提高绘图效率，呈现出最佳的表现效果。

下面，对常用绘图工具做简单介绍（图 3.1）。

① 铅笔是绘图的一种最常用的工具，容易控制，且在不同表面的纸上有不同的纹理。铅芯从 6H 到 8B 由硬变软。一般来说，方案阶段最好用较软的铅笔（如 B、2B 等），因为粗线条的表现可以不拘泥于方案的细部构思，从而帮助设计者加速思维流动。一旦方案确定，可以用 HB 或 H 画出定稿，以备最后表现图用；

② 一次性针管笔是传统的绘图工具，其性能优异，价格便宜，线条粗细有严格型号区分。针管笔绘制的线条，最大优点为清晰、醒目。在建筑快速设计考试中，针管笔的使用要注意，即分清不同线型的关系，又避免粗细等级过多造成线条杂乱；

③ 常用的草图笔为一次性毡头笔，颜色多、手感好，它和针管笔同为勾勒墨线的工具。除此之外，墨水钢笔也是非常好的选择。使用者不必局限于某种工具，根据个人偏爱，任意选择适合自己的绘图工具；

④ 马克笔是最常用的快捷上色工具，颜色范围达上百种，使用干净、便捷。常见的品牌有美国的 AD 牌，韩国的 TOUCH 牌等，根据品牌的不同，笔头形状和大小有所区别，建议有条件的可以选购油性笔。在建筑快速设计中，马克笔主要用于为面着色，但切忌用色过多、过艳，应以灰色调为主，表达清楚明暗关系即可，且尽量不要将油性笔与水性笔叠加试用（图 3.2，表 3.1）；

⑤ 水彩颜色通透，具有优异的绘画特性，但是由于其对于效果时间的掌控性较差，往往较少用于应试型快速设计中。常见的有管装和固体两种，还有一种液体水彩，也叫彩墨，初学者比较难掌握。这些在美术用品商店都可以买到。不同品牌，颗粒大小和颜色

图 3.1　常用绘图工具

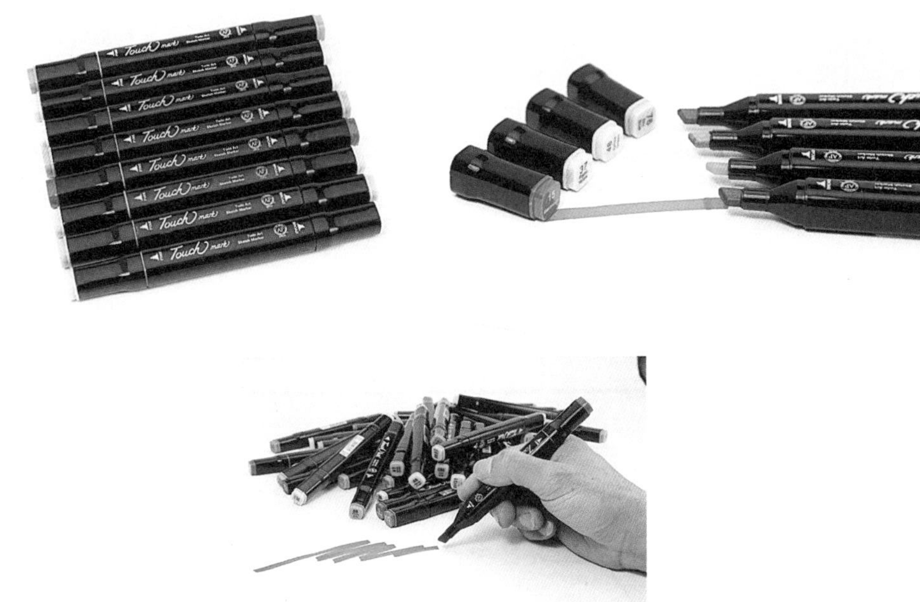

图 3.2　马克笔

建筑设计手绘马克笔配色清单参考表 　　表 3.1

品牌	颜色	型号
TOUCH	冷灰	BG-1，BG-3，BG-5，BG-7，BG-9
	暖灰	WG-2，WG-3，WG-5，WG-7
	中灰	CG-2，CG-4，CG-5，CG-9
	绿色	BG-50，BG-53，BG-54，BG-57，BG-58，BG-68，G-43，G-55，G-59,GY-47
	黄色	GY-42，GY-48，Y-45，YR-34，R-25
	蓝色	PB-64，PB-70，PB-72，PB-74，PB-76，PB-77
	橙红	Y-29，YR-21，YR-23，YR-95，YR-97，YR-99
	褐紫	YR-101，YR-102，R-1，R-12，R-92，P-83，P-88，RP-9
三幅	绿色	PM-185，PM-187，PM-25，PM-27，PM-31，PM-37，PM-38，PM-140
	黄色	PM-190，PM-70，PM-122，PM-124，PM-149
	蓝色	PM-45，PM-39，PM-40，PM-44
	橙红	PM-1，PM-8，PM-15，PM-130，PM-151，PM-153
	褐紫	PM-61，PM-65，PM-86，PM-88，PM-148
	暖灰	PM-102，PM-104，PM-106
	冷灰	PM-111，PM-113，PM-115，PM-116
	蓝色	PM-126，PM-134，PM-142，PM-146

纯度均有不同。性价比较好的有樱花牌、温莎牛顿牌，中学生用的柯特曼、荷兰泰伦斯旗下的梵高牌、意大利美利牌旗下的美利兰和威尼斯等。水彩纸的选择尤为重要，性价比较好的有英国山度士出品的博更福，适合写意风格；获多福更适合写实的风格。另外，还有法国的阿诗，品质也非常好；

⑥ 彩色铅笔颜色丰富，质地柔和，有些还具有水溶的功能，加水可以达到类似水彩般晕染的效果。其优点为使用方便，容易上手，便于修改，常与马克笔结合使用。市面上常见的整盒套装分 36 色、72 色，甚至更多。性能优异的品牌如德国的 STABILO, 英国的 DERWENT 等。彩色铅笔建议买成熟化进口品牌的产品，能够更有效地辅助与表达设计；

⑦ 同尺寸的卷装草图纸透明度高，纸质平整，可以反复描图修改，非常适合设计使用。办公室常见的普通复印纸是物美价廉的绘图用纸，建议使用 80K 以上的，这样的纸更厚，质地也更好，反复擦写不易磨漏。用马克笔上色的时候，注意在草图纸和复印纸上用颜色的深浅呈现区别。

3.3 手绘表达风格的选择

建筑快速设计的手绘表达有马克笔、铅笔、彩色铅笔、针管笔、钢笔、水彩等。几种表达风格各有特色(表 3.2)，可以根据自身情况，选择擅长的表达风格。

3.3.1 马克笔

马克笔是快速设计中常用的表现方法，分油性和水性两种，其特点是方便、快速、易干、颜色鲜明、笔触感强。马克笔在手绘表达时具有线条流畅，颜色

不同表达风格的特点 表 3.2

表达风格	优点	缺点
马克笔	方便、快捷、颜色鲜明、笔触感强、易干	混色效果难以表达，笔触较难控制
铅笔	既精致细腻又不失概括写意，在快速设计中有力地烘托设计作品的精炼、厚重之美	只有黑白灰的对比关系
彩色铅笔	既操作简便又效果突出	细致表达较花费时间
针管笔	线条清晰、醒目，便于表现光影、明暗、质感、纵深感	色彩的表达多数需要结合其他表达方式
钢笔	快速、准确、流畅，操作简便、易于携带	色彩的表达多数需要结合其他表达方式
水彩	明快、富有感染力	对纸张要求高，不易把控

鲜亮的风格，但由于其颜色覆盖性很强，在两种颜色混合时效果不易控制。马克笔的颜色很多，在搭配时要反复试验，充分准备。同时它的笔触感也很强，从而对笔触的要求比较高，要注意针对性的练习加以掌握。此外，马克笔上色时应当遵循由浅至深的顺序进行，以保证最佳的表达效果（图 3.3）。

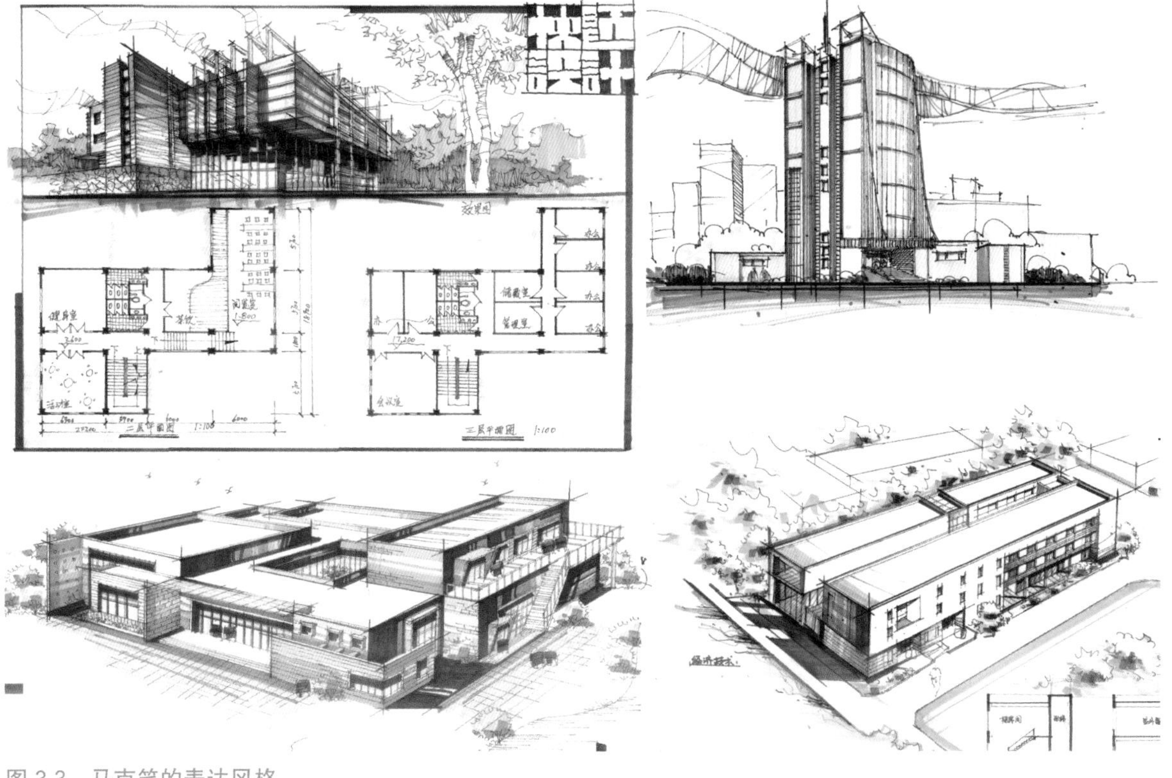

图 3.3 马克笔的表达风格

3.3.2 铅笔

铅笔是最常用的绘图工具，在手绘学习中，占据了重要的角色。建筑快速铅笔表现，是快速设计表现中最基本的手段之一。虽然铅笔表达只有黑白灰的明暗对比关系，却同样可以具有非凡的表现力。一般绘图铅笔有软硬之分，从 6H 到 8B 各种型号。所谓“工欲善其事，必先利其器”，在快速设计考试的短短几个小时内，要非常熟悉不同型号铅笔的特性。H-2H 或 HB 硬度的铅笔一般用来打底稿、勾勒草图与轮廓；2B-4B 铅笔用来表现暗部或有灰度的区域；5B-8B 铅笔用于图中较重部分的表现。各类铅笔表达效果各不相同，用笔时的轻重、节奏、力道、变化需要勤加练习，细心体会。通过笔触、效果的协调配合，使画面既精致细腻又不失概括写意，在快速设计中有力地烘托设计作品的精炼、厚重之美，建议搭配素描定画液，避免图面模糊不整洁（图 3.4）。

图 3.4　铅笔的表达风格

3.3.3 彩色铅笔

彩色铅笔在手绘表达中起了很重要的作用。无论是对于概念方案、草图绘制还是成品效果图，它都不失为一种既操作简便又效果突出的优秀工具。可以选购从 18 色至 48 色的任意类型和品牌的彩色铅笔，其中也包括水溶性的彩色铅笔，其最大的特点是可以调和颜色，且修改起来方便，具有很大的灵活性，但在细致刻画中比较费时，因此常和马克笔配合使用（图 3.5）。

3.3.4 针管笔

针管笔的表达以黑白线条为主，看似比彩图的表现力逊色，其实不然。它有几大明显的优点：

1）光影与明暗的表现

线条光影效果的视觉冲击力很强，通过黑白灰的对比穿插，在二维平面图中，可以表现出很细腻的细节及很强的透视感。

2）质感的表现

质感表现离不开对细部的刻画，如：粗线的刚毅，细线的软弱；密集线条的厚重远虑，稀疏线条的灵动无律；规整线条的有序整齐，自由线条的奔放热情。再通过线条的方向、长短、疏密及位置和间隔的变化表达丰富的内涵。

3）纵深感的表现

纵深的效果是通过线条中的点、线的排列密集，让物体之间产生距离纵深感。粗线有前进感，细线有后退感；疏线条较明亮，密线条较灰暗。在线条表现中宜根据不同的对象，运用透视关系、配景布局、构图关系、人物车辆的大小、画幅整体的疏密层次来表现空间的透视纵深（图 3.6）。

3.3.5 钢笔

钢笔可以完成建筑写生，以速写的形式提高建筑师的艺术修养；通过简单硬朗的线条表现，记录建筑作品的艺术旨趣，收集设计资料，成为自身设计的灵感源泉。通过钢笔表现和色彩表现的结合，建筑师可以在快速设计中把握最初的设计理念，将其呈现在观者面前。当然，钢笔表现的作用也体现在求学、求职等多个领域，可见它对于建筑设计者

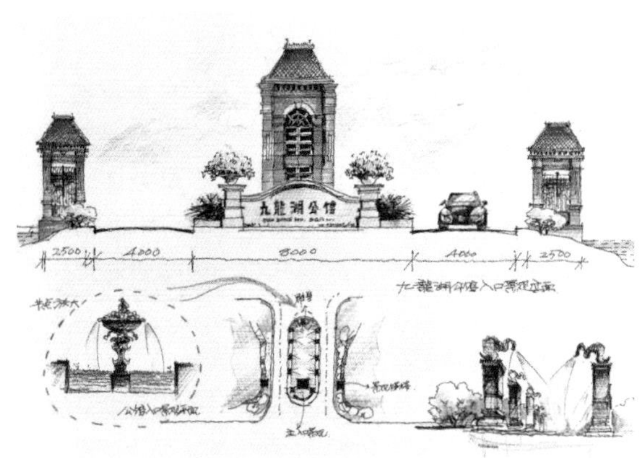

图 3.5　彩色铅笔的表达风格

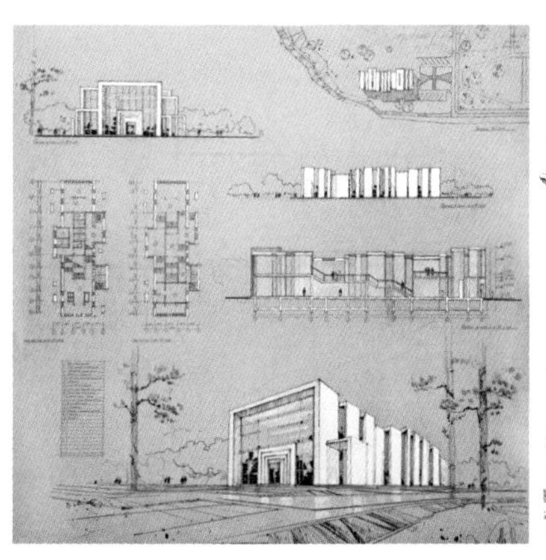

图 3.6　针管笔的表达风格

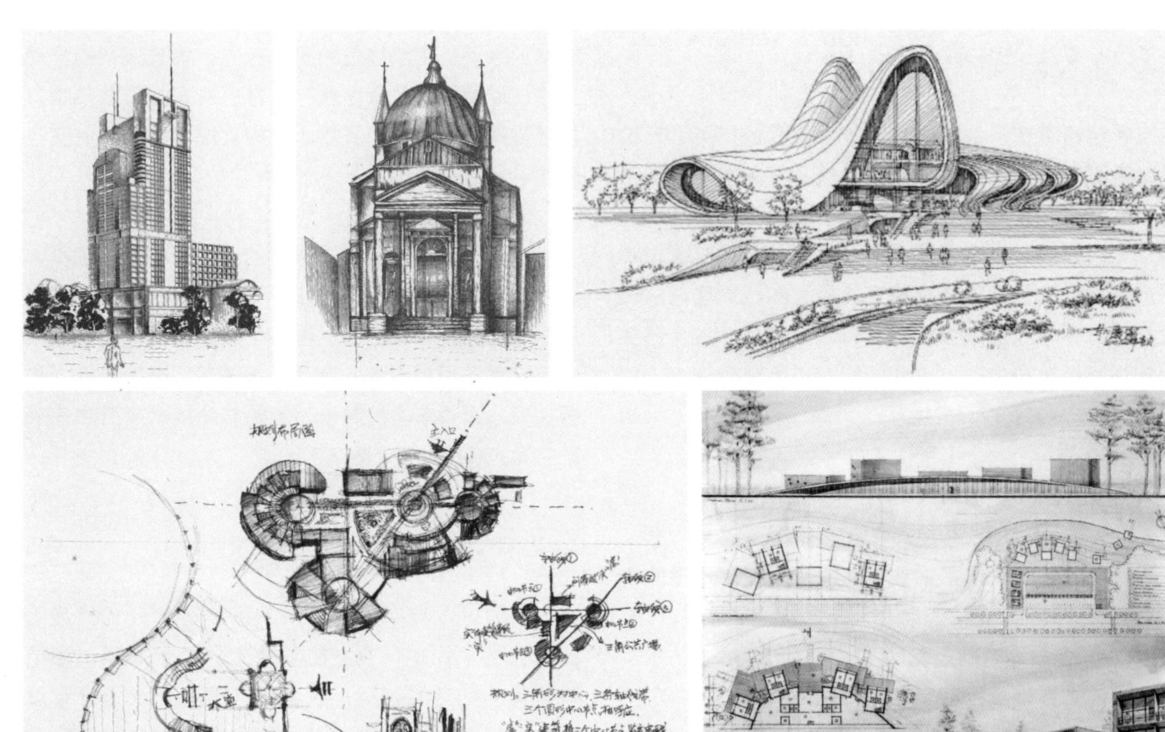

图 3.7　钢笔的表达风格

的意义非凡（图 3.7）。

3.3.6 水彩

水彩是手绘表现中具有代表性、比较常见的一种着色技法。水彩是一种水溶性颜料，适合于大面积表现。如果使用得当，可以快速取得明快、富有感染力的效果，但是技法不易把握，在这里特别提醒大家在表现时的几点注意事项。

首先，水彩对纸张要求较高，要选用吸水性好的水彩纸，而且不能有折痕、刮擦痕，在使用水彩前不能使用橡皮，以免破坏纸面肌理，弄花图面；其次，水彩中的水可能会影响图面其他内容，所以在作图过程中应当打完铅笔稿后先上水彩，再上墨线，以免水将墨线晕花。如果使用油性笔来上墨线就不受影响了；再次，上色顺序按照先浅后深、由明至暗，底色要浅；最后，底色和环境可以大面积涂抹，但是重点设计内容还是要细致刻画。除了独立使用之外，水彩也可与其他表现方法结合使用，如钢笔等，同样要注意先上水彩，后上墨线（图 3.8，图 3.9）。

通过以上介绍，希望设计者在基于一定绘画原理的基础上，选择适合自己的表达方式，学习快速表现的步骤方法，并应用于快速设计和日常的设计草图中。随着

图 3.8　水彩的表达风格 1

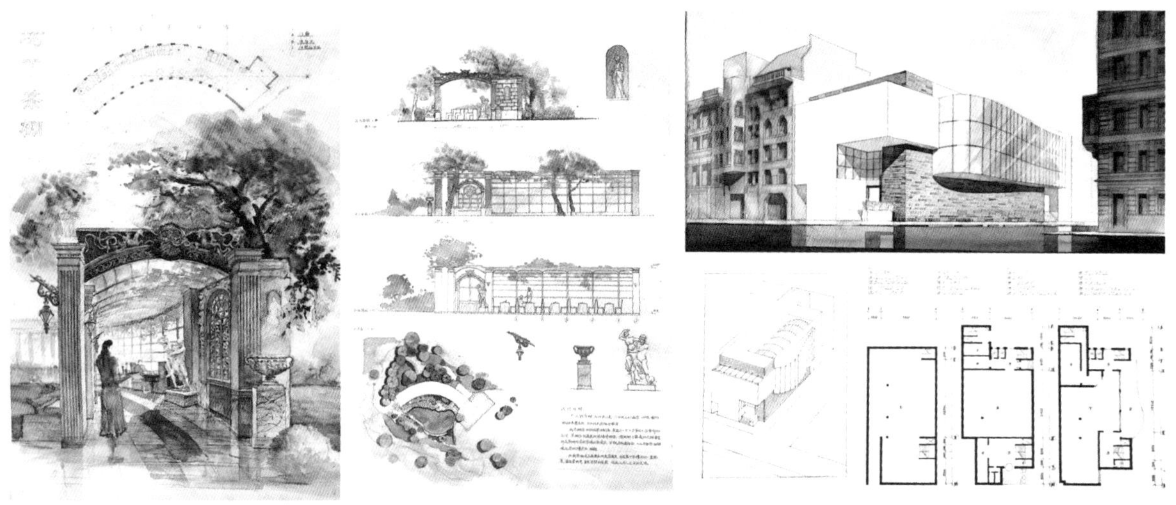

图 3.9　水彩的表达风格 2

不停的探索和实践，每个人都能发挥所长，发展自己的建筑绘画技法，形成个人风格，最终在求职或升学中脱颖而出。

3.4 针对性较强的分类训练

3.4.1 线条

线条是手绘的基础，线条的疏密、方向等都会产生不同的表达效果。在计算机绘图普及的今天，我们同样应该强调线条在手绘中的重要性，因为流畅而生动的线条可以提高整体的图面效果，给人良好的第一印象。线条的练习包括直线、曲线、弧线、长线、短线等，以及不同线条的组合。在掌握每种线条的特点及绘制技巧的基础之上，一定要多动手练习，才能运笔自如。

通常来讲，线条分为两种：快线和慢线。快线给人以强烈的视觉冲击，具有爆发力。在绘制快线时，注意手要放松，笔要放平，横向移动，依靠运笔积攒力量。而慢线是伴随停顿、抖动、弯曲的线条，整体感觉较为活泼，不拘小节，特别适于草图中线条的绘制。

3.4.2 透视

透视是效果图中很重要的部分，它能够帮助我们在二维的图纸上建立三维的空间感。在建筑快速设计中，透视关系相对而言不需要特别严谨，只要遵循“近大远小、近明远暗、近实远虚”的基本原则，表达出空间感即可。透视分为一点透视、两点透视、三点透视以及散点透视，常用的为前两种。

一点透视也称为平行透视，是最简单的透视表达，其特点为纵深感强。一般来说，选择主入口所在的立面或者主要立面作为一点透视的基准面。在绘制过程中需要强调的是，线条横平竖直才能更准确地表达透视关系。

两点透视也叫成角透视，其更真实地反映人观察物体的视角，表现的是两个相邻立面的透视效果。两点透视绘制主要分四步：先画一条水平线，然后找到两个灭点，再确定高度，最后连接各点。值得注意的是，在快速设计中两点透视图的绘制需要结合个人经验和感觉，并非完全循规蹈矩。

3.4.3 配景

1）人的画法（图 3.10，图 3.11）

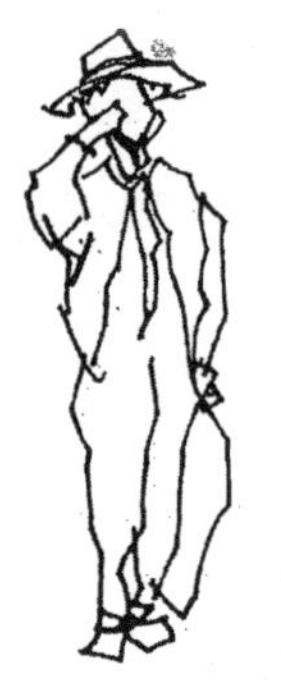

图 3.10 人的画法 1

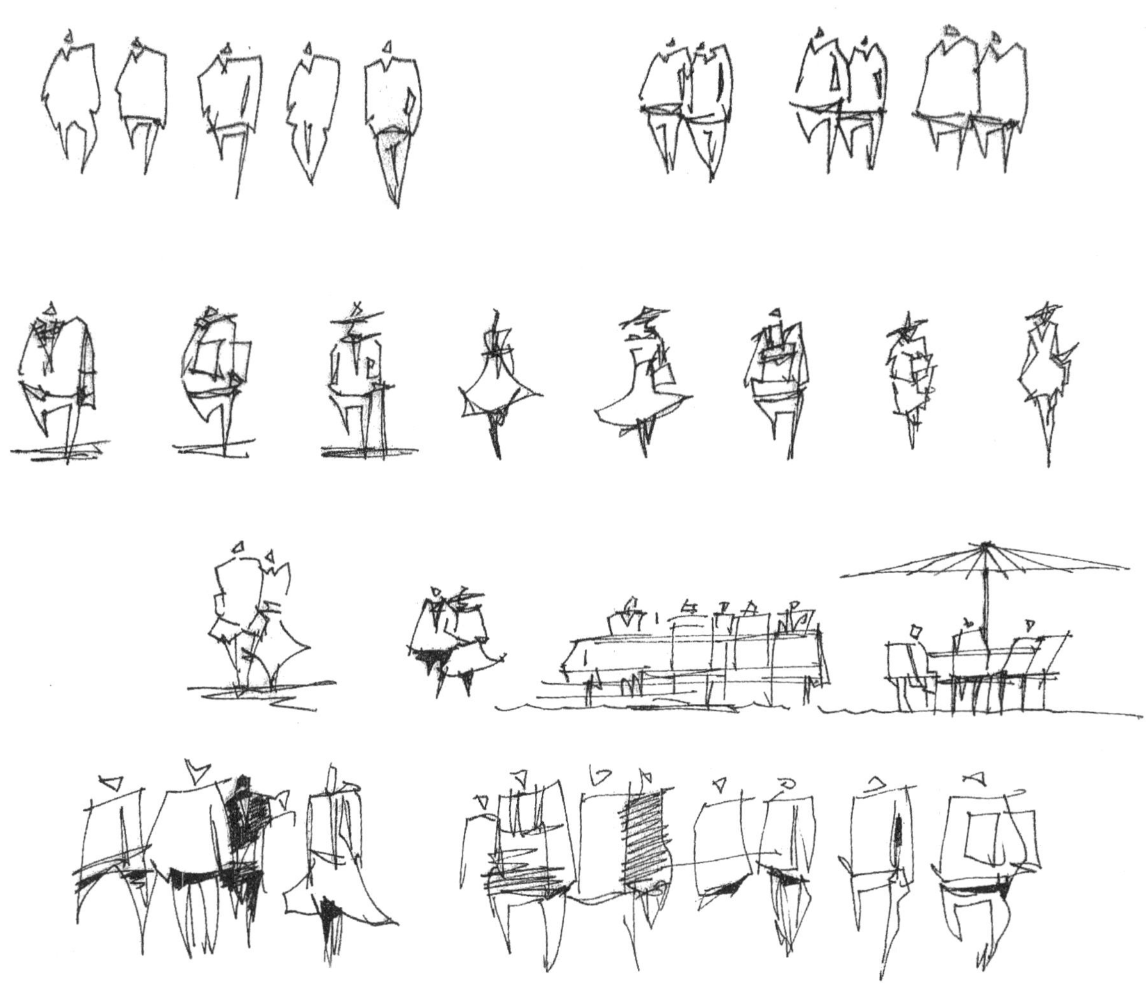

图 3.11　人的画法 2

2）植物的画法（图 3.12 ~ 图 3.14）

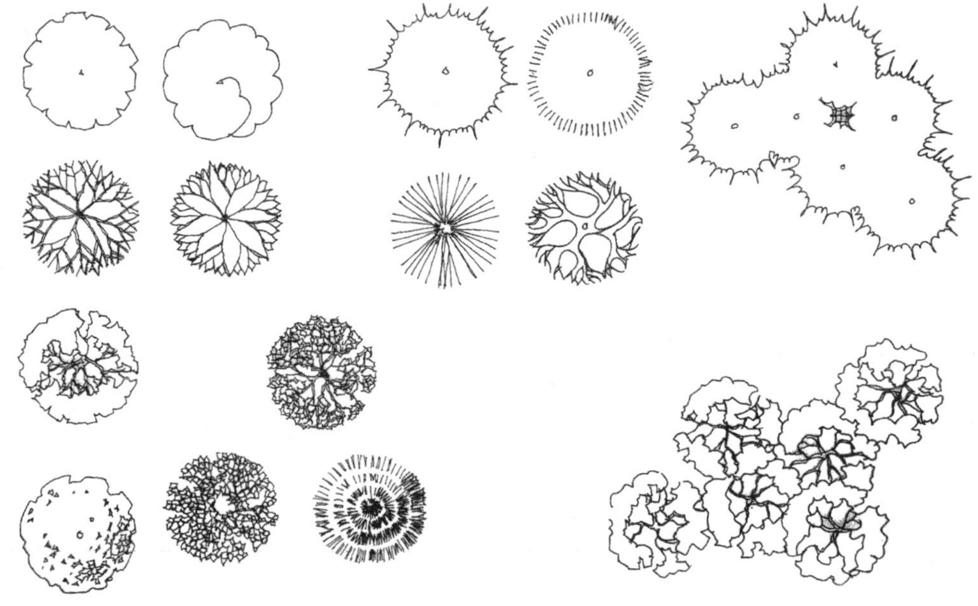

图 3.12　植物平面的画法

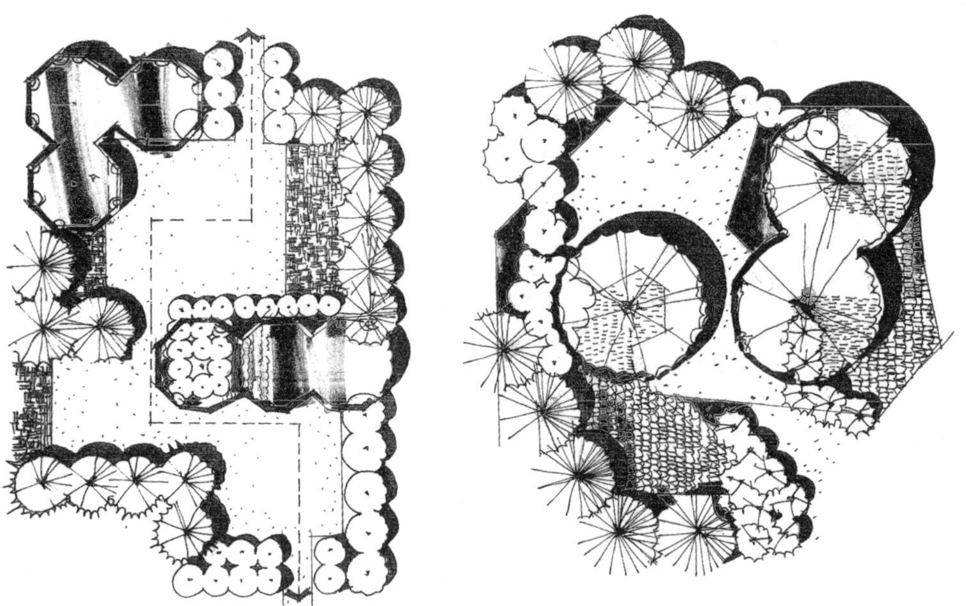

图 3.13　植物平面组合的画法

图 3.14　植物立面的画法

3）车的画法（图 3.15）

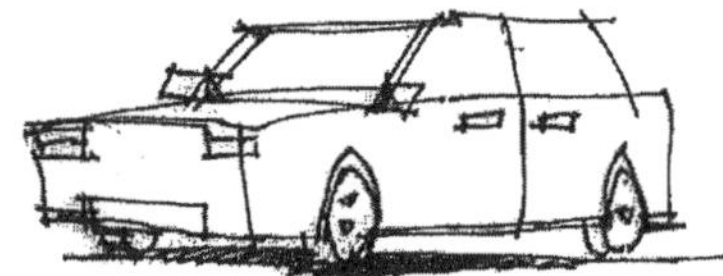

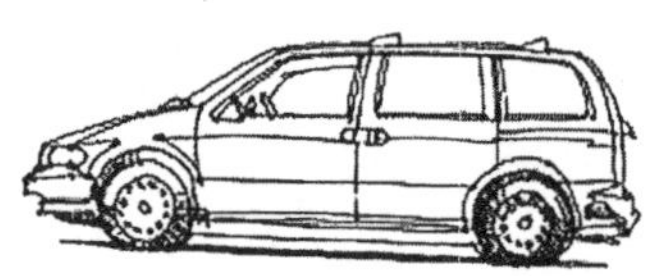

图 3.15　车的画法

3.5 快速绘图技巧

3.5.1 马克笔

马克笔由于色彩丰富、作画快捷、使用简便、表现力较强，且能适应各种纸张、省时省力而被广泛运用于快速绘图中，初学者在使用马克笔的过程中应掌握几点基本常识。

1）确定整体色调

先用灰色调打底，铺一个冷色调或暖色调将图中基本的明暗关系确定下来。

2）准确选择用笔

在运笔过程中，用笔有两种：平行依次运笔和反复重叠运笔。平行依次运笔留下马克笔的笔痕；反复重叠运笔则可以把马克笔渲染的清透渐变的效果表达得很充分。笔法要求准确、快速。

3）灵活使用笔触

用马克笔表现时，笔触用排线、顿点为主，有规律地组织线条的方向和疏密，灵活运用排笔、点笔、跳笔、晕化、留白等方法。

4）掌握覆盖规律

马克笔的覆盖规律一般从浅色开始画，逐步用深色来重叠加深，切忌先画深色，否则浅色无法覆盖深色。注意色彩之间的相互衔接过渡。

5）结合其他工具

马克笔也有其局限性，应辅助使用彩铅、水彩等工具。

3.5.2 彩色铅笔

彩色铅笔具有方便、简单、易掌握的特点，运用范围广，效果好，是初学者较容易上手的工具首选。

1）用笔力度和方向

在画图表现的过程中，可以改变彩铅的力度和方向，以使色彩明度和纯度发生变化，带出一些渐变的效果，形成多层次的表现。

2）上色规律

彩色铅笔有覆盖性，所以在控制色调时，可用单色（冷色调有蓝灰色，暖色调有黄灰色）先笼统地罩一遍，然后逐层上色后再细致刻画。

3）纸张选择

选用不同纹理的纸张也至关重要，在粗糙的纸张上用彩铅会有一种粗犷的感觉，而用细腻的纸张会有一种精致之美。

3.5.3 水彩

水彩具有透明性好，色调明快，色彩淡雅细腻的特点。水彩着色技法一般由浅到深，亮部和高光需预先留出，绘制时要注意笔端含水量的控制。水分太多，会使画面水迹斑驳，色彩灰色；水分太少，会使色彩枯涩，透明感降低，影响画面清晰、明快的感觉。此外，画笔笔触的使用也是丰富画面的关键。运用提、按、拖、扫、摆、点等多种手法，可使画面笔触效果趣味横生。

渲染是水彩表现的基本技法，包括以下三种。

1）平涂法

调配同种色水彩颜料，大面积均匀着色的技法。

要点：注意水分的控制，运笔速度快慢一致，用力均匀。

2）叠加法

在平涂的基础上按照明暗光影的变化规律，重叠不同种类色彩的技法。

要点：水彩要待前一遍颜色干透再叠加上去。

3）退晕法

通过在水彩颜料调配时对水分的控制，达到色彩渐变效果的技法。

要点：体现出色彩的渐变层次，不留下明显的笔痕。

在水彩绘制时，要充分发挥其透明、淡雅的特点，使画面润泽而有生气。上色水彩画在作图过程中必须注意控制好物体的边界线，不能让颜色出界，以免影响形体结构；留白的地方先计划好，按照由浅入深、由薄到厚的方法上色，先湿画后干画，先虚后实，始终保持画面的清洁；色彩重叠的次数不要过多，否则色彩将失去透明感和润泽感而变得模糊不清。

3.5.4 钢笔

钢笔工具简单，携带方便，所绘制的线条流畅、生动，富有节奏感和韵律感。钢笔表现通过线条自身的变化和巧妙组合达到绘画的目的。作画时，要求提炼、概括出物体的典型特征，生动、灵活地再现物体。

1）基础技法

（1）线条练习

钢笔画的线条非常丰富，直线、曲线、粗线、细线、长线、短线都有各自的特点和美感，而且线条还具有感情色彩，如直线——刚硬，曲线——柔美，快速线——生动，慢速线——稳重。

（2）质感表现

钢笔线条通过粗细、长短、曲直、疏密等排列、组合，可体现不同的质感。

2）绘制方法

钢笔表现重要的造型语言是线条和笔触。线条的轻、重、缓、急，笔触的提、按、顿、挫都要认真研究。运用点、线、面的结合，简洁明了地表现对象，适当加以抽象、变形、夸张，使画面更具有装饰性和艺术性。

小贴士：应注意的是，钢笔表现受工具、材料的限制，绘制的画幅不宜过大，否则难以表现；选择的纸张以光滑、厚实、不渗水为好，一般绘图纸、白卡纸即可；钢笔表现线条具有生命力，下笔尽量一气呵成，不做过多修改，以保持线条的连贯性，使笔触更富有神采。

3.5.5 钢笔淡彩

钢笔淡彩是钢笔与水彩的结合，它是利用钢笔勾画出空间结构、物体轮廓，运用淡雅的水彩体现画面色彩关系的技法。钢笔淡彩也是快速表现中常用的技法之一。

1）基础技法

分为勾线上色法和上色勾线法两种。其中，前者为常用技法，一般先用钢笔勾形，可适当体现明暗，但不宜过多，最后辅以淡彩着色。

2）绘制方法

钢笔淡彩的绘制要注意物体的轮廓和空间界面转折的明暗关系，用线流畅、生动，讲究疏密变化；着色时留白尤为重要，不要画得太满；色彩应洗练、明快，不宜反复上色，来回涂抹；讲究笔触的应用，如摆、点、拖、扫等，以增强画面的表现效果；深色的地方要尽量一气呵成。

第4章

建筑快速设计的提升策略

4.1 合理安排时间进度

通常作为研究生入学考试所设置的快速设计考试时间为6小时或者8小时，但目前来说多以6小时为主。设计单位选拔人才的快速设计一般都不会超过4小时。那么，在如此短暂集中的时间内，怎么通过合理的时间分配保证提交成果的完整优质性呢？

总的来说，快速设计的全过程分为四步：审题、设计、绘图和检查，只有将一定时间内所要完成的任务按顺序安排好，才能有条不紊地推进工作，做到忙而不乱。以下分别介绍符合6小时和4小时快速设计特质的任务时间安排（表4.1、表4.2）。

这两种时间安排的步骤都需强调第一步和最后一步的重要性，这两步都是对于设计者总体把控设计能力的考察，其中仔细分析题目条件、理解出题者的用意、分辨问题的主次性是极为重要的，即要开一个好头。最后一步是对于设计者技术严谨性的考察，其间图纸表达严格遵循建筑学专业技术规范、细心检查图面无遗漏、无笔误，强化图纸的阶段完整性是极为重要的，即要收一个好尾。设计者应将作为一名建筑师必备的专业素养及综合能力在这两个步骤的考察中充分体现。其他各个步骤依据两种考试时间的机制不同有所不同：6小时考试中专业图纸的绘制要求按照步骤依次完成，表现图留有较充分的时间；4小时考试中专业图纸的绘制要统筹考虑、综合绘制，以保证成果的相对完整性，表现图没有专门留时间。

6小时快速设计时间安排　　表4.1

阶段任务（具体内容）	完成时间（小时）	注意事项
读题、构思	0.5	题目对于设计内容及图面表达的要求
确定方案（草图方式）	1	设计展开、空间关系与尺度关系同步考虑，其中尺度关系应与场地尺度契合，与总平面图布置相关
平面图绘制（包括方案调整）	1.5	同步考虑立面、剖面关系，注意符合设计任务书对功能的潜在要求
立面图绘制	0.5	与平面对齐，用阴影表达形体关系，注意对美学一般规律的运用表达
剖面图绘制	0.5	反映垂直交通关系和特色空间关系
总平面图绘制	0.5	布局与周边环境的协调与统一，注意完善其相应文字标注
表现图绘制	1.25	充分反映形体空间特点，色彩搭配协调，效果整体突出
检查、补漏	0.25	尺寸、文字、符号的正确性

4小时快速设计时间安排　　表4.2

阶段任务（具体内容）	完成时间（小时）	注意事项
读题、构思	0.5	题目对于设计内容及图面表达的要求
确定方案（草图方式）	0.5	设计展开、空间关系与尺度关系同步考虑
图纸绘制（包括方案调整）	2.75	总图、平面图、透视图较为重要，一般以徒手作图为主，一气呵成
检查、补漏	0.25	尺寸、文字、符号的正确性

4.2 恰当选取设计手法

快速设计是要在很短的时间内完成一个设计项目，设计者如果能充分地将自己多年的所学表现出来，那自然是最佳的结果。但往往由于时间短促，大多数设计者无法将很多好的想法表达于图面上，忘记了建筑师以“图纸说话”的原则，带着众多遗憾离开考场。所谓十年磨一剑，剑都没有抽出考试就结束了。那么如何在这么短的时间内把自己的本领展示出来呢？

首先，考试之前应该有充分的准备，这与平时的积累息息相关。建筑学专业学生在 5 年的课程设计中学习了将近 10 种类型的建筑设计，这些课题的选择主要依据其在城市中的建设量与重要性。通过一系列的课程教学，学生大多数都能掌握较为正确的常规设计方法，但因为每次课题相对比较单一，所以课后需要学生将所学类型的建筑进行综合比较、分析，总结出最适合自己并具有较大灵活性的设计方法，即将建筑进行大类别归类，找出其间的共性与异性，这样才能在面对不同快速设计内容时从容应对。否则，离开了老师，学生就找不到设计方向的局面会普遍存在。建筑学专业是一门极具原创性的工作，教学重点在于通过教与学的互动使学生掌握设计方法，所以，要具备建筑师必备的独立性、创新性，就要靠学生自己积累、总结。

纵观各种考试，其甄选过程中的快速设计均要对立意、总图、平面、立面、剖面、透视六方面进行考察，其目的就是看设计者如何塑造符合题意要求的特色空间。对于这六个方面内容作如下总结（表 4.3）。

快速设计中的重要策略 **表 4.3**

设计内容	设计中应注意的问题	设计中应掌握的技巧
立意重点	室外空间、室内空间的特色性，建筑风格的特色性	采用室内外空间过渡的虚空间（廊、场）；建筑内部特色空间（中庭、偏庭、敞廊）；较纯净的建筑风格（地域性、现代性）
总图关系	入口、道路、建筑、广场、绿地的综合布局，依据题意分析考察陷阱（朝向、保护古树古建筑、需联系照应的周边建构筑物）	建筑布置或场地环境设计与基地自然环境形成一定的肌理关系，阴影辅助表达形体关系
平面形式	通过少厅多通道组合各功能分区，交通体均匀布置其中，考点多为大—中—小空间的合理组合	采用最通用、最易驾驭的“口”形和“L”形平面
立面形式	形体轮廓要有高中低的变化（例如交通体可高起），面上要有凹凸变化、材质变化	采用单元式凹凸组合结合虚实材质对比（玻璃、石墙），阴影辅助表达形体关系
剖面形式	采用转折剖的方式在一个剖面中将特色空间（中庭等）、交通体（楼梯）都表达出来	重点、正确突出主要承重体系，即梁、板、柱的关系，其余部分可不做重点刻画
透视典型	依据设计特点确定采用鸟瞰（立面无特色，突出综合形体关系）或者两点透视（立面效果较好）	（美术功底强者）选取空间形体最为丰富、视觉效果最佳的视角；（美术功底弱者）选取入口立面为主、侧立面为辅组合的两点透视

4.3 充分表达图面效果

在建筑学专业平时的课程设计中，作为任何一个成熟的建筑设计作品，完善、专业的图面表达是相当重要的，其重要性应该占到 20% 左右。在作为考试的快速设计中，有效的图面表达就更为重要，其重要性要提升到 30% 左右。原因是在如此集中短暂的时间内是无法将建筑设计做到尽善尽美的，那么，就要通过合理的图面表达使设计者的思路、想法尽量得以体现；同时，快速设计的评阅不同于课程设计的多次评阅，其评阅时间一般较为仓促，所以，影响评阅的最重要因素就是整体的图面效果。整体的图面效果又是由专业的图面功能表达、适宜的图面布局设计和适合的图面表现方式所组成的。

4.3.1 专业的图面功能表达

专业的图面功能表达是设计者专业素养的基本体现。图名、比例、尺寸、文字、符号、标高都要按照规范的要求标注，各个分图绘制时要分清各种线型的关系。不同内容的图纸在表达上有各自的要点：

1）建筑总平面图

总平面图主要表示整个建筑基地的总体布局，具体表达新建房屋的位置、朝向以及周围环境（原有建筑、交通道路、绿化、地形）基本情况的图样（图 4.1）。

建筑总平面图的计量单位为米（m），常用比例为 1：500 或 1：1000。

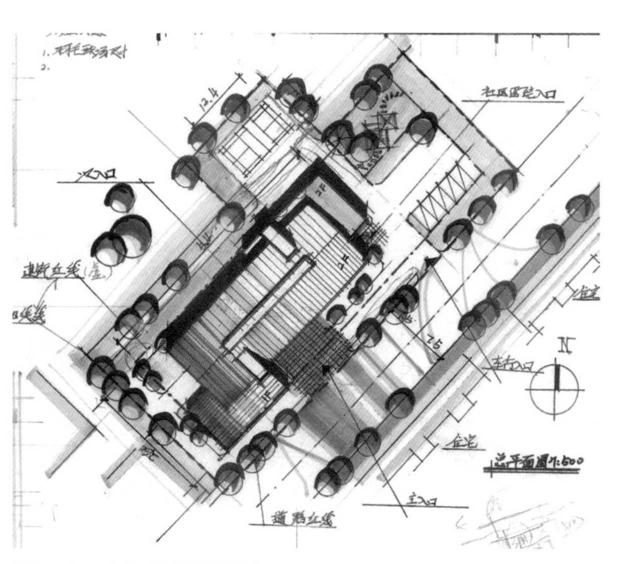

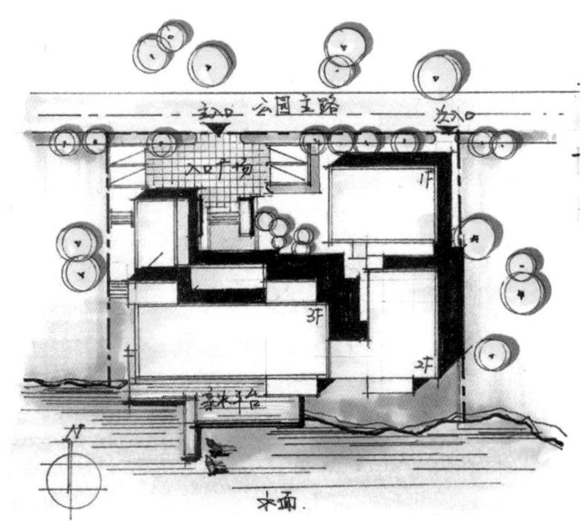

图 4.1　建筑总平面表达

注意要点

（1）建筑外轮廓需加粗，女儿墙外线用粗实线——0.8~1.0mm，女儿墙内线用细实线——0.1~0.3mm；

（2）建筑层数标注采用数字或圆点（快速表达中不推荐使用圆点标注，不够清晰明了且易产生视觉误差）；

（3）建筑主次入口用带有指向性的黑色三角形表示；

（4）建筑阴影表达正确，阴影长度适中，可采用黑色或深灰色表示（注意：中国位于北半球，因此阴影只可能出现在建筑北侧一面，且根据不同的建筑高度调节阴影宽度，使图面表达更为立体）；

（5）用地红线用粗点划线表示；

（6）场地内各元素比例合理，包括硬质铺地、停车位、植物、场地内其他设施等；

（7）场地内各材质间区分明确，避免模糊界线，包括建筑、道路、硬质铺地、绿化、水文等；

（8）尽量将任务书中的基地及周边现状表达完整，表现出合理的“图底关系”；

（9）总平面图必须标明指北针，根据要求可增补比例尺；

（10）总平面图内容尽量丰富，可适当加以文字注明。

2）**建筑平面图**

建筑平面图，又可简称平面图，是将新建建筑物或构筑物的墙、门窗、楼梯、地面及内部功能布局等建筑情况，以水平投影的方法和任务书给出的相应图例所组成的图纸（图 4.2）。

建筑平面图的计量单位为毫米（mm），常用比例为 1：200 或 1：300。

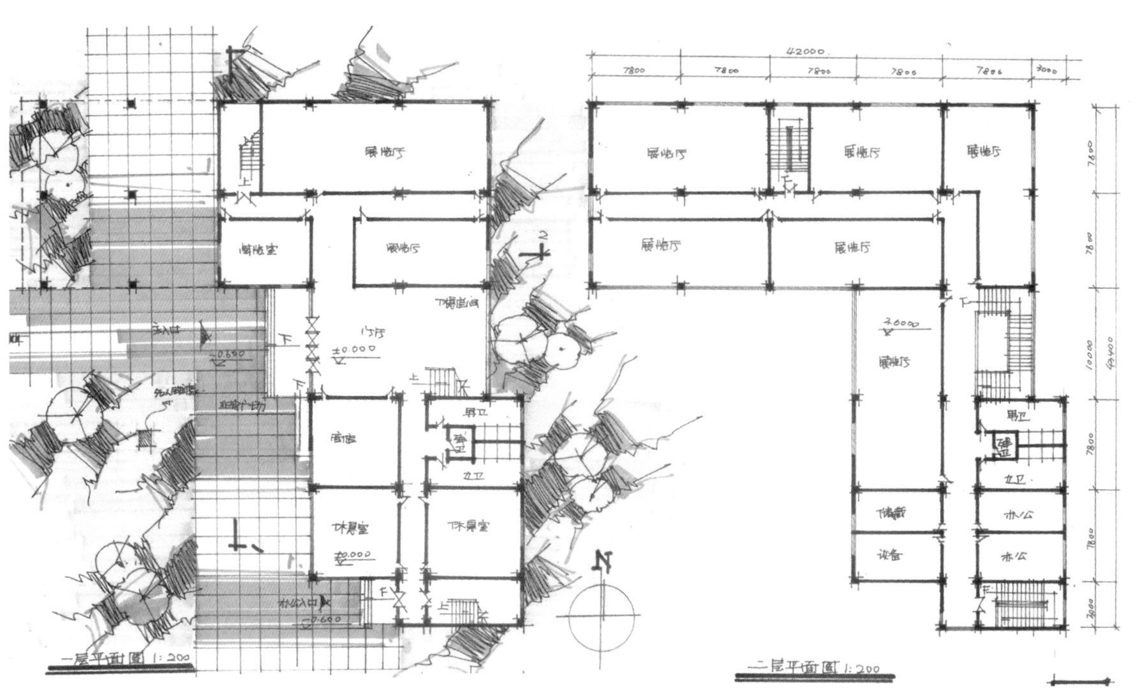

图 4.2　建筑平面图表达

注意要点

◆ 线条

（1）墙线为两道黑色粗实线——0.8~1.0mm；6 小时建议尺规为主、徒手为辅，4 小时建议则相反；

（2）窗线为三道或四道黑色细实线——0.1~0.2mm；门线可采用中粗实线——0.4mm；

（3）其他建筑元素主要为一道黑色细实线——0.2~0.3mm；

（4）柱主要以黑色填充的表达来表示钢筋混凝土结构；

（5）高于剖切线高度的建筑元素用虚线表示；

（6）线条在交接处的表达可适当出头，突出建筑表现的"设计感"。

◆ 标注

（1）建筑尺寸标注为两道，分别为建筑结构尺寸标注（主要指柱网结构的轴线尺寸）和建筑整体面宽及进深尺寸标注；

（2）建筑标高标注为等腰直角空心三角形，数据精确到小数点后三位，其中负标高需带有"-"号，正标高无需带有"+"号，零点标高需带有"±"号；

（3）存在高差变化处（踏步、坡道以及无障碍设施）需标明箭头方向与坡度值 *i* 与坡长 *L*，"上"、"下"标注在箭头尾部。

◆ 其他

（1）首层平面图需适当表达以出入口为重点的、靠近建筑的周边环境（植物、硬质铺地、停车位等）；

（2）二层及二层以上的平面图需表达出下一层建筑楼面的投影线；

（3）房间名称需表达清晰，尽量不使用简称；

（4）卫生间需简单布置（包括前室、厕所隔间、小便槽等），注意对无障碍卫生间的尺度与处理；

（5）楼梯的首层、标准层和顶层的表达方法要正确，主要为楼梯间、标高、下一层楼面投影；

（6）电梯需简要表达出轿厢和平衡锤的位置；

（7）大空间适当布置家具，以丰富图面；

（8）存在中空空间的部分需在其上一层平面图表达出中空符号；

（9）标明剖切线位置。

3）建筑立面图

在与建筑物立面平行的铅垂投影面上所做的投影图称为建筑立面图，简称立面图。

建筑立面图的计量单位为毫米（mm），常用比例为 1∶200 或 1∶300（图 4.3）。

注意要点

（1）建筑外轮廓需加粗——0.8~1.0mm；

（2）建筑立面尺寸标注为两道，分别为建筑结构尺寸标注（主要指各楼层）和建筑整体高度尺寸标注；

（3）建筑立面标高标注为等腰直角空心三角形，数据精确到小数点后三位，其中负标高需带有"-"号，正标高无需带有"+"号，零点标高需带有"±"号；

（4）建筑立面需表达出阴影关系，体现立面上的虚实关系；

（5）建筑立面需表达配景，包括植物、天空等；

（6）建筑立面的图名需表达清晰。

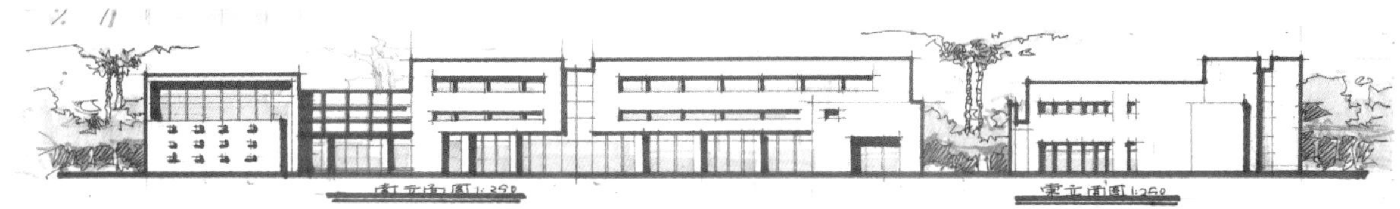

图 4.3　建筑立面表达

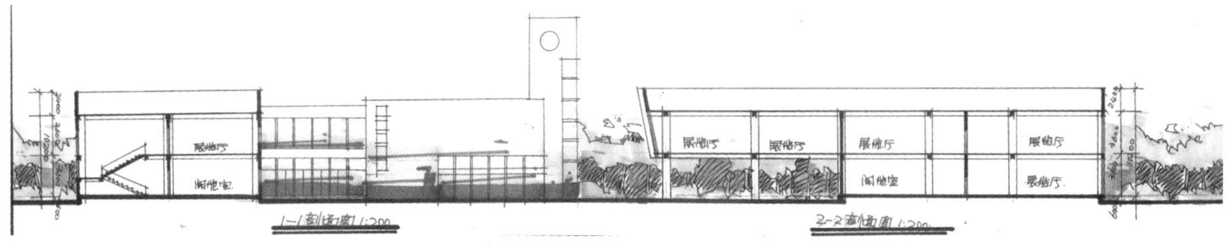

图 4.4　建筑剖面表达

4）建筑剖面图

假想用一个或多个垂直于外墙轴线的铅垂剖切面，将房屋剖开，所得的投影图，称为建筑剖面图，简称剖面图。

建筑剖面图的计量单位为毫米（mm），常用比例为 1：200 或 1：300（图 4.4）。

注意要点

（1）建筑剖面图需正确表达出剖切线处的投影关系，剖视方向需和平面剖切线方向一致；

（2）建筑剖面尺寸标注为两道，分别为建筑结构尺寸标注（主要指各楼层）和建筑整体高度尺寸标注；

（3）建筑剖面标高标注为等腰直角空心三角形，数据精确到小数点后三位，其中负标高需带有“-”号，正标高无需带有“+”号，零点标高需带有“±”号；

（4）建筑剖面图需正确表达出梁、板、柱以及墙体之间的关系；

（5）建筑剖面图需正确表达出屋顶的构造关系；

（6）建筑剖面图一般需正确表达出至少一处楼梯的剖切关系；

（7）建筑剖面图尽可能展现建筑内部空间的高差变化关系；

（8）建筑地坪需用较粗的实线表达，地坪关系需用折线表示，切忌抹平贯通；

（9）如有需要，可在剖面图内注明各空间名称。

5）建筑表现图

建筑表现图分为人视图和鸟瞰图，其中人视图包括一点透视、两点透视和三点透视，鸟瞰图包括轴测鸟瞰图和透视鸟瞰图（图 4.5）。

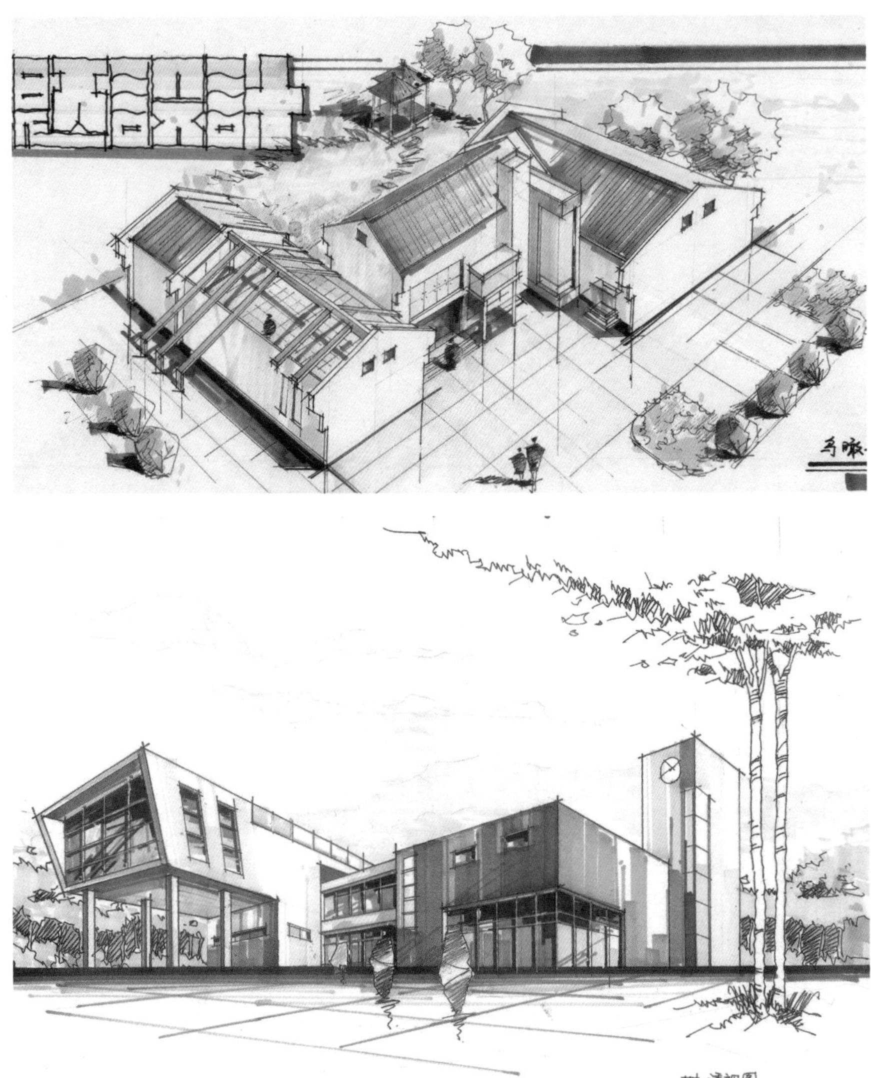

图 4.5　建筑透视表达

注意要点

（1）一点透视主要表现建筑的围合关系，展现建筑的某种场景氛围；
（2）两点透视主要表现建筑的体块关系，快题中常采用此种透视角度，易于表达；
（3）三点透视由于表达较为复杂，因此在快题中一般不运用此种角度；
（4）鸟瞰图主要表现建筑的空间组合关系，适合形体变化丰富的建筑体量；
（5）室内透视主要表现建筑内部场景，可作为提高图面质量的表达。

6）设计说明、技术经济指标、分析图

注意要点

（1）设计说明应清晰地表达出设计思路，字数控制在100~200字为宜；
（2）技术经济指标主要包含用地面积、总建筑面积、容积率、建筑密度、绿地率等，其中容积率为总建筑面积与用地面积之比；
（3）分析图主要可分为功能布局分析、交通流线分析和景观视线分析，如任务书无明确要求，分析图并非必要的图纸内容。

4.3.2 适宜的图面布局设计

适宜的图面布局设计是设计者专业素养的提升要求，即对于图面的平面、色彩构成设计，作为建筑设计师对美的追求，对美的表现都在这里尽可能地表现出来。应尽量按照平面在下、立面在上、剖面在侧的标准原则布图；建筑各部分内容应均匀布置，保证图面饱满，并且可适当增添图框；为提高绘图速度，图面排版可利用各部分对位方式；标题、标志需精心设计，可准备常规的“快题设计”四个字，以提高图面表达质量；图面整体的风格定位都要符合美学的常规原则。

4.3.3 适合的图面表现方式

适合的图面表现方式是对于设计者制图艺术表现的考查，设计者应依据平时的习惯与特点选择运用自身最熟悉的表现工具及表现方式。一般来说，图纸都采用铅笔尺规做底稿，再用墨线徒手绘制，配景以勾线白描方式为主，依据时间的松紧选择将重点空间、重点面、重点配景进行上色。这里要强调不同于课程设计训练的水彩、水粉强表现力的方式，应该采用彩铅和马克笔这种快速表达工具，色感一般比较保守的可以用彩铅表现大面，马克笔表现暗部（阴影）、重点配景，整体以突出、区分大轮廓为目的；色感好有基础的则可将马克笔作为主要表达方式，笔触表达设计线条，色彩刻画重点部位。

另外，一些日常积累的经验性技巧也不容忽视，例如在节约时间方面，变化不大的几层平面图就可以只打底层平面图的底稿，然后上墨线，其余几层可以将图纸放在其上，透过印出的底稿，在变化处做好标记，直接用墨线绘制；在增加表达工整性方面，可借助模板的帮助，甚至在总图、平面图、立面图、剖面图的配景绘制中都可采用模板（铅笔控制外形，再用墨线徒手刻画细部）。在清楚表达形体空间方面，总图、立面图都要刻画阴影。在透视图的综合表现方面，应采取两点透视，其留出的天空部分占图面的2/5，建筑占图面的2/5，地面占图面的1/5，地平线忽略透视关系形成较重的平直线，天空用墨线勾制云线，建筑最亮面留白，彩铅控制大面的对比，马克笔刻画阴影、配景，体积较大的配景，可置于造型欠考虑部位或有缺陷处，以自然而成植物配景的方式统一协调图面，以达到良好的效果。

4.4 明确目标分类训练

既然我们已经了解了建筑快速设计提升策略应该重点把握的三个方面，那作为设计者就应该在考前积极、有的放矢地做好准备，这其中就要结合考试的特点仔细分析自身的优劣势，找到充分展现优点、恰当掩饰缺点的对策（表 4.4）。

训练对策 **表 4.4**

弱点	对策
应试心理能力不稳	考前进行模拟性练习，把应试陌生性转为应试熟悉性
设计能力不强	考前多分析历年考卷，分类总结，结合查阅资料，选取优秀方案实例进行分析、抄绘、熟悉理性设计的基础内容
进入设计状态慢	考前进行模拟性练习，培养设计快热性的考试状态
绘制图纸速度慢	考前进行抄绘练习，选取最顺手的绘图工具，以熟练入手提高速度
艺术表现力功底弱	考前查阅资料，选择一些简单的配景进行抄绘练习，选择一些简单的快速表现图临摹练习，弥补艺术功底的弱势

第5章

建筑快速设计的案例解析

5.1 展览类

展览类题目，属于常规快题考试类型，一般包含展览馆、陈列馆、名人故居纪念馆等的设计。功能相对简单，以展览空间为主，常有报告厅、多功能厅等大空间。一般考察以下部分：

① 展览建筑基本功能组织；

② 建筑对周边景观资源（古树、河流、湖泊、公园、森林等）的有效利用；

③ 多功能厅的疏散，以及内部布局。

→ 设计题目 1：某建筑院校内小型展览陈列馆，重庆大学 2006 年（初试）考研快题（6 小时）。

→ 设计题目 2：书画艺术陈列馆，重庆大学考研快题（6 小时）。

5.1.1 设计题目 1：某建筑院校内小型展览陈列馆

1）设计题目：某建筑院校拟在校园内新建小型展览陈列馆，用于校史陈列和专题图片展览。地形环境、建筑红线等场地条件另详地形图。该大学所处地域气候条件由考生自行设定，但必须在说明中注明。

2）场地要求：设 10 辆小车、1 辆大客车停车位。

3）面积要求：总建筑面积不超过 1000m^2。基本功能空间（面积自行策划）。

设置要求如下：

（1）展览陈列；

（2）接待；

（3）演讲报告（容纳 150 人）；

（4）小型会议（容纳 30 人）；

（5）收藏；

（6）管理办公；

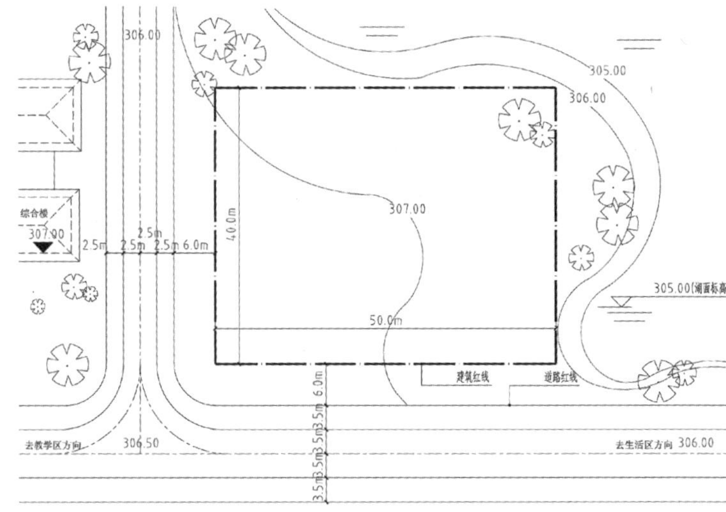

图 5.1　地形图

（7）门卫值班；

（8）门厅、门廊、走道、楼梯及厕所等自行考虑设置与否。

注：不考虑集中空调。

4）成果要求：

（1）总平面图 1：500；

（2）各层平面图 1：200（展览陈列和演讲报告需考虑必要的室内布置）；

（3）剖面图 1：100 (1 个)；

（4）彩色鸟瞰透视图（非鸟瞰图无成绩），图幅不应小于 300mm × 200mm(一幅)，表现方法自定；

（5）方案构思简要图说：100 字以内。

5）图纸要求：图幅 594mm × 420mm 按比例徒手成图（标注必要的尺寸、标高）。

设计过程：

1）设计前需要思考的关键问题

（1）建筑如何利用东、北侧湖面的景观价值；

（2）新建建筑对西侧综合楼坡屋顶元素的回应。

2）任务书分析

（1）环境分析

① 用地情况：用地大致呈长方形，用地面积 2000m^2，场地基本平整；

② 周边情况：场地西侧紧邻次要道路，正对宿舍楼；南靠校内主要道路，往西通往教学区，往东通向生活区；东、北两面为湖面，风景优美。

（2）功能分析

① 本设计主要由哪几部分组成?

即：展览陈列；报告厅；会议办公；辅助用房。

② 面积设定规律：无具体要求。报告厅与会议室的面积由容纳人数与单人所占面积共同决定。

（3）需要注意的点：展览陈列空间与报告厅的室内布置要求，报告厅的疏散问题，表现图必须是鸟瞰图。

3）分析图示意

（1）场地限制条件

用地位于校园内，道路等级较低，均可作为场地出入口。场地西侧为综合楼，坡屋顶建筑，考虑其建筑风格对新建筑的影响。场地北、东侧为湖面，景观视线良好，可加以利用。

（2）功能布局示意

分析的原则是“闹”的空间在底层，“静”的空间在上层；人流量大的空间在底层，人流量小的空间在上层等。按照这个原则，演讲报告厅人流量大，需单独出入口以方便管理，宜设在一层。接待空间对外的功能性较强，设在一层门厅附近较合适。而办公与会议空间要求相对安静的环境，设在二层或是临湖一侧较好。展览空间人流流动性大，最好单独成区；收藏与展览区应紧密联系。

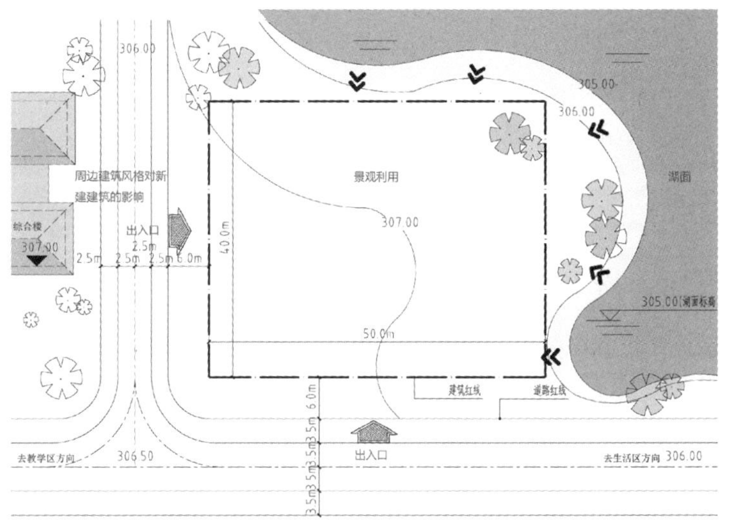

图 5.2　场地限制条件分析图

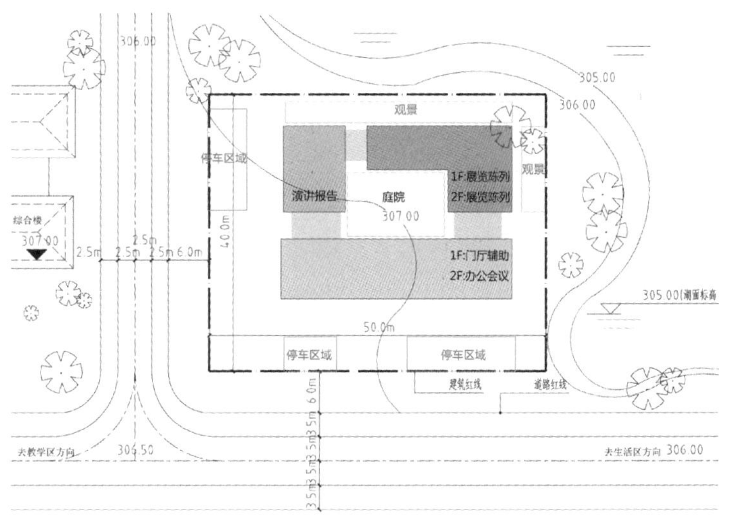

图 5.3　功能布局示意图

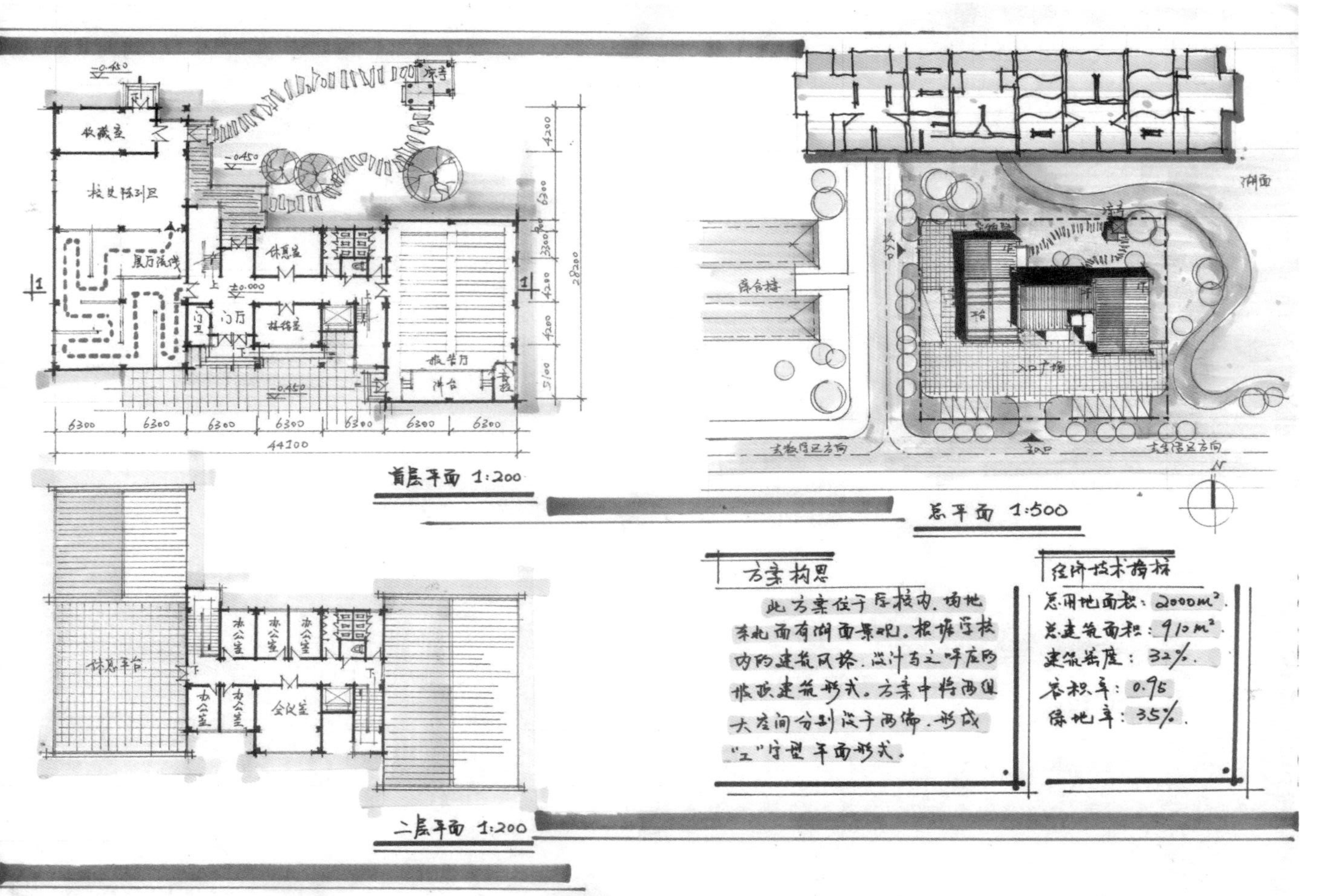

学生作业1

作者：祁乾龙　图纸尺寸：594mm × 420mm　用纸：白色绘图纸　表现方法：尺规线条 + 马克笔

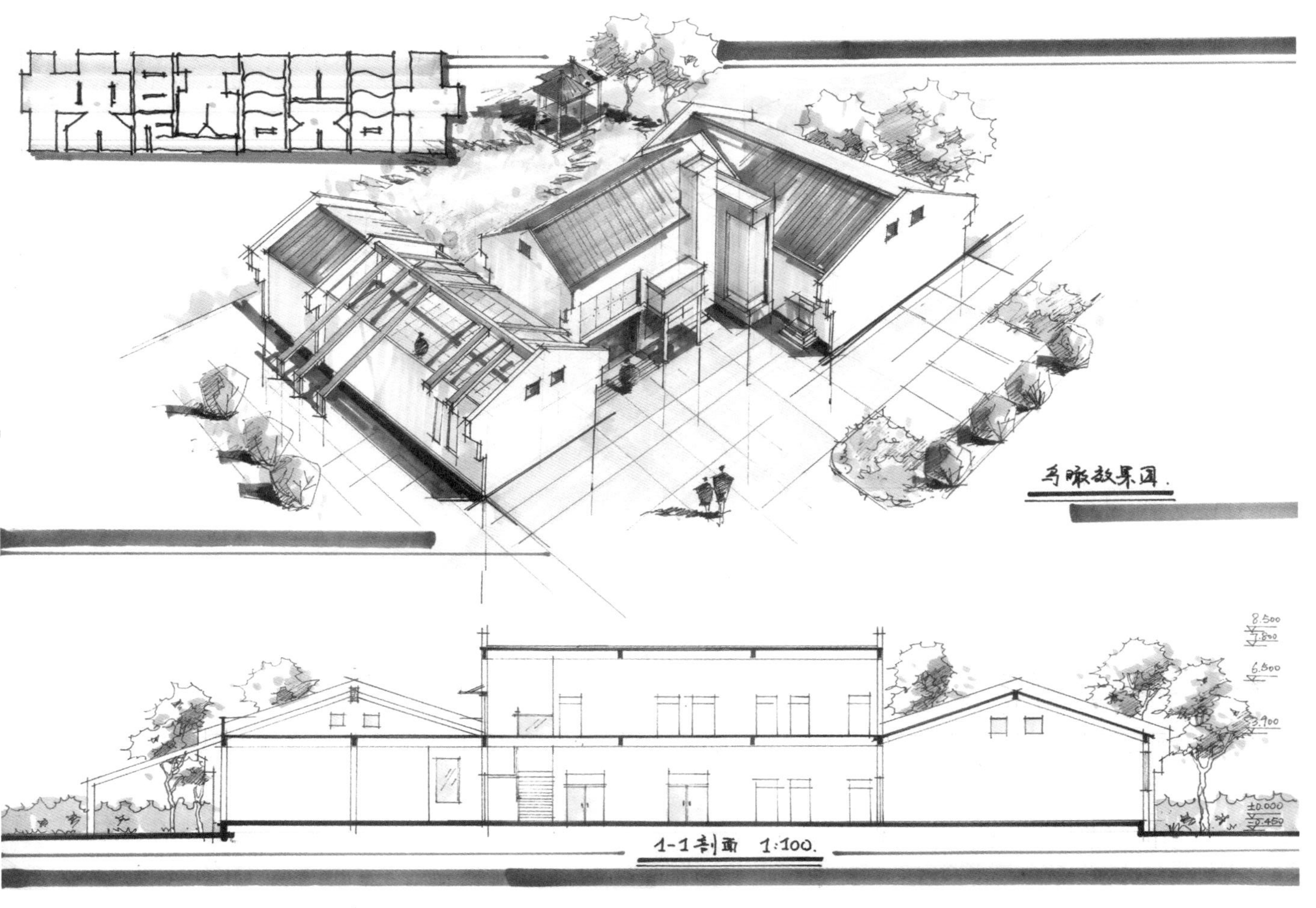

作业评析：方案设计将主入口布置在场地南侧，管理用房、报告厅与展厅组织形成三个体块，功能分区明确，交通流线合理。快题采用尺规表达，线条流畅，色彩稳重。建筑采用坡屋顶形式，呼应场地周边建筑。在入口广场的布置上缺乏变化，如绿化、喷泉等元素，并且入口门厅的面积过小。

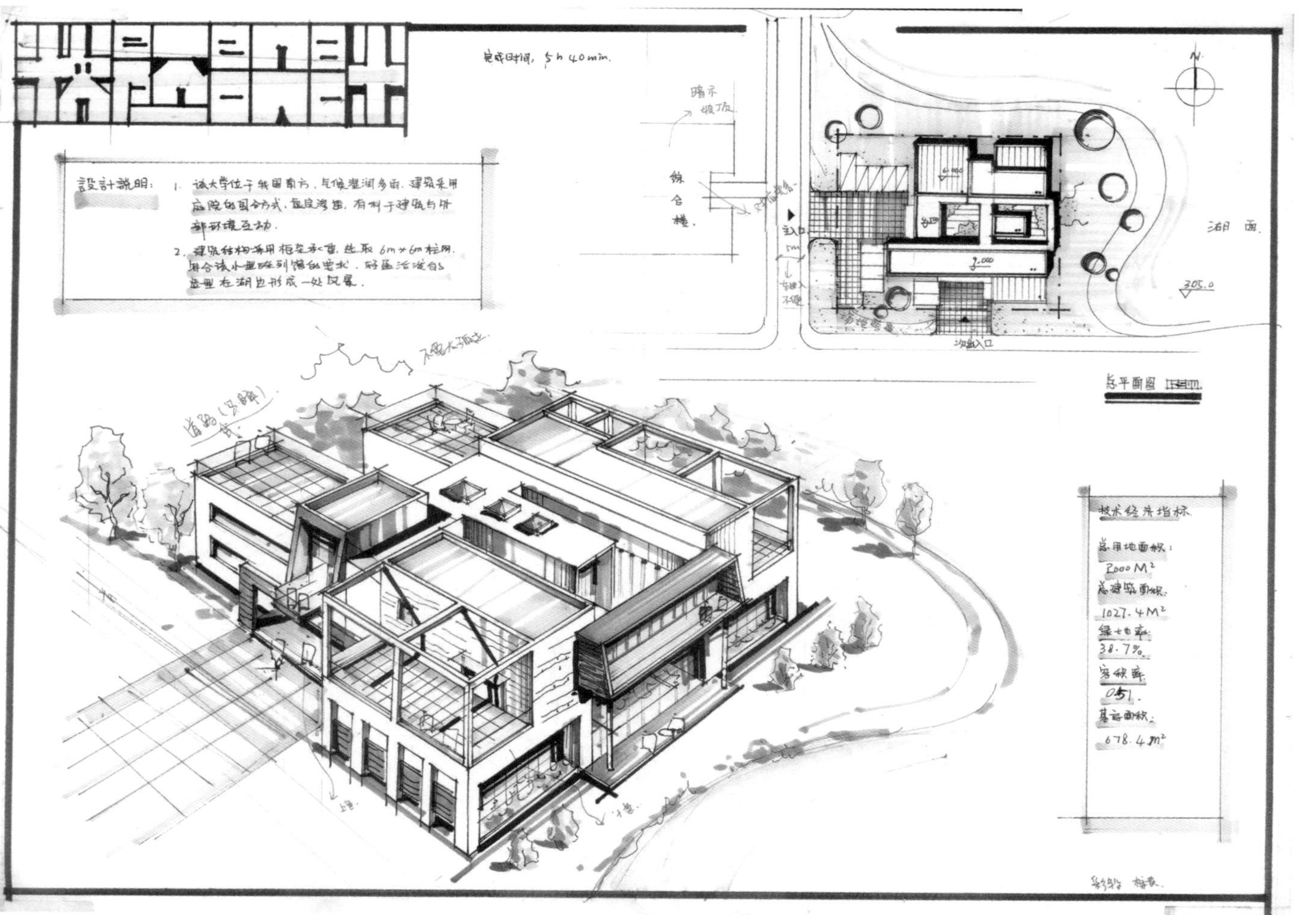

学生作业2

作者：张雅韵　图纸尺寸：594mm×841mm　用纸：白色绘图纸　表现方法：尺规线条＋马克笔

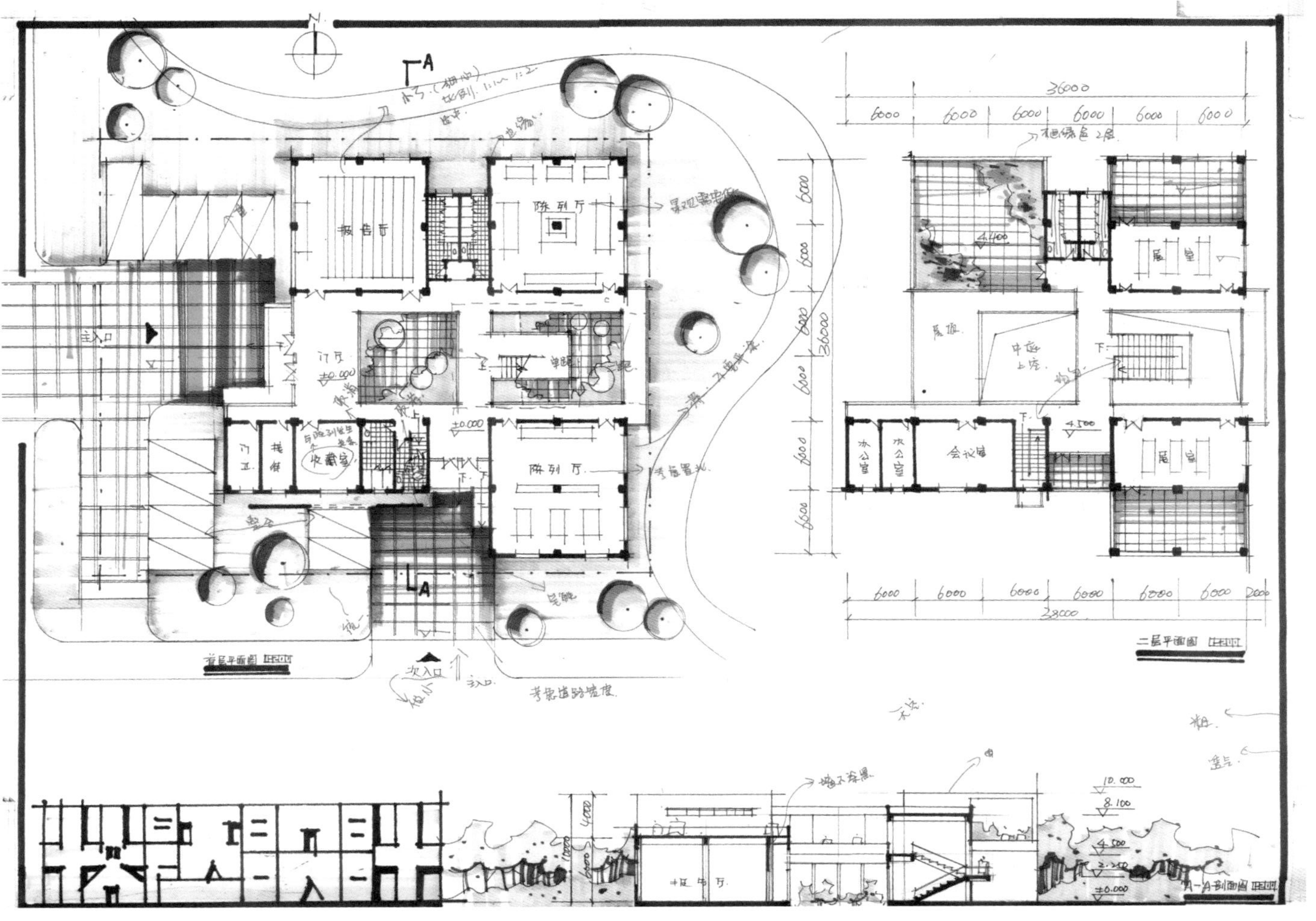

作业评析：方案设计将主入口布置在场地西侧，建筑采用分散式的体块围合中庭的布局形式，功能分区明确，交通流线合理。快题采用尺规表达，线条流畅，色彩稳重。建筑风格可适当考虑呼应周边建筑形式，在场地布置上可将两个入口场地相连通。

5.1.2 设计题目 2：书画艺术陈列馆

1）设计题目：西南地区某城市为纪念已故某著名书画艺术家和艺术品收藏家的艺术成就和爱国精神，提高城市的文化艺术氛围，选址在城市开放公园内建一陈列馆，专门陈列书画遗作和艺术藏品。

2）场地条件：该市某开放公园（详见地形图），气候条件良好，不需考虑集中空调。

3）建筑规模：

总建筑面积：2000m²（以轴线计正负 10%）。

设计内容：

（1）书画陈列：3×100m²；

（2）艺术品陈列：3×100m²；

（3）文献陈列：1×100m²；

（4）开架阅览室：1×100m²；

（5）学术交流厅：250m²；

（6）研究室：4×20m²；

（7）办公室：2×20m²；

（8）接待室：40m²；

（9）值班、保安室：2×10m²；

（10）工作人员休息室：2×10m²；

（11）其他：300m²（门厅、卫生间、观众休息、储藏等）。

4）设计要求：

建筑物结合环境，建筑主体高度不超过 3 层，建筑形象应考虑文化艺术性、纪念性、公园特色，建筑入口处考虑 4~5 辆中小型汽车停车位。

5）成果要求：

（1）总平面图 1∶500；

（2）各层平面图 1∶200（标注开间、总长两道尺寸）；

（3）立面图 1∶200（2 个）；

（4）剖面图 1∶200（1~2 个）；

（5）彩色透视图，图幅不小于 200mm×200mm（室内、室外各一张，表现方式自定）；

（6）简要说明，50 字左右；

（7）图纸要求，二号图（594mm×420mm）按比例徒手绘制。

6）完成时间：6 小时。

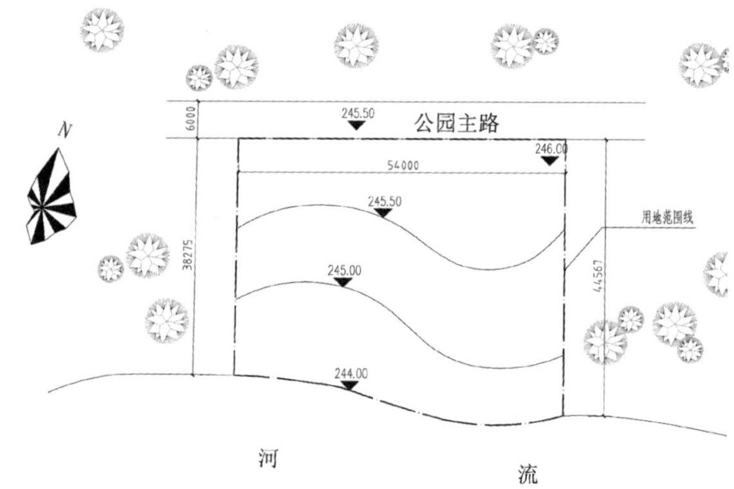

图 5.4 地形图

设计过程：

1）设计前需要思考的关键问题

（1）书画陈列室对朝向的要求；

（2）展览陈列与研究室的关系。

2）任务书分析

（1）环境分析

① 用地情况：用地大致呈长方形，沿河面为自然河岸线，场地南北向最大高差为 2m；

② 周边情况：场地北面临靠公园主路；东西两侧

紧邻公园；南面为一河流，视线开阔，景观价值较高。

（2）功能分析

① 本设计主要由哪几部分组成?

即：陈列展览、学术交流厅、办公休息、辅助用房。

② 面积设定规律：基本以 $20m^2$ 模数为主。

3）分析图示意

（1）场地限制条件

场地仅北侧临靠道路，因此如需设置两个出入口，注意二者之间距离。

（2）功能布局示意

本题是常规陈列馆设计，功能简单。注意规范要求，书画陈列室为北向，学术交流厅应设单独出入口。

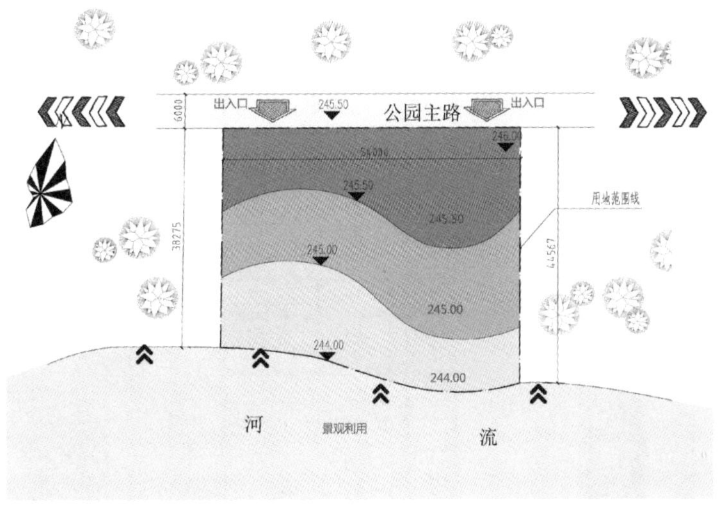

图 5.5　场地限制条件分析图

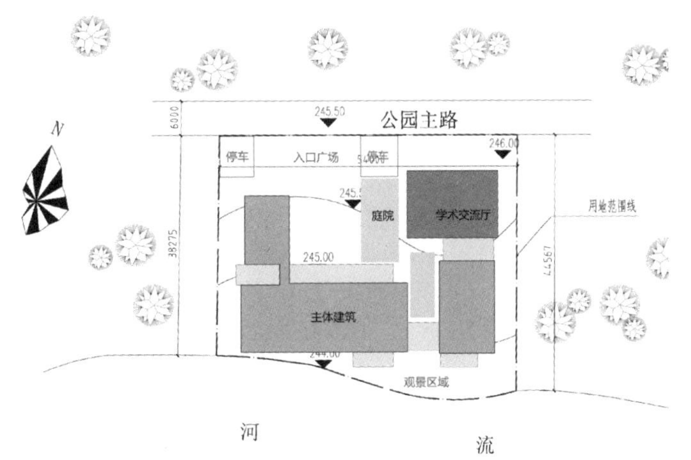

图 5.6　功能布局示意图

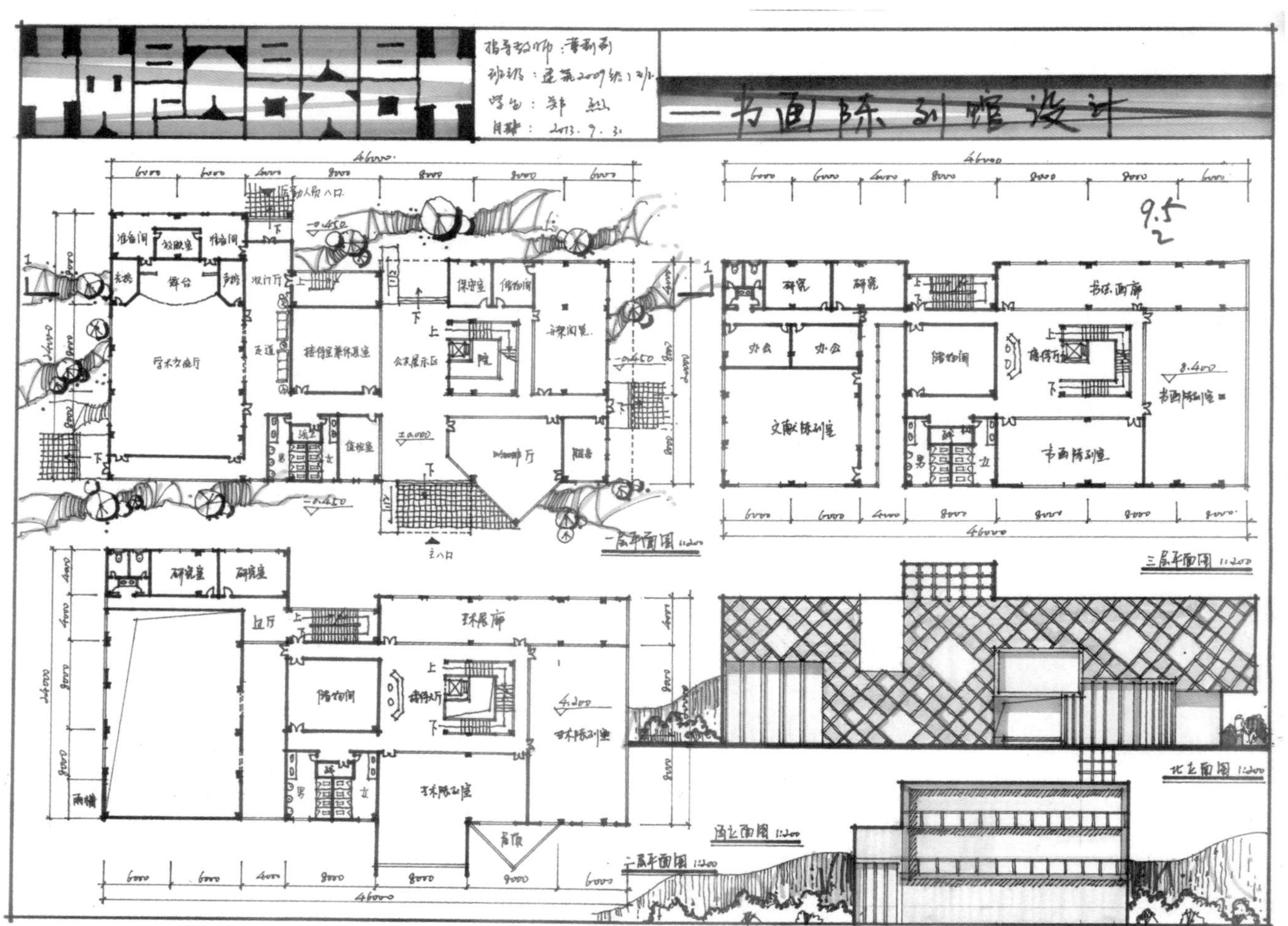

学生作业1

作者：郑烈　图纸尺寸：594mm×841mm　用纸：白色绘图纸　表现方法：尺规线条＋马克笔

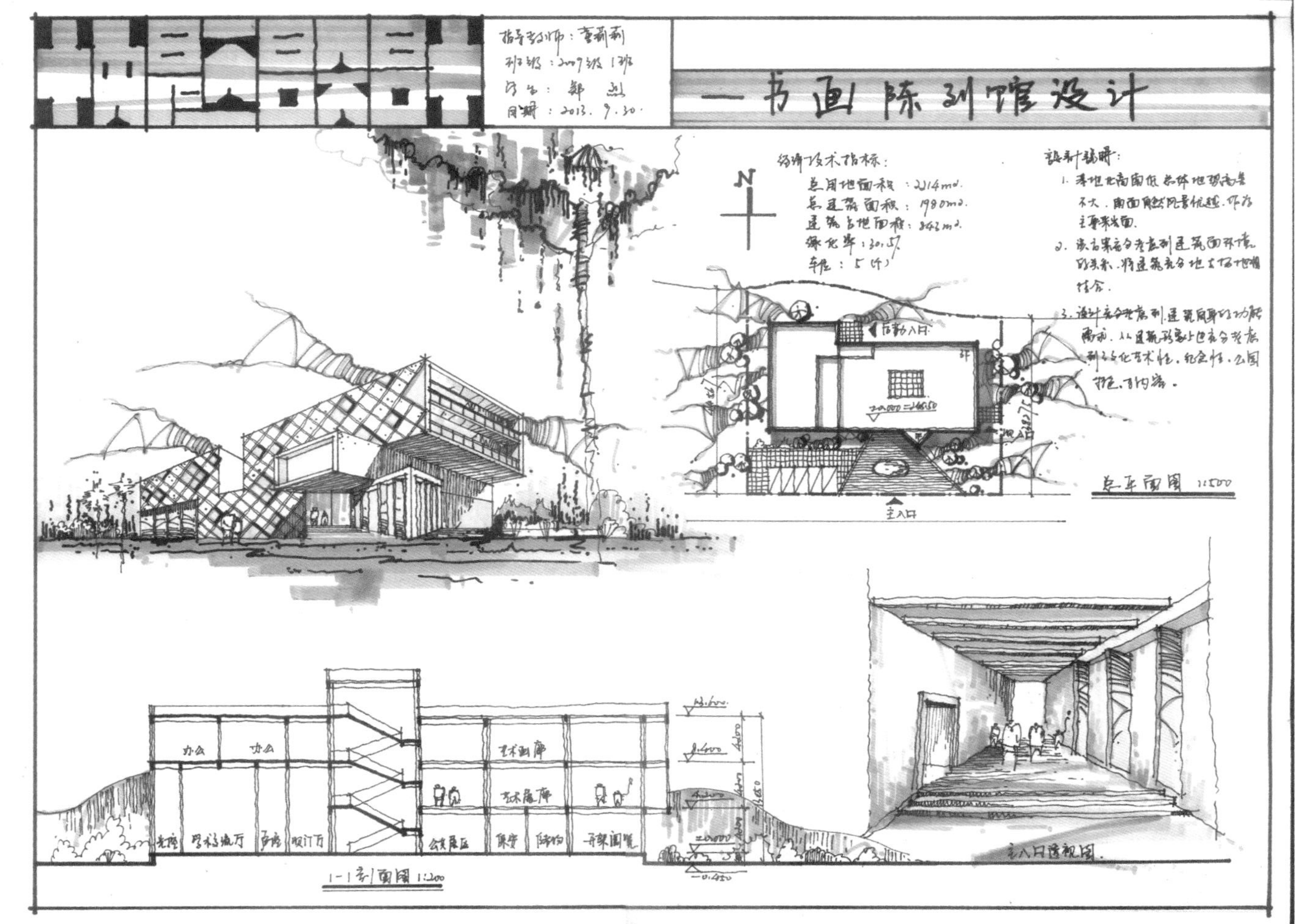

作业评析：方案设计采用集中式布局，功能分区以及交通流线稍显混乱，建议可适当结合中庭布置建筑，以避免“黑房间”的出现。快题采用尺规和徒手表达，线条流畅，色彩稳重。

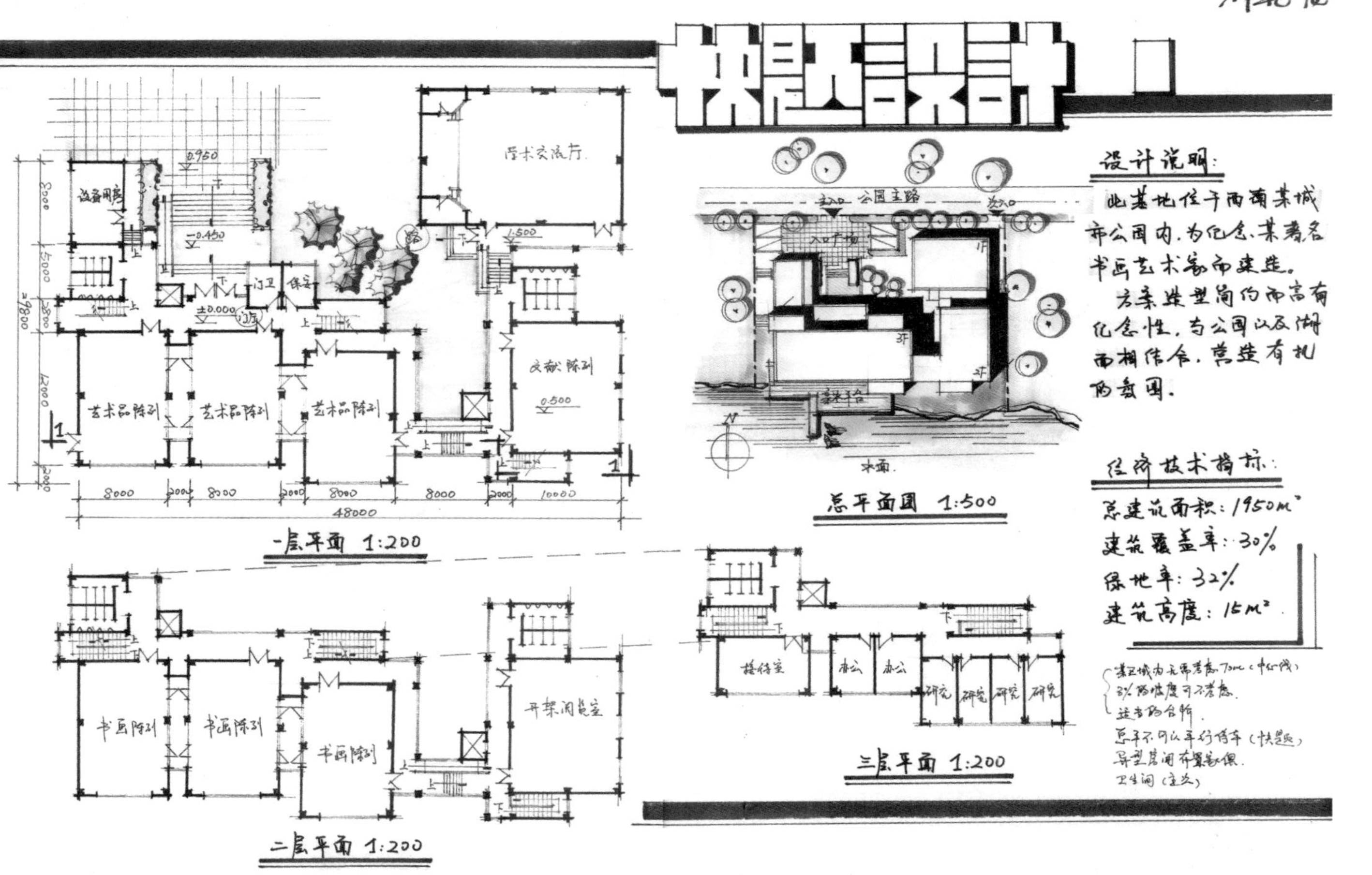

学生作业2

作者：祁乾龙　图纸尺寸：594mm×420mm　用纸：白色绘图纸　表现方法：尺规线条 + 马克笔

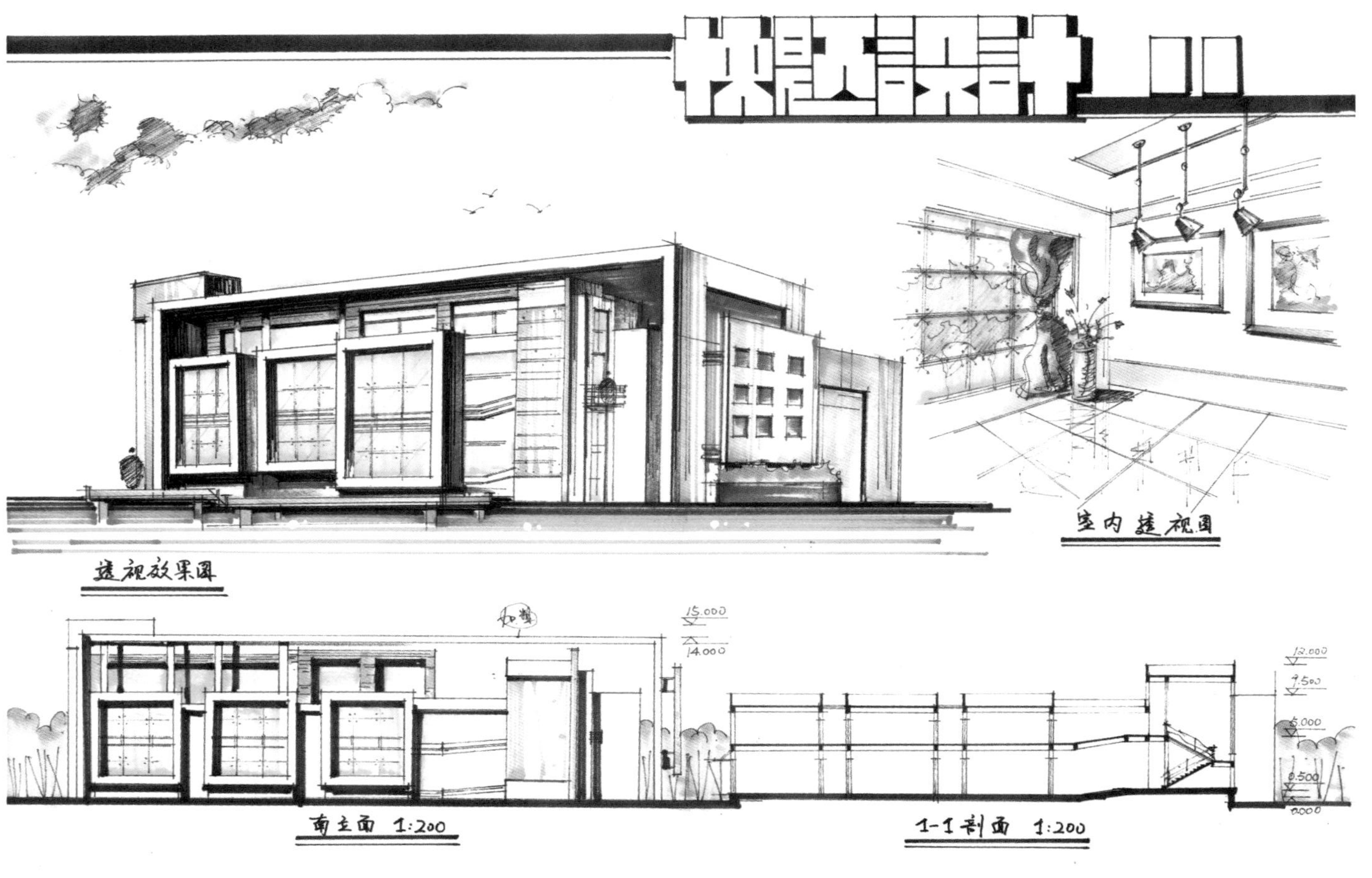

作业评析：方案设计采用线型布局，功能分区明确，交通流线合理。快题采用尺规表达，线条流畅，色彩稳重。建筑空间充分考虑南侧景观资源，在坡地高差的处理上略显不足，并且入口门厅的面积过小。

5.2 景观类

景观类快题设计，一般为风景区内部或附近的建筑设计。设计不仅需要考虑建筑内部功能，更多应考虑与景区原有的建筑风貌、肌理的关系。常见的限制因素主要有：

① 新建建筑与风景区原有建筑在肌理、轴线、视线上的呼应关系；

② 新建建筑对原有建筑风貌的影响；

③ 风景区内对新建建筑高度的控制等。

→ 设计题目 1：广州市郊青年旅社建筑设计，华南理工大学 2008 年（初试）考研快题（6 小时）；

→ 设计题目 2：山地会所设计，东南大学建筑学院快速建筑设计训练题。

5.2.1 设计题目 1：广州市郊青年旅社建筑设计

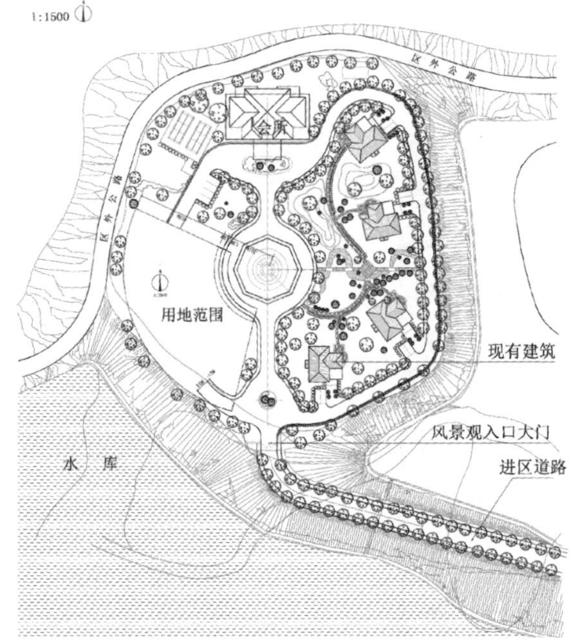

图 5.7 地形图 1[①]

1）概况：

为配合青少年户外拓展旅游活动需求及配合国际青年旅舍联盟的发展需要，计划在广州郊外某风景区，建设青年旅舍一所。用地面对水库湖面，环境优美，建设用地与小区道路相连接（见附图）。用地北纬 23 度，夏季主导风向南偏东 10 度，冬季主导风向北偏东 15 度。

2）要求：

（1）结合用地环境和气候条件进行的设计，能因地制宜，安排布局；

（2）在用地内解决停车、建筑、主次入口及室外庭院，并作出简单的环境设计；

（3）流线布局合理，考虑无障碍设计（主入口无障碍设计、室外停车场无障碍车位一个）；

（4）建筑设计要求功能关系合理，功能分区明确，有效利用环境景观；

（5）结构合理，柱网清晰，管线对应合理；

（6）厨房及就餐区流线合理，与毗邻的其他用房应符合卫生要求；

（7）符合有关设计规范要求；

（8）设计表达清晰、条理、全面。徒手表达，手法不限。

3）设计内容：（低层建筑，总建筑面积 1400 ± 5%m^2，以下各项为使用面积）

（1）住宿区：

① 四人间客房：20 间（带卫浴设施）；

② 领队客房（双人间）：2 间（标准客房设计）；

③ 住宿楼层公共淋浴间、卫生间（每层住宿楼：男卫生间设有淋浴隔间 5 个、厕卫 2 个，小便斗 2 个，

① 本章所有试题图纸中的比例尺数字遵照原试题标注，实际印刷尺寸与原试题中图纸尺寸有所差异，图中所注比例尺仅为示意，特此说明。

女卫生间有淋浴隔间 5 个、厕卫 3 个）。

（2）公共区：

① 入口门厅：30m²（含服务柜台）；

② 前台办公室：15m²；

③ 前台布草间：10m²；

④ 回收布草间：10m²；

⑤ 休息区：30m²；

⑥ 就餐区：40m²；

⑦ 厨房：30m²（有自助烹饪的条件，需设次入口及垃圾堆点）；

⑧ 活动娱乐室：60m²；

⑨ 配电间：20m²；

⑩ 共用卫生间：2×10m²（不含住宿楼层公共淋浴间、卫生间）；

⑪ 室外停车：5 个（车位 3m×6m）（含无障碍车位一个 3.5m×6m）；

⑫ 用地内环境设计。

4）图纸要求：（统一使用 A2 图纸，张数不限）

（1）总平面图 1∶500；

（2）各层平面图（厨房划分基本功能区、公共卫生间需布置洁具）1∶200；

（3）立面图 2 个，1∶200；

（4）剖面图 1~2 个，1∶200；

（5）效果图一个，（画面不小于 30×40cm）；

（6）标准四人间（含卫生间）放大平面，布置家具，标注尺寸：1∶50；

（7）主要经济技术指标及设计说明。

5）评分要求：（总分 150 分）

（1）要求符合相关技术及设计规范（75 分）；

（2）建筑环境、空间、造型创意及表达（75 分）。

华南理工大学2008年硕士生入学考试——建筑设计（作图）附图二

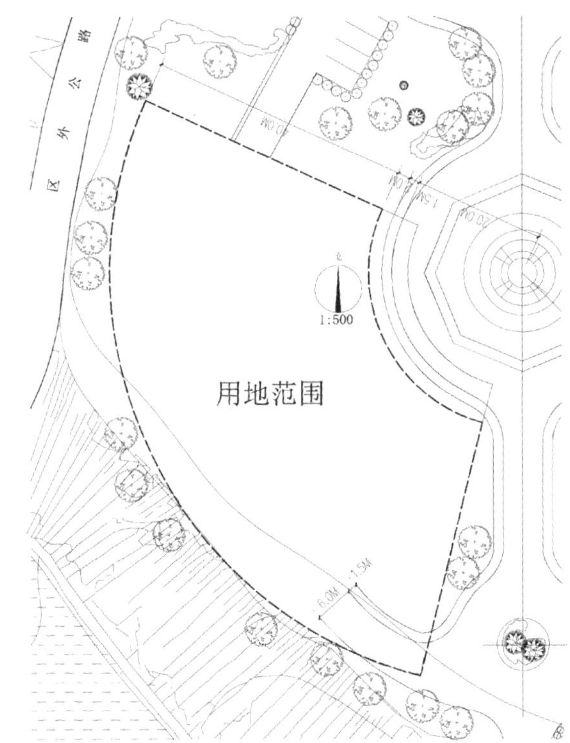

图 5.8　地形图 2

设计过程：

1）设计前需要思考的关键问题

场地形状较为特殊，呈扇形展开。场地主要朝向西侧，建筑理想朝向与西面景观之间该如何取舍?

2）任务书分析

（1）环境分析

① 用地情况：用地呈扇形展开，用地平整；

② 周边情况：场地北侧、东南角均与小区道路连接，东南向为风景区主要入口；北向为小区会所，东侧为别墅区；场地南向为水库，景观视线良好。

（2）功能分析

① 本设计主要由哪几部分组成?

即：住宿区、公共区（公共活动、就餐娱乐、后勤服务）。

② 面积设定规律：以 30m² 模数为主，可以考虑使用 8100mm×8100mm 的柱网。

（3）需要注意的点：青旅中四人间客房尺寸。

3）分析图示意

（1）场地限制条件

地形图上已给出两条道路直接与场地相连，其中东南侧道路位于景区入口方向，宜作为主入口；北侧道路可作为次入口。

（2）功能布局示意

住宿区应南北向设计，后勤区宜靠近次入口。

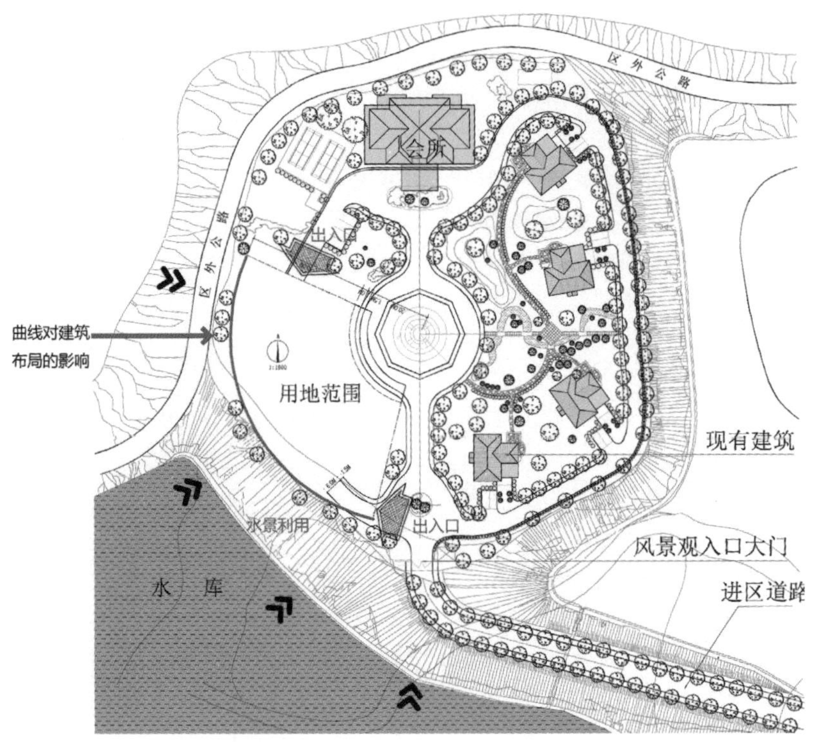

图 5.9　场地限制条件分析图

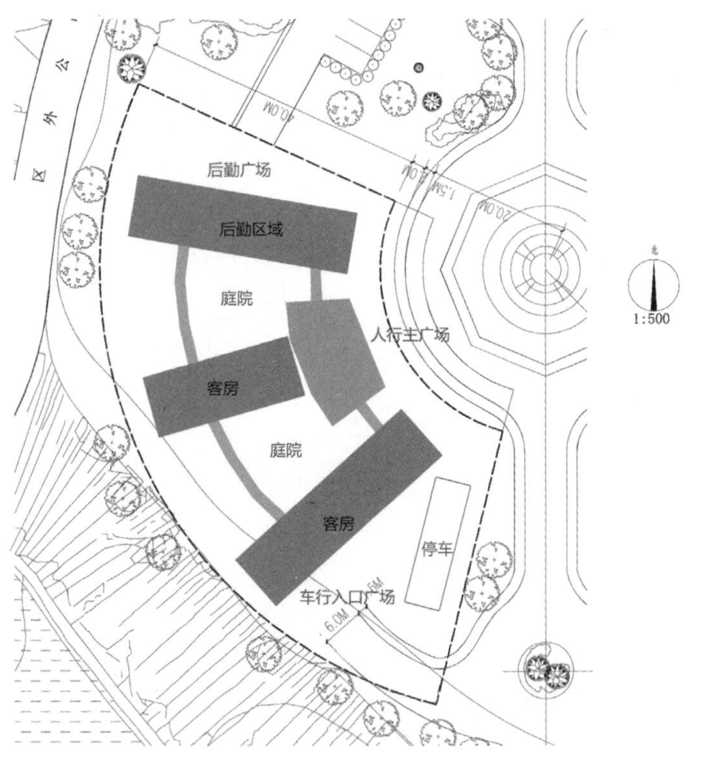

图 5.10　功能布局示意图

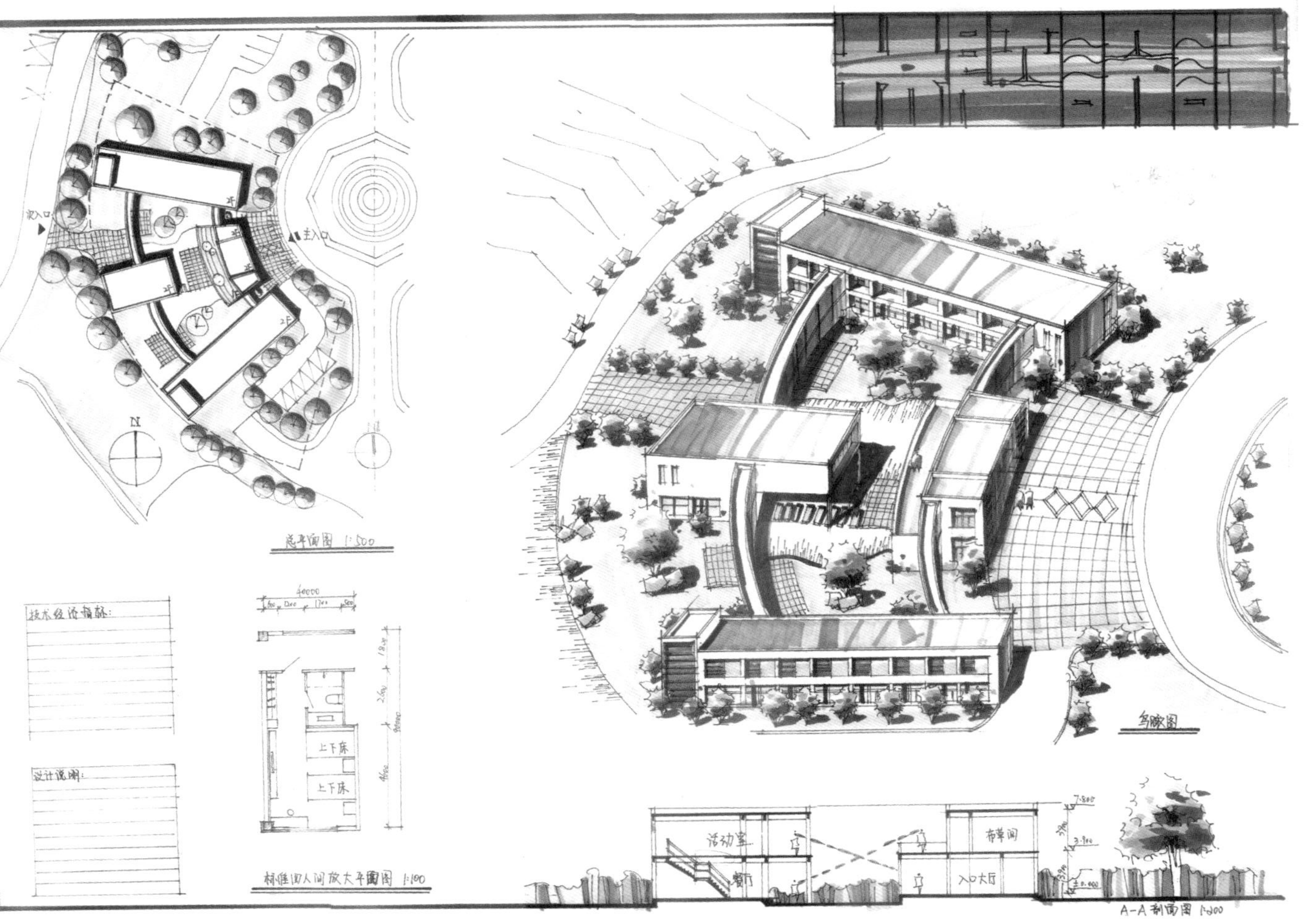

学生作业1

作者：潘高　图纸尺寸：594mm×420mm　用纸：白色绘图纸　表现方法：尺规线条＋马克笔

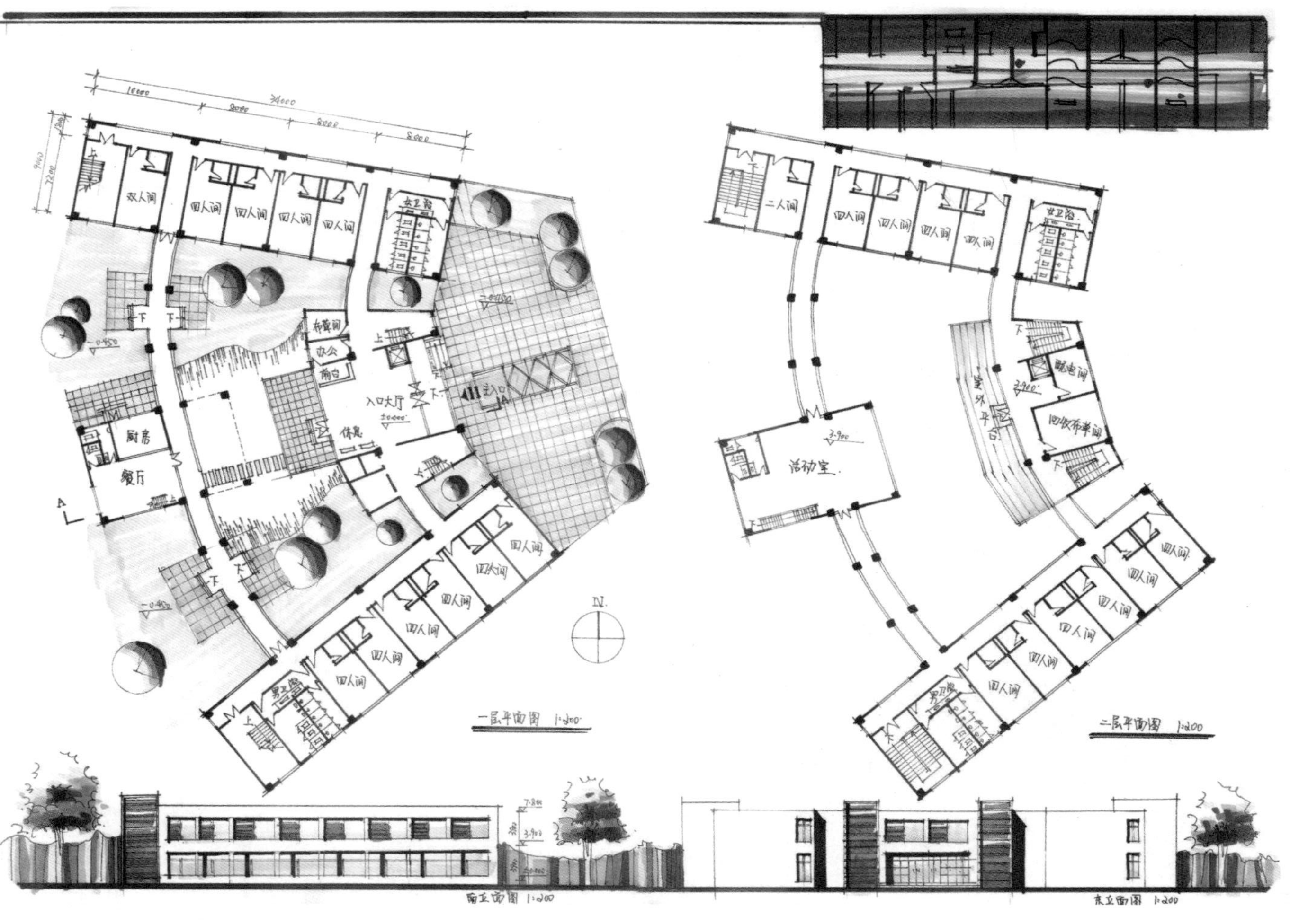

作业评析：方案设计采用扇形布局，功能分区明确，交通流线合理。快题采用尺规表达，线条流畅，色彩稳重。建筑空间充分考虑西侧景观资源，厨房与餐厅面积不足，且位置过于居中，不利于卸货及垃圾运输。

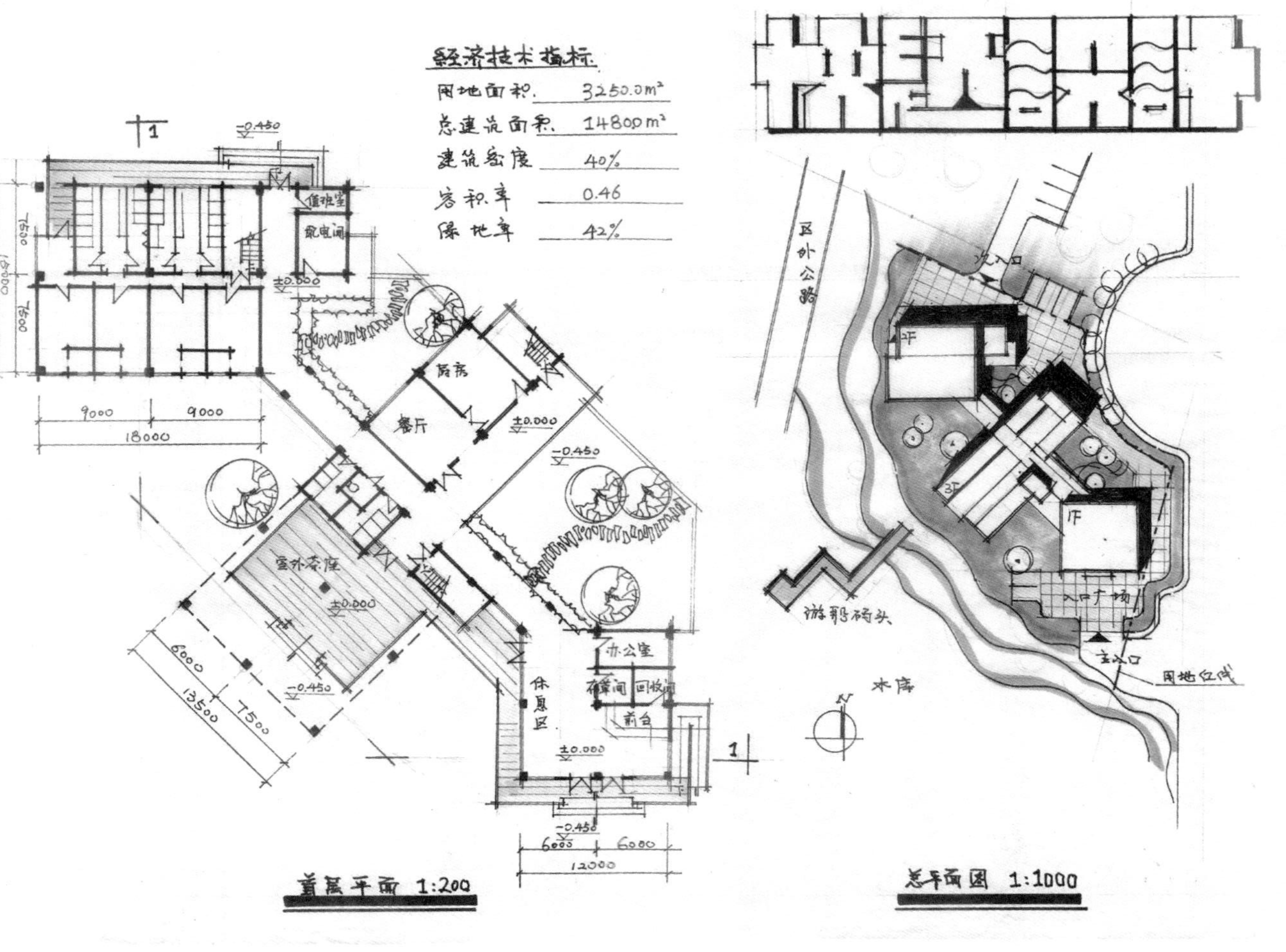

学生作业2

作者：祁乾龙　图纸尺寸：594mm×420mm　用纸：黄色绘图纸　表现方法：尺规线条＋马克笔

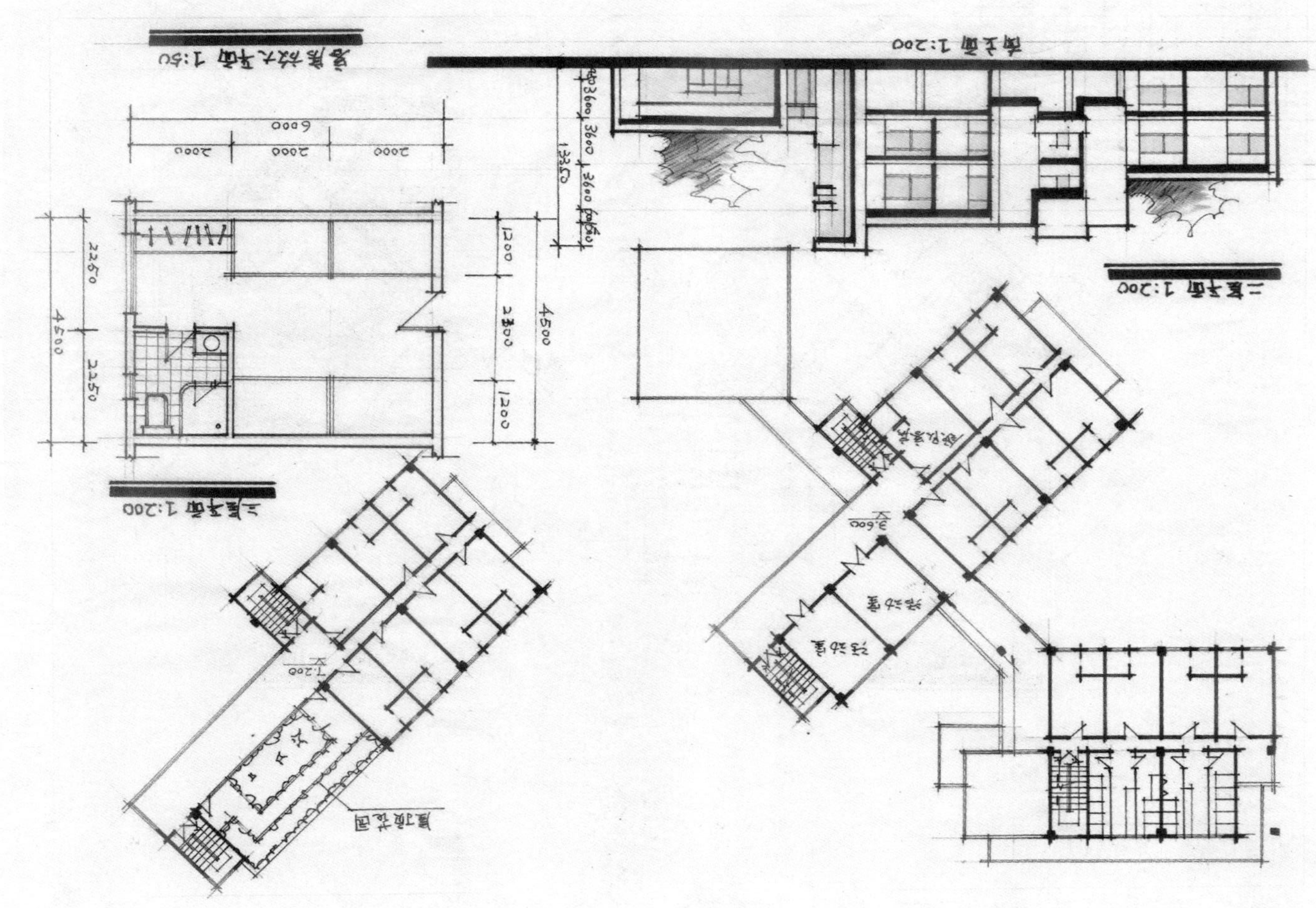
三层平面 1:200
居室放大平面 1:50
二层平面 1:200
南立面 1:200
屋顶花园
活动室
活动室
7.200
3.600

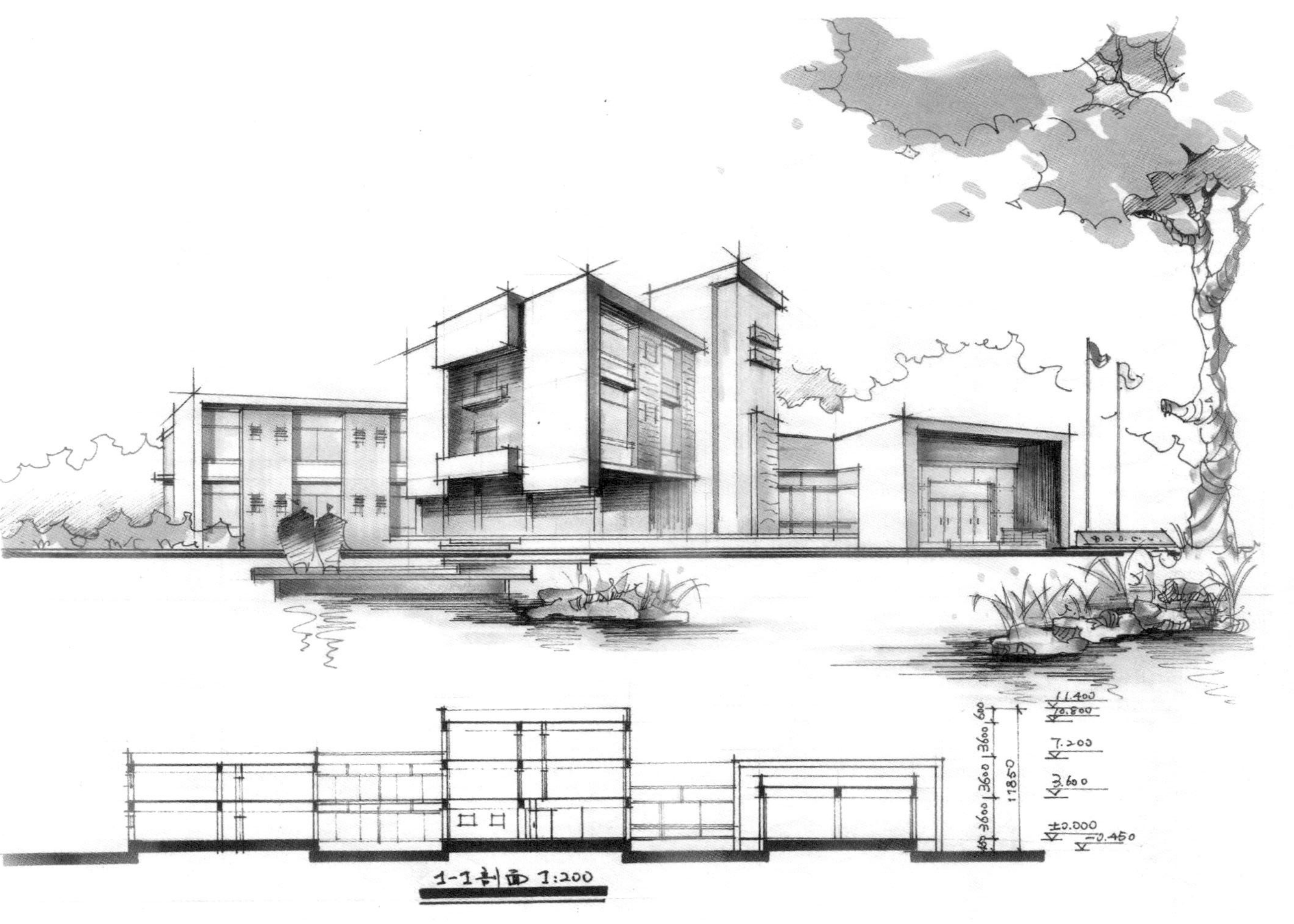

作业评析：方案设计采用折线形布局，功能分区明确，交通流线合理。快题采用尺规表达，线条流畅，色彩稳重。建筑空间充分考虑西侧景观资源，并结合景观在建筑底层设置灰空间。不足之处在于客房内卫生间占据良好的视线位置。

5.2.2 设计题目 2：山地会所设计

1）设计题目：基地位于某市紫金山南麓，琵琶湖公园景区内，为提升公园的整体景观环境，并能进一步方便和服务市民，拟建山地会所一处，总建筑面积不超过 2200m^2，该地块北面为紫金山风景区，山上绿树丛生；西南面为琵琶湖，视野开阔，湖面被一座景观桥分成大小两片水面，湖岸遍植植物，景观甚佳；东南面散落着一层小尺度的建筑。地块北面道路北通紫金山风景区，南接城市道路。

2）设计内容：

（1）娱乐活动区

① 健身房（台球、器械、乒乓球、休息）：100m^2；

② 小型游泳池；

③ 棋牌室 30m^2；

④ 书房 50m^2；

⑤ 放映室 30m^2；

⑥ 桑拿房、spa、卫生间：35m^2。

（2）餐饮活动区

① 餐厅：100m^2；

② 包间：大包间（1 个）：45m^2；小包间（1 个）：35m^2；

③ 厨房：150m^2；

④ 吧台和酒窖：35m^2。

（3）公共区域

① 大堂（含休息区）：100m^2

② 会议：大会议室（1 个）：70m^2；小会议室（1 个）：40m^2；

（4）辅助服务区

① 总服务台及前台办公室：40m^2；

② 储存间：30m^2；

③ 设备间：30m^2；

④ 工人房：15m^2；

⑤ 洗衣房：20m^2；

⑥ 四车位车库室外临时停车位若干。

（5）住宿区

① 精品标准客房（10 间）：40m^2（每间）；

② 精品套房（1 间）：80m^2（每间）。

3）设计要求：

（1）总平面图 1∶500；

（2）各层平面图 1∶250；

（3）剖面图 1∶250；

（4）立面图 1∶250；

（5）透视表现及分析图数量不限。

注：以上图纸要求在一张 A1 图纸内完成。

设计过程：

1）设计前需要思考的关键问题

（1）建筑与琵琶湖景区的整体关系协调，及对琵琶湖景观的利用；

（2）建筑对场地高差的处理，场地出入口与道路的衔接。

2）任务书分析

（1）环境分析

① 用地情况：用地狭长、不规则，东侧较窄，且坡度较大。用地面积 2000m^2，场地北高南低，高差约为 10m。

② 周边情况：场地北侧紧邻道路，该道路北通紫金山风景区，南接城市道路；场地南向为琵琶湖，景观视线良好。

（2）功能分析：

① 本设计主要由哪几部分组成？即：娱乐活动区、餐饮活动区、公共区域、辅助服务区、住宿区；

② 面积设定规律：以 40m^2 模数为主。

3）分析图示意

（1）场地限制条件

分析题目可知，场地仅北侧靠近道路，需在合适的标高处设置主入口与后勤入口，并考虑停车空间。

（2）功能布局示意

分析的原则是“闹”的空间在底层，“静”的空间在上层；人流量大的空间在底层，人流量小的空间在上层等。按照这个原则，公共区域位于主入口处，辅助服务区位于辅助入口一侧且靠近道路，娱乐活动区与餐饮活动区位于中间层、建筑中间区域，以联系最开放的公共区域与最私密的住宿区域。住宿区则在满足朝向的同时，尽量考虑对景观资源的利用，并减少来自公共区域的噪音干扰。

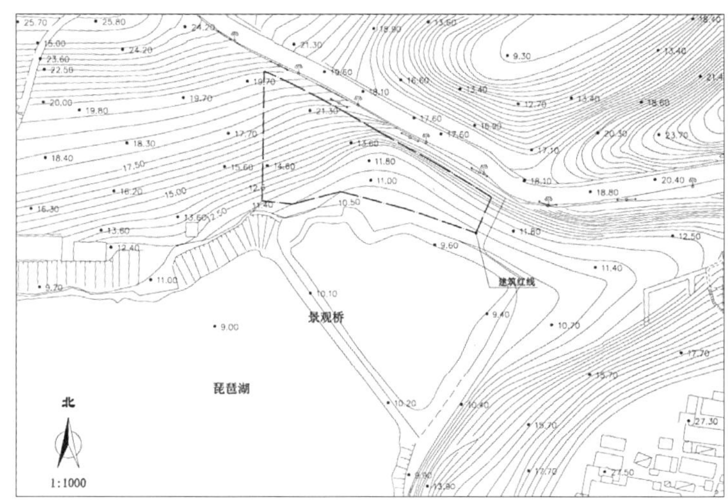

图 5.11　地形图 1

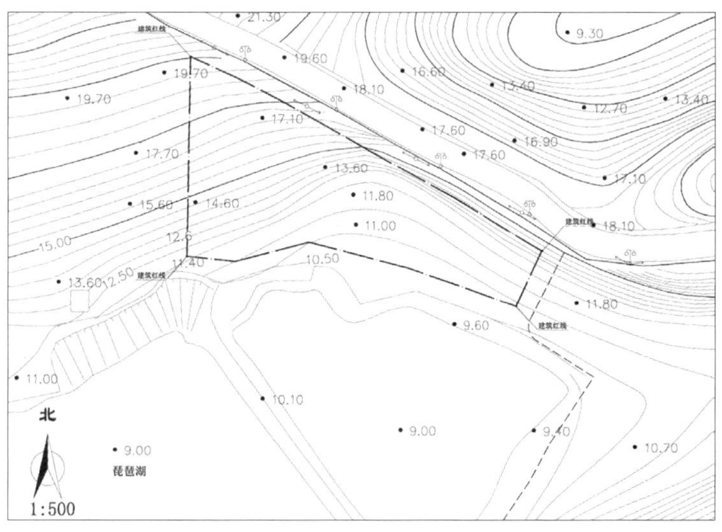

图 5.12　地形图 2

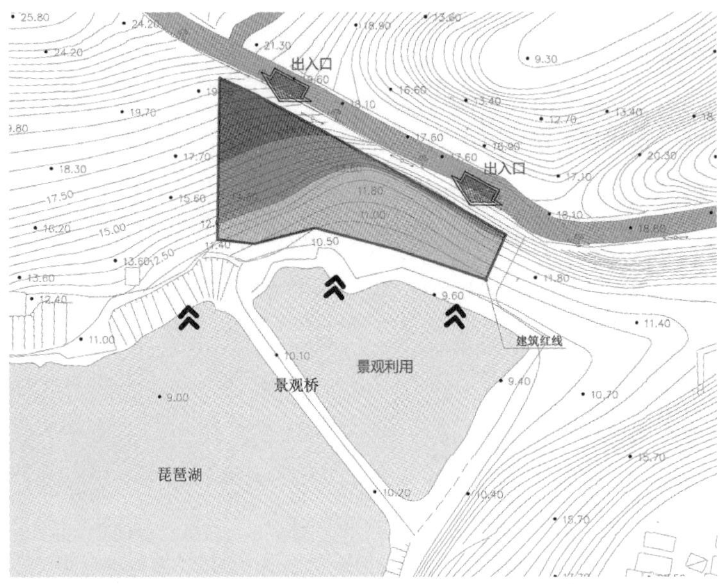

图 5.13　场地限制条件分析图

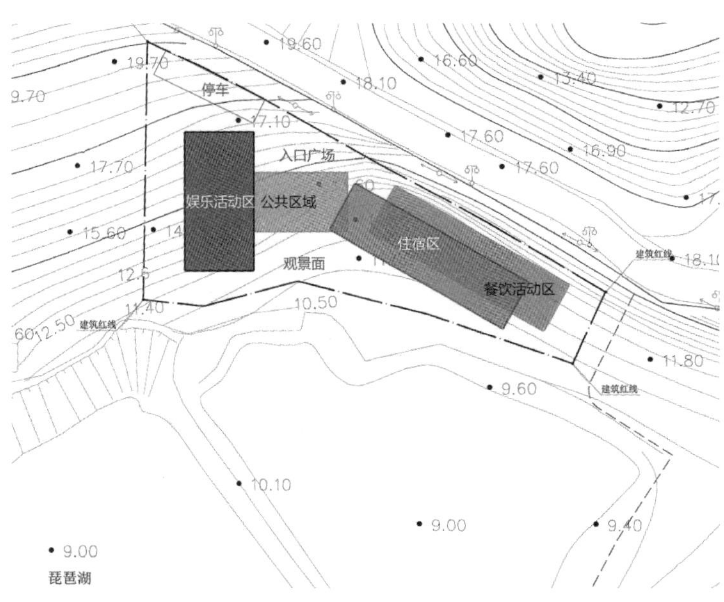

图 5.14　功能布局示意图

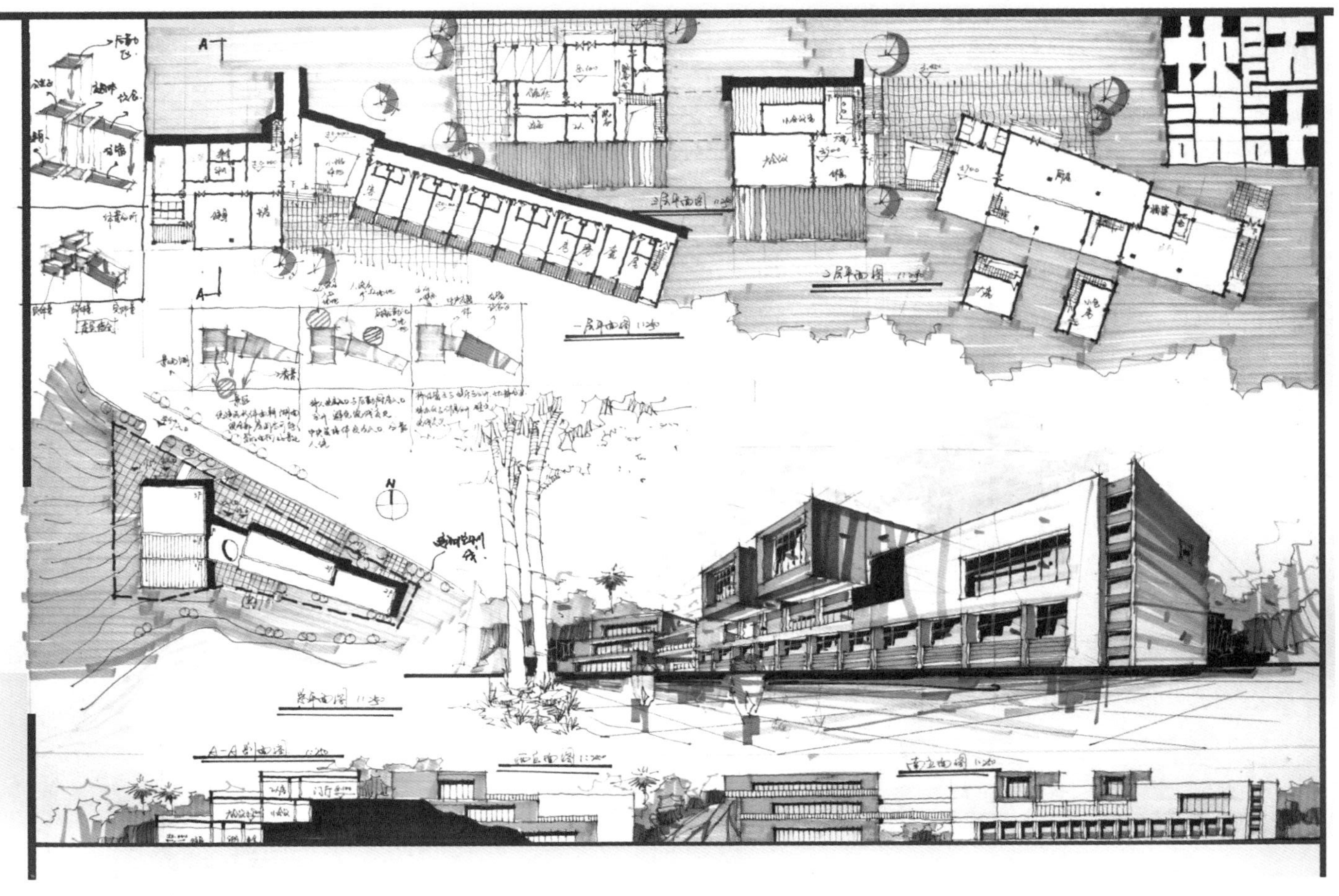

学生作业1

作者：朱亮亮　图纸尺寸：594mm×841mm　用纸：白色绘图纸　表现方法：手绘线条＋马克笔

作业评析：方案设计依据等高线走势合理布置建筑，功能分区明确，交通流线合理。快题采用徒手表达，线条老道，色彩稳中求变。在快题设计时间允许的情况下，适当配合一些分析图是获得理想成绩的有力手段。

学生作业2

作者：叶鑫　图纸尺寸：594mm×420mm　用纸：白色绘图纸　表现方法：手绘线条＋马克笔

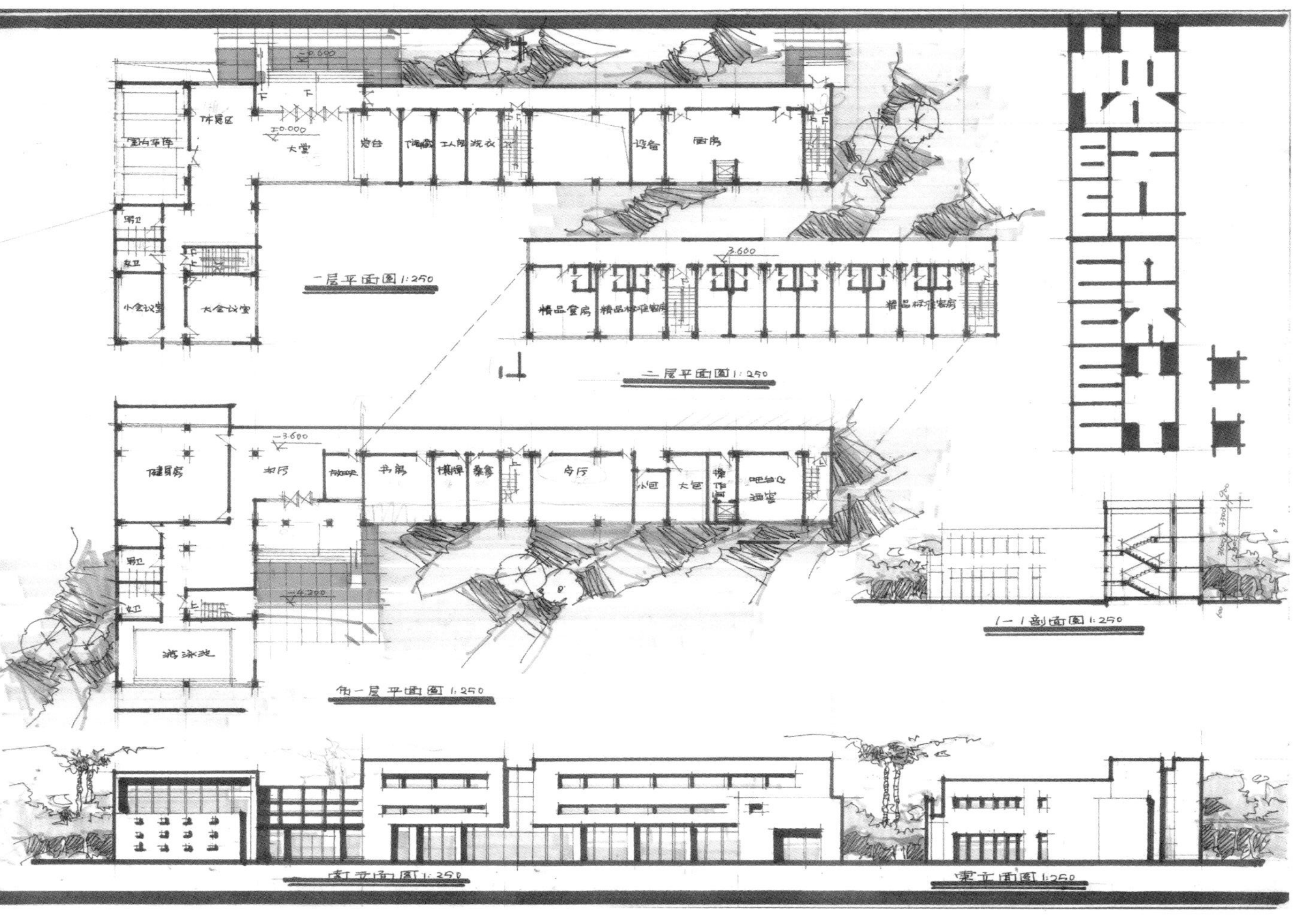

作业评析: 方案设计依据等高线走势合理布置建筑，功能分区明确，交通流线合理。快题采用尺规表达，线条清晰流畅，色彩搭配合理。建筑设计内容和图面表达程度都达到了较高水平，是一份优秀的快题作品。

5.3 交通类

交通类快题设计，一般为汽车站、停车库、高速路服务区等设计。此类建筑专业性较强，对建筑内各种流线要求较高，且对于车道、候车、发车等特定空间均有详细要求。一般考察以下几点：

① 对场地与建筑内各类车流、人流、物流等流线的设计；

② 不同类型车辆对应的车道宽度、转弯半径、对外开口的要求等；

③ 候车、发车、停车区域等的尺寸要求；

④ 相关辅助空间如住宿休息、餐饮、洗车修车处、门卫等与主体空间之间的流线组织。

→ 设计题目 1: 停车库及休闲景观平台设计，重庆大学 2011 年（初试）考研快题（6 小时）；

→ 设计题目 2: 南方某旅游小镇长途汽车站设计，重庆建筑大学 1999 年（初试）考研快题（8 小时）。

5.3.1 设计题目 1：停车库及休闲景观平台设计

1）概况及要求：

用地位于城市滨江地带，地块东面是拟开发建设用地，西面是城市公园绿地，南面是城市道路，北面是滨江路，有良好的环境和景观条件。场地内有一定高差，根据需要，新建一幢城市停车库，结合城市功能，满足城市停车，提供居民休闲、观景等活动需求，要求南北道路均有车库出入口，建筑面积 3000~3300 平方米，用地面积 3326.5 平方米。为满足观景视线需求，要求建筑物高出城市道路≤ 1.0 米（景观小品及少量构筑物除外），观景平台能够直接进入车库，并能保持与城市绿地产生方便的联系。

2）主要建筑功能及指标要求：

（1）总用地面积：3326.5m^2；

（2）总建筑面积：3000m^2 ~ 3300m^2；

（3）建筑高度：高出城市道路≤ 1.0m（景观小品及少量构筑物除外）；

（4）停车位≥ 80 辆；

（5）建筑后退红线：南北（城市道路）≥ 6.0m，东西（相临地块）≥ 3.0m；

（6）道路坡度≤ 12%；

（7）南北道路均应设有车库出入口；

（8）值班及管理用房、卫生间。楼梯间、储藏等；

（9）结合地形组织停车库及休闲景观平台设计；

（10）容积率≤ 1.0；

3）图纸要求（A2 图幅）：

（1）总平面图 1：500（结合观景平台场地及环境布置和人车流线组织，标注建筑层数、标高、建筑尺寸、道路坡度、转弯半径，经济技术指标等）；

（2）各层平面图 1：200~1：250（布置车位，表达建筑与周边场地关系）；

（3）沿江立面图 1：200~1：250；

（4）剖面图 1：200~1：250（标高关系，建筑与场地关系、视线组织等）；

（5）表现图（表现形式不限）；

（6）技术经济指标及简要的设计构思说明。

4）特别说明：

（1）考生自带2#图纸，图纸数量及纸张种类不限；

（2）总平面图可直接画在地形图上；休闲景观平台设计考虑场地活动及绿化观景及与城市公园绿地等公共性功能要求。

（3）附地形图 1：500。

设计过程：

1）设计前需要思考的关键问题：

（1）停车库设计规范中对车库出入口数量、宽度、停车位、车道、坡道等的具体要求；

（2）停车流线与休闲景观流线的合理组织，观景平台要求能直接进入车库。

2）任务书分析

（1）环境分析

① 用地呈较为规则的梯形，东北侧较窄。用地面积 3326.5m^2，场地北低南高，高差约为 6m；

② 周边情况：场地南侧为城市道路，宽 24m；北侧为滨江路，宽 24m。西侧是绿地，绿地内有南北向排洪沟一条；东侧为城市待开发用地。图示范围内无道路交叉口，开口位置相对自由。

（2）功能分析

① 本设计主要由哪几部分组成?

即：停车区、服务用房、休闲景观平台。

② 面积设定规律：主要考虑车辆停放的尺寸，车位尺寸一般为 3000mm×6000mm，因此采用 8100mm×8100mm 的柱网比较合适。

（3）需要注意的几个点：场地内高差的合理利用，停车库最低净高，建筑物高出北面城市道路≤ 1.0m（景观小品及少量构筑物除外）。

3）分析图示意

（1）场地限制条件

利用 6m 的高差来处理建筑出入口与两侧道路的衔接问题。

（2）功能布局示意

停车区域最好做到道路双侧停车，注意转弯半径及坡度，详见《车库建筑设计规范》。

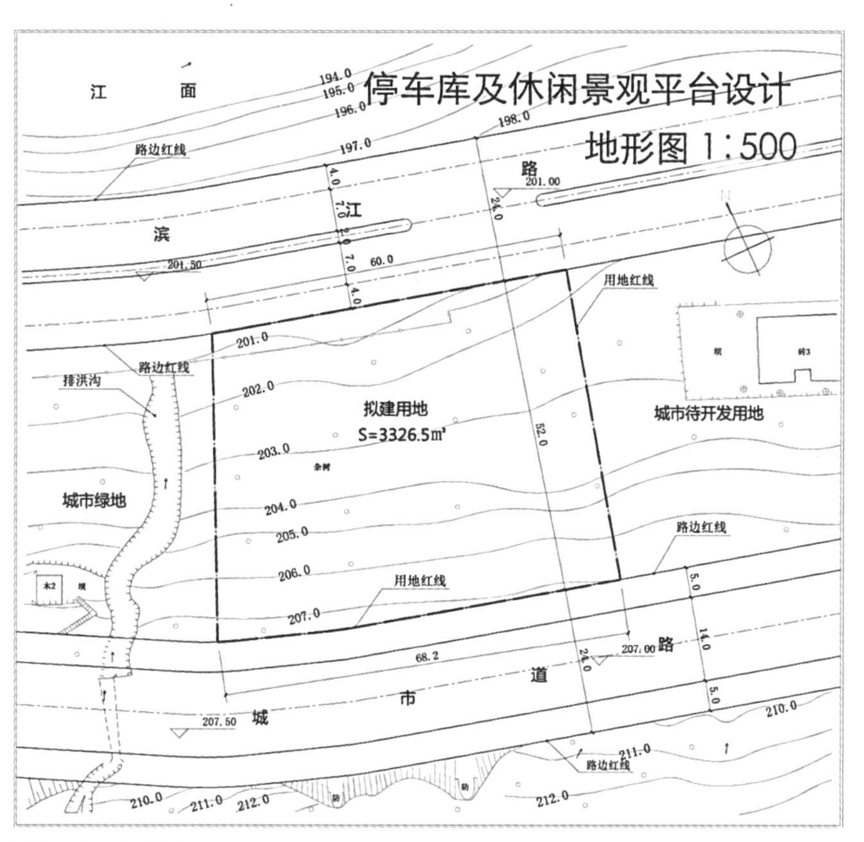

图 5.15　地形图

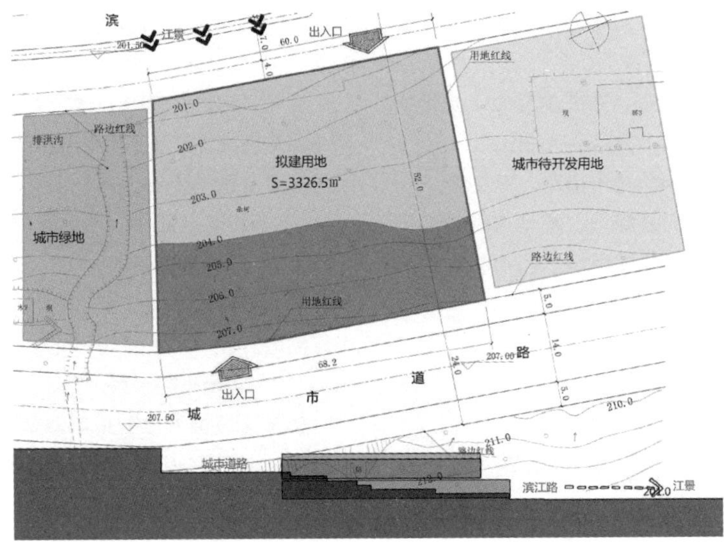

图 5.16　场地限制条件分析图

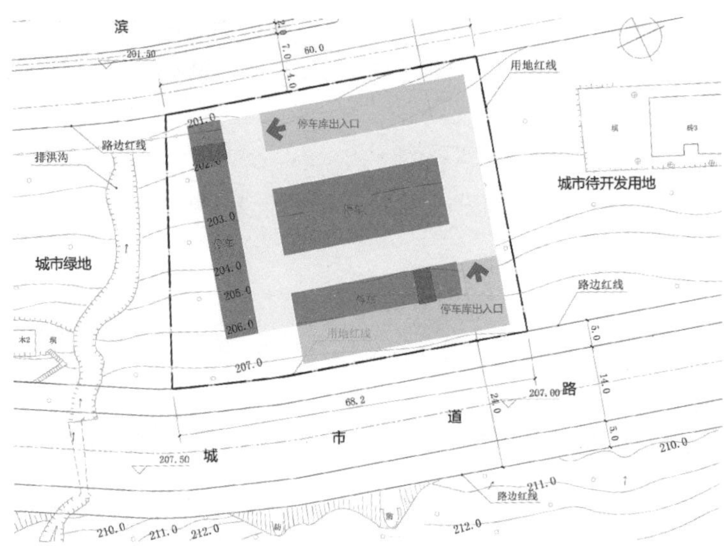

图 5.17　功能布局示意图

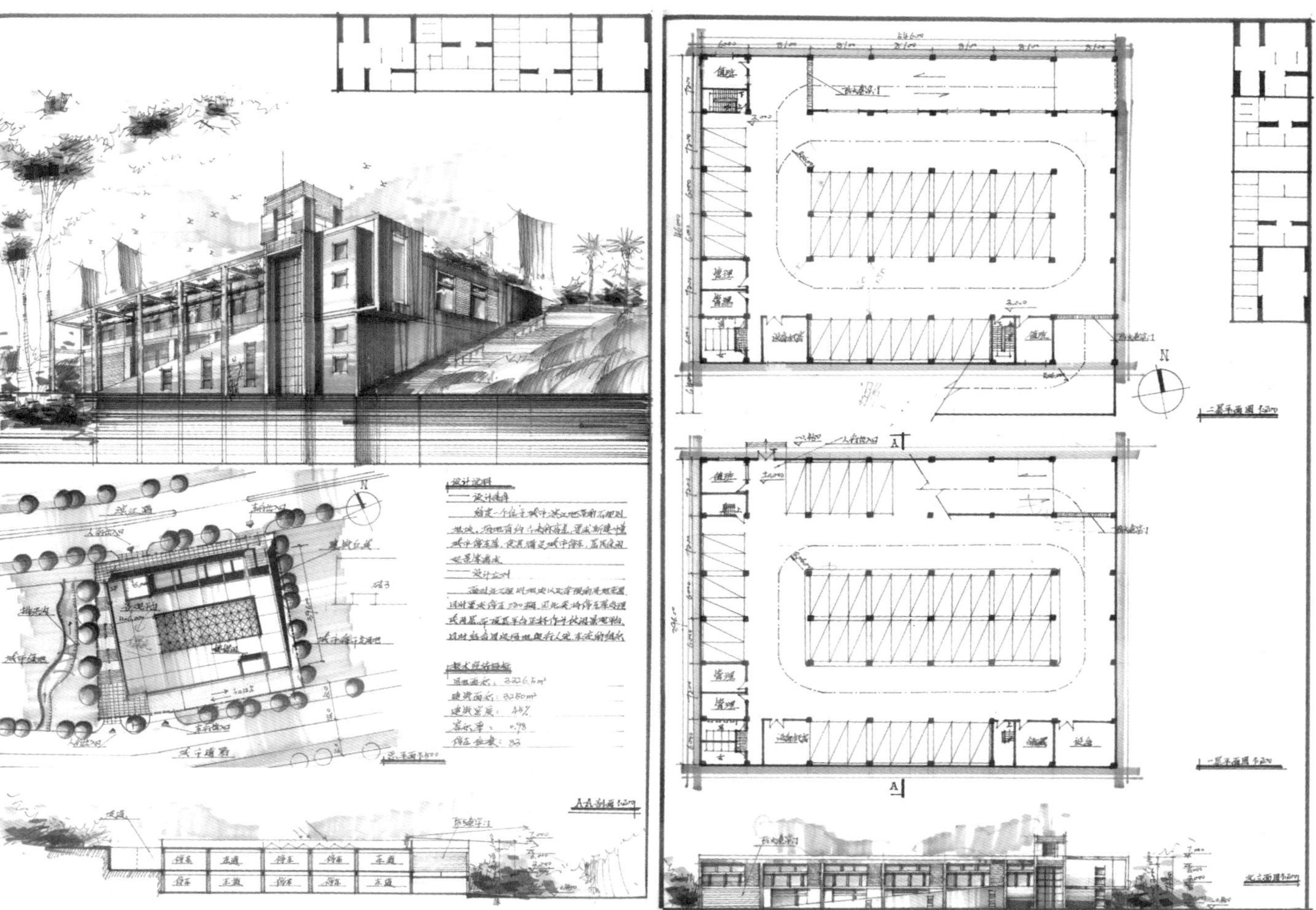

学生作业1

作者：王志飞　图纸尺寸：594mm × 841mm　用纸：白色绘图纸　表现方法：手绘线条 + 马克笔

作业评析： 方案设计功能分区明确，交通流线合理，可适当减小车道的宽度尺寸以节约空间。快题采用尺规表达，线条流畅，色彩稳重。建筑顶部应适当布置屋顶绿化以适应场地要求。

学生作业2

作者：刘美　图纸尺寸：594mm × 841mm　用纸：白色绘图纸　表现方法：手绘线条 + 马克笔

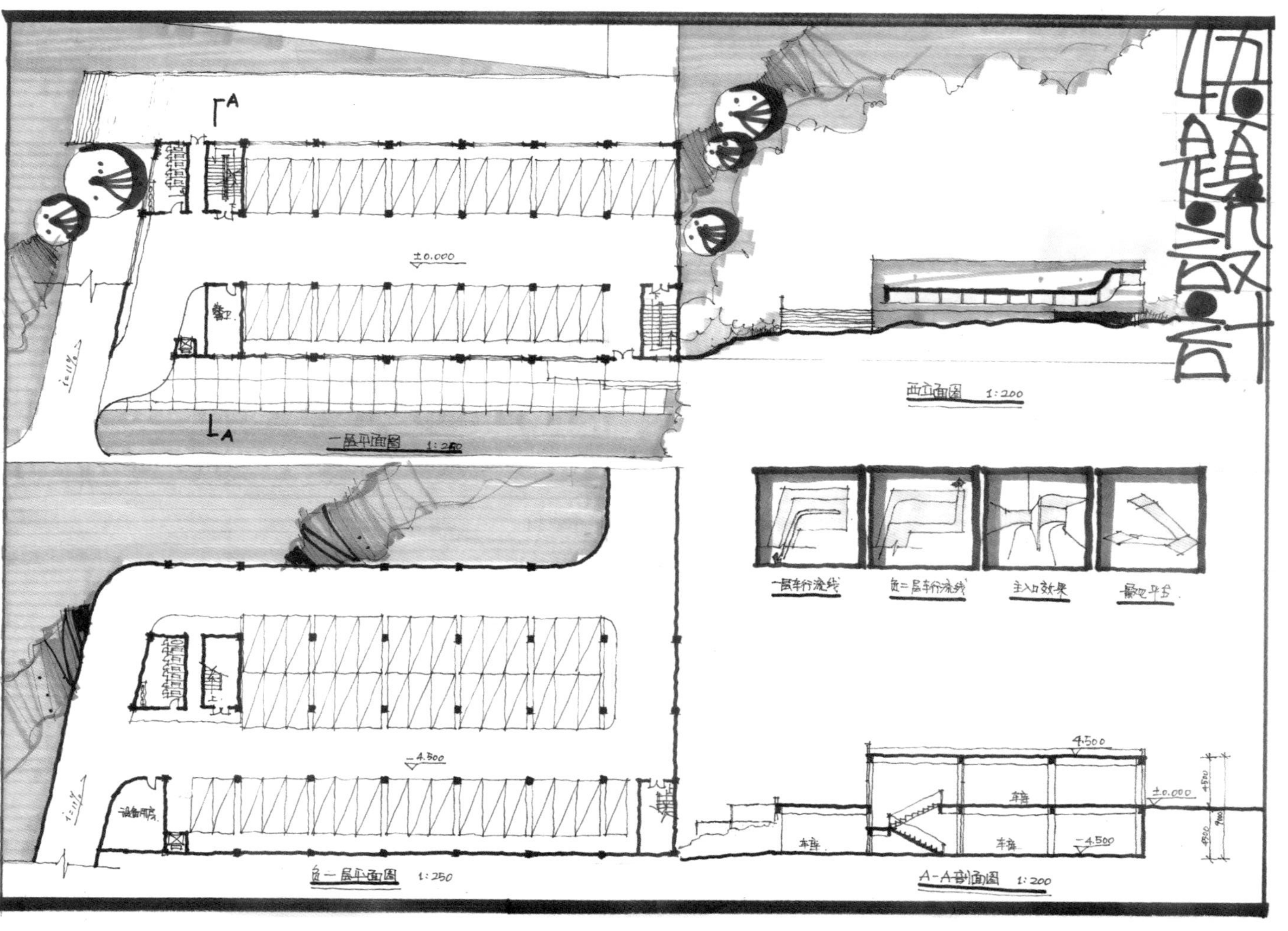

作业评析：方案设计功能分区明确，交通流线合理，由于缺乏尺寸标注，在表达时并不能清晰体现出作者的规范掌握程度。快题采用徒手表达，线条流畅，色彩表达上可加以强化。

5.3.2 设计题目 2：南方某旅游小镇长途汽车站

1）题目： 南方某旅游小镇长途汽车站。

2）用地条件及环境见地形图。

3）规划条件： 用地建筑红线内面积：3797m²；

建筑覆盖率：不大于 45%，绿化用地：不少于 15%。

4）建筑功能建筑面积： 建筑功能为三大部分，总建筑面积不大于 3000m²。以下为各部分使用功能的基本要求：

（1）车站部分

① 车站售票厅：60m²；

② 售票室：30m²；

③ 车站候车厅：250m²；

④ 特殊候车室：50m²；

⑤ 管理用房：15m²，4 间；

⑥ 小卖部：40m²；

⑦ 货物托取厅：50m²；

⑧ 男女厕所：总面积 30m²；

⑨ 行李寄存：30m²；

⑩ 有项站台：面积自定。要求管理方便。站台可供 5 辆大型长途客车同时停放上下客人。行李应由高架送至车项行李架，露天车场内除了可供车辆掉头外，另设大型长途客车停车位 7 个。长途客车的尺寸按长 10m、宽 3m、高 3m 考虑。

（2）餐饮部分

① 旅客大餐厅：150m²；

② 小餐厅：12m²，3 间；

③ 厨房：150m²；

餐厅除了供旅客用餐外，也可对外营业。

（3）旅馆部分

① 旅馆：30 个带卫生间的标准间，2 个带卫生间的套间；

② 旅馆门厅：50m²；

③ 屋顶燃气热水间：40m²；

④ 娱乐室：100m²；

⑤ 服务用房：12m² 4 间。

5）设计要求：

（1）总平面布置合理的，既满足车站内部功能流线要求，又能照顾城市环境；

（2）建筑应具有较浓的人情味和乡土味，成为该镇一景；

（3）设备要求：车站候车厅和餐厅考虑安装空调柜机，旅馆客房应按集中供热水和窗式空调器安装要求设计，无冬季采暖要求。卫生间考虑大便器、盥洗台和淋浴设施；

（4）所有图纸一律徒手画出，布置在二号图上。需完成图纸如下：

① 总平面图 1∶500；

② 简要构思说明及技术经济指标；

③ 各层平面图 1∶100~1∶200（标出轴线尺寸，厨房、餐厅和候车厅需作出家居布置）；

④ 两个主要立面图 1∶100~1∶200；

⑤ 一个主要剖面图 1∶100~1∶200；

⑥ 彩色透视图一幅，表现方法不限，图面不少于 200mm × 300mm。

6）时间： 8 小时。

7）评分标准：

（1）环境构思与建筑艺术造型：30%；

（2）使用功能与平面空间组合：40%；

（3）图面表现技巧与文字表达：20%；

（4）技术、经济、结构合理性：10%。

特别说明： 此题地形图属于回忆版本，因此不同的版本之间，地形环境存在微差。

设计过程：

1）设计前需要思考的关键问题

如何处理好车站、餐饮、住宿各自的功能布局与三者之间的流线组织。

2）任务书分析

（1）环境分析

① 用地情况：用地呈规则长方形，东北侧较窄，且坡度较大。用地面积 3797m²，场地北高南低，最大高差约为 3m；

② 周边情况：场地南侧紧邻道路。

（2）功能分析

① 本设计主要由哪几部分组成？即：车站部分、餐饮部分、旅馆部分；

② 面积设定规律：以 30m² 模数为主。

（3）需要注意的点：住宿区的朝向应为南北向。

3）分析图示意

（1）场地限制条件

场地仅南面邻接道路，需注意主次入口间的距离及入口与城市道路交叉口的距离。场地内主要考虑三个主要流线：车站、餐饮、住宿；车站内主要分三条流线：进站口、出站口、乘客。

（2）功能布局示意

① 车站部分：作为本题中最重要的部分，应位于最显眼的位置。乘客（包括老弱病残孕乘客）：买票、进站、候车、检票、乘车的路线；车站车辆进站、停靠、出站的流线；车站服务人员的工作流线。

② 餐饮部分：餐厅除了供旅客用餐（候车、住宿人群）外，还应考虑对外营业。后勤一般从较为隐蔽的入口进入。

③ 旅馆部分：门厅与娱乐用房相对公共性更强，设置于较低的楼层较好。

三者要能相互间直接联系，且车站与餐厅应有直接对外出入口。

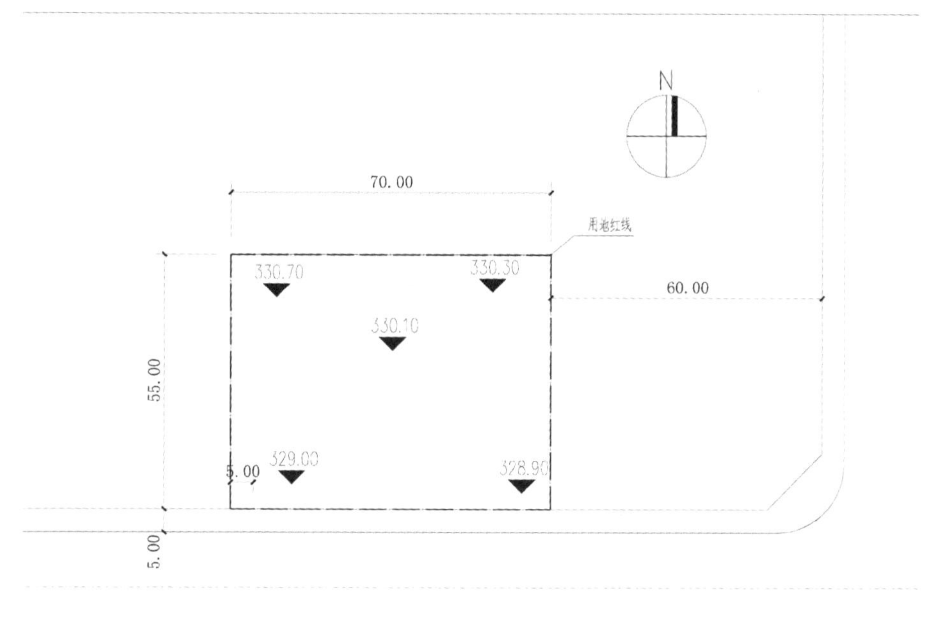

图 5.18　地形图

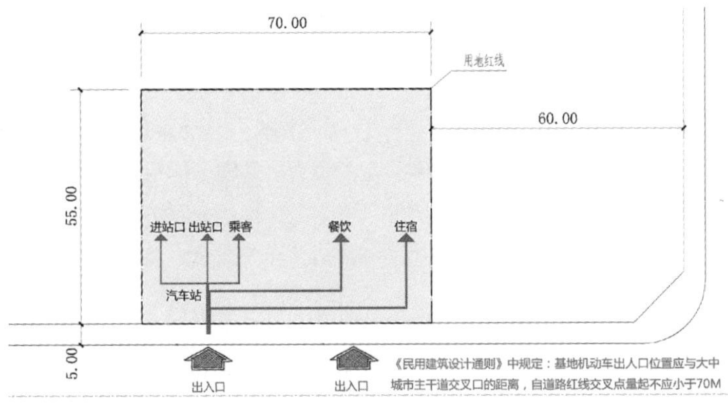

图 5.19　场地限制条件分析图

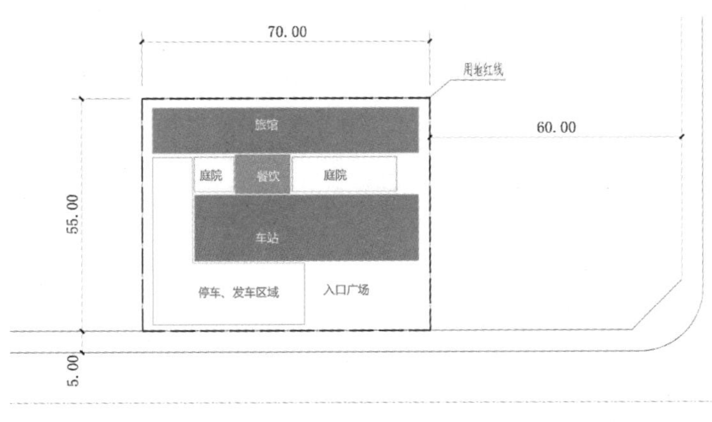

图 5.20　功能布局示意图

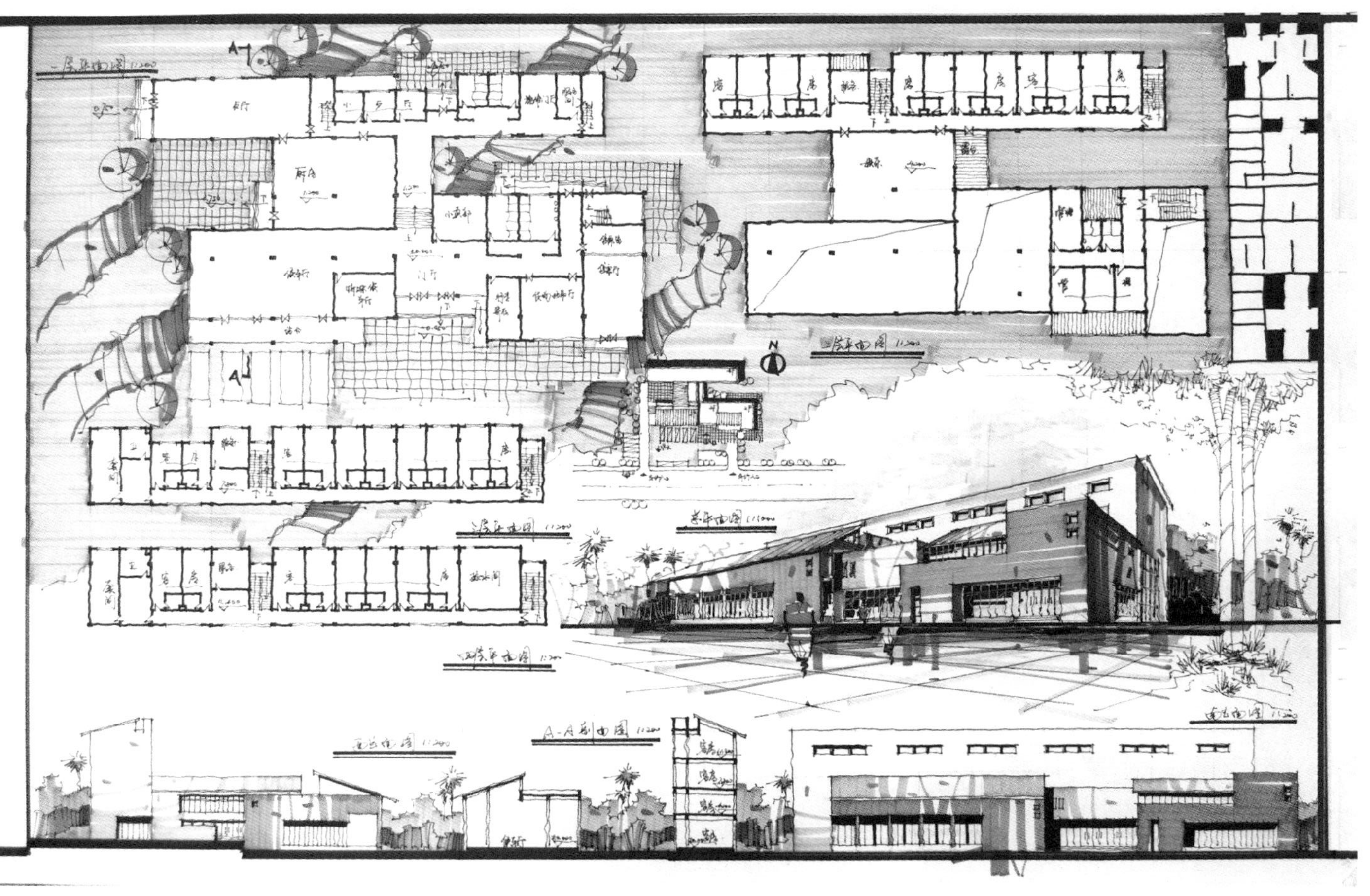

学生作业1

作者：朱亮亮　图纸尺寸：594mm×841mm　用纸：白色绘图纸　表现方法：手绘线条＋马克笔

作业评析： 方案设计采用分散式的布局形式，主要功能分区用连廊相连，交通流线合理。快题采用徒手表达，线条流畅，色彩合理，有较强的美术功底。建筑风格采用坡屋顶形式，呼应题意。不足之处在于客房均采用北侧采光，并且餐厅上层不应布置卫生间。

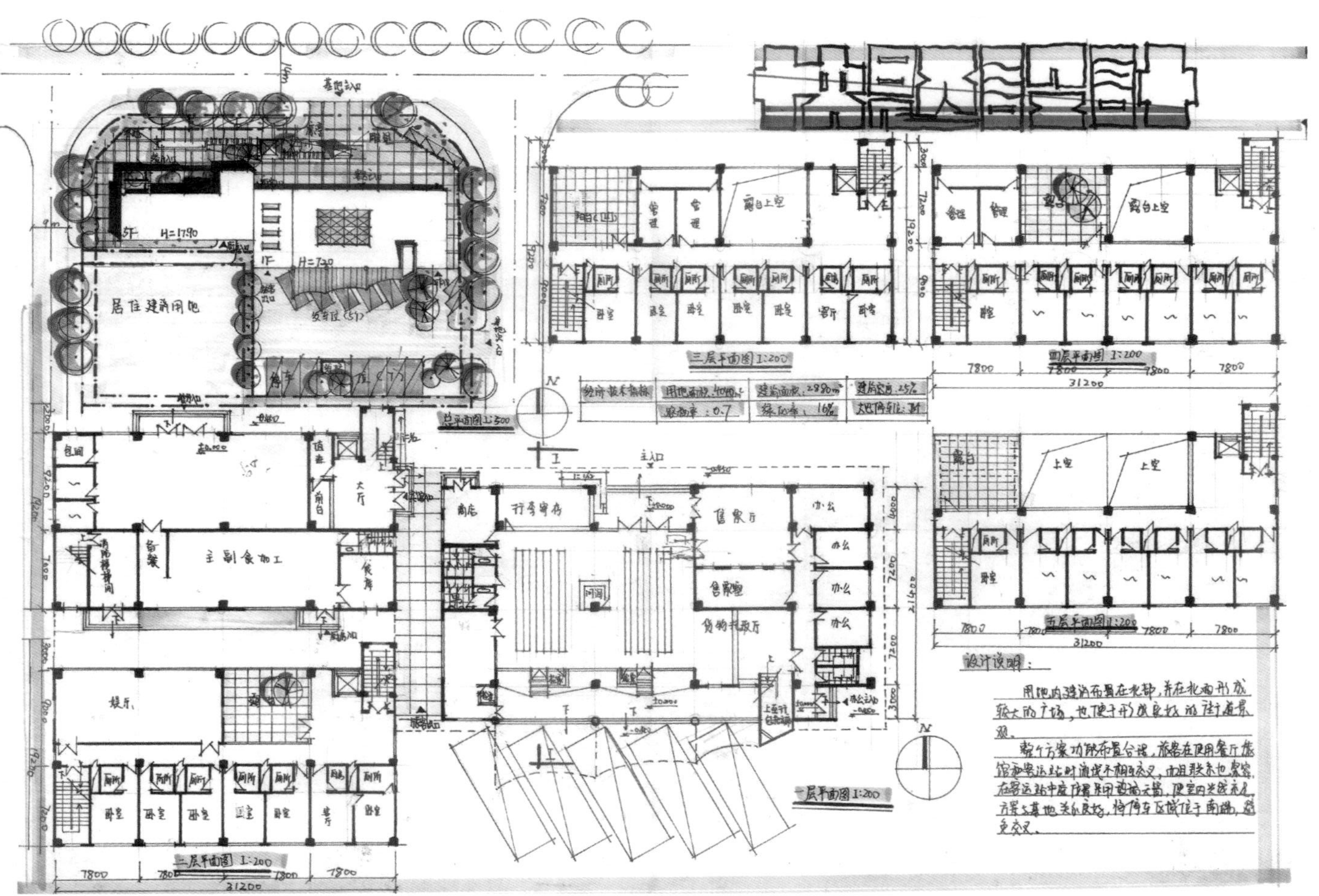

学生作业2

作者：黄聪　图纸尺寸：594mm×841mm　用纸：白色绘图纸　表现方法：手绘线条 + 马克笔

作业评析：方案设计采用分散式的布局形式，主要功能分区用连廊相连，交通流线合理。快题采用徒手表达，线条流畅，色彩合理，有较强的美术功底。建筑风格采用坡屋顶形式，呼应题意。不足之处在于客房均采用北侧采光，并且餐厅上层不应布置卫生间。

5.4 限定类

限定类快题设计，主要是指场地周边及内部限制条件较多的建筑设计。场地周边因素包含：位于传统建筑风貌区内的建筑，或者用地周边存在历史、纪念性建构筑物的场地等；场地内部因素例如：非常规用地现状（包括用地地形、场地高差等）、建筑高度限制、建筑层数限制、开窗朝向的特殊要求等。思考此类建筑设计，首先在审题时应当充分考虑场地内外的各种限制条件，以便在进行全面设计时统筹整个设计过程。

在快题设计中，常见的限制因素主要有：

① 对场地内保留古树退让距离的考虑；

② 对建筑与周边传统民居的风貌特征（屋顶形式、群落肌理等）呼应；

③ 与周边重要建构筑物或环境之间的联系等。

→ 设计题目 1: 社区活动中心设计，重庆大学 2010 年（初试）考研快题（6 小时）；

→ 设计题目 2: 近代名人故居纪念馆，东南大学 2003 年（初试）考研快题（6 小时）。

5.4.1 设计题目 1：社区活动中心设计

1）概况及要求：

用地位于城市传统街区，周边是特色传统民居，环境风貌较好。场地内有一定高差，一株名木古树（树冠约 6 米）颇具景观价值，需要保留。根据需要，新建一座社区活动中心，满足社区管理，提供居民休闲、活动等功能要求，建筑面积 800~1000 平方米，用地面积 452.0 平方米。

2）主要技术经济指标：

（1） 总用地面积：452.0m^2；

（2）总建筑面积：800~1000m^2；

（3） 建筑层数：沿街建筑≤ 3 层。

3）建筑功能要求：

（1）主要服务功能部分：500~600m^2 左右

休闲活动用房、健身生活用房；陈列展示、读书阅览；冷饮、茶饮、咖啡、小卖部等；

（2）办公管理及部分：150~200m^2 左右

（3）辅助部分：150~200m^2 左右

卫生间、楼梯间、含藏储、门厅、走道等。

4）图纸要求（2# 图幅）：

（1）总平面图 1：300；

（2）各层平面图 1：100~1：150（一层平面图应表达建筑与周边场地关系）；

（3)立面图 1：100~1：150,剖面图 1：100~1：150（含场地关系）；

（4）表现图（表现形式不限）；

（5）技术经济指标及简要的设计构思说明。

5）特别说明：

考生自带 2# 图纸，图纸数量不限。总平面图可直接画在地形图上；外部空间设计考虑场地活动及绿化观景等公共性功能要求，建筑设计中开窗墙体与周边相邻建筑应保持 6 米以上的间距，不开窗墙体可紧靠相邻建筑。

附地形图 1：300

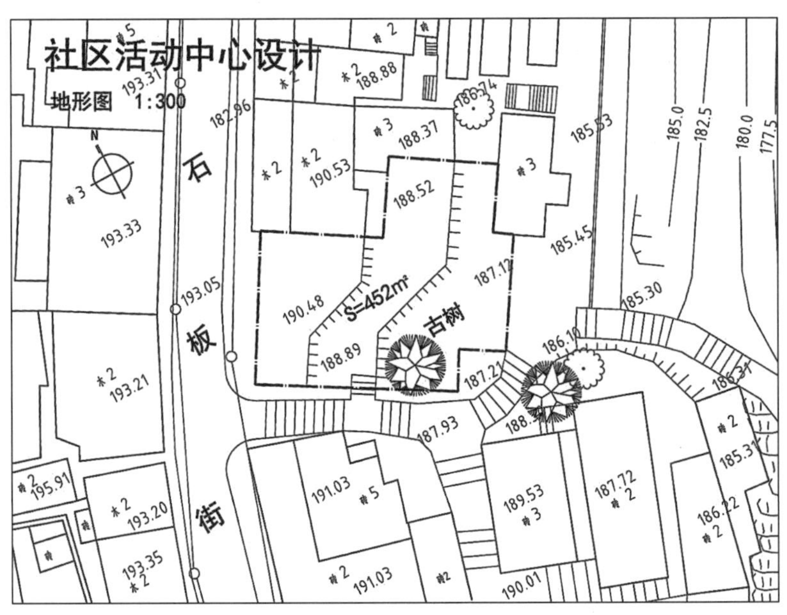

图 5.21 地形图

设计过程：

1）设计前需要思考的关键问题

（1）场地内高差应该如何梳理和组织；

（2）建筑外墙如需设计开窗，需考虑与民居之间保持 6m 以上的退距；如若该处不开窗，建筑外墙便可紧靠相临民居修建；

（3）建筑对基地内保留古树的退距；

（4）沿街建筑层数≤ 3。

2）任务书分析

（1）环境分析

① 用地情况：用地地形大致呈“L”形，场地内最大高差 3m 左右，呈三级台地分布；场地东南角有需要保留的古树一株。

② 周边情况：场地西侧为石板街，北侧与东侧为传统砖木结构民居，南侧紧邻一条阶梯小道。

（2）功能分析

① 设计中的功能分区主要由几部分组成？

即休闲服务用房；办公管理用房；辅助用房。

② 面积设定规律

房间面积无具体要求，可根据场地条件及功能需求灵活设定。

（3）需要注意的几个点

保留古树的退让距离；建筑风貌与周围民居建筑的回应；基地北侧建筑外墙面开窗与建筑平面布局的对应关系，在设计中应全面综合地进行考虑。

3）分析图示意

（1） 场地限制条件

分析题目可知，由于场地仅南、西两侧临靠道路，故此只能在这两个道路界面设置出入口。并且由于南侧为一阶梯小道，所以只能作人行出入口使用。根据题目要求，建筑外墙如需设计开窗，需要与周边民居保持 6m 以上间距，北侧开窗受此条件限制。基地东南角应考虑对保留古树的退距，沿场地西侧街道部分建筑的层数限制（≤ 3F）。

（2）功能布局示意

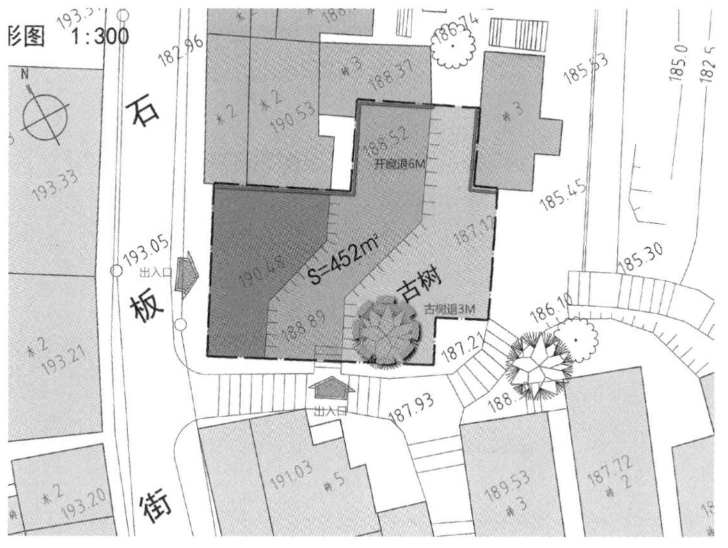

图 5.22　场地限制条件分析图

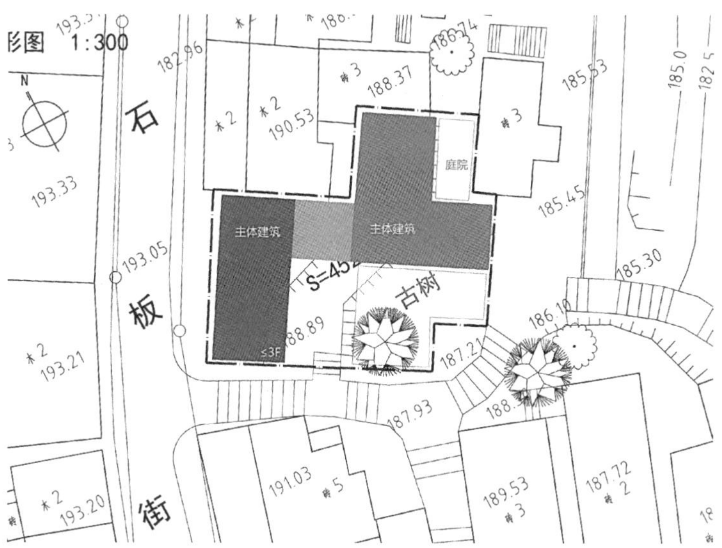

图 5.23　功能布局示意图

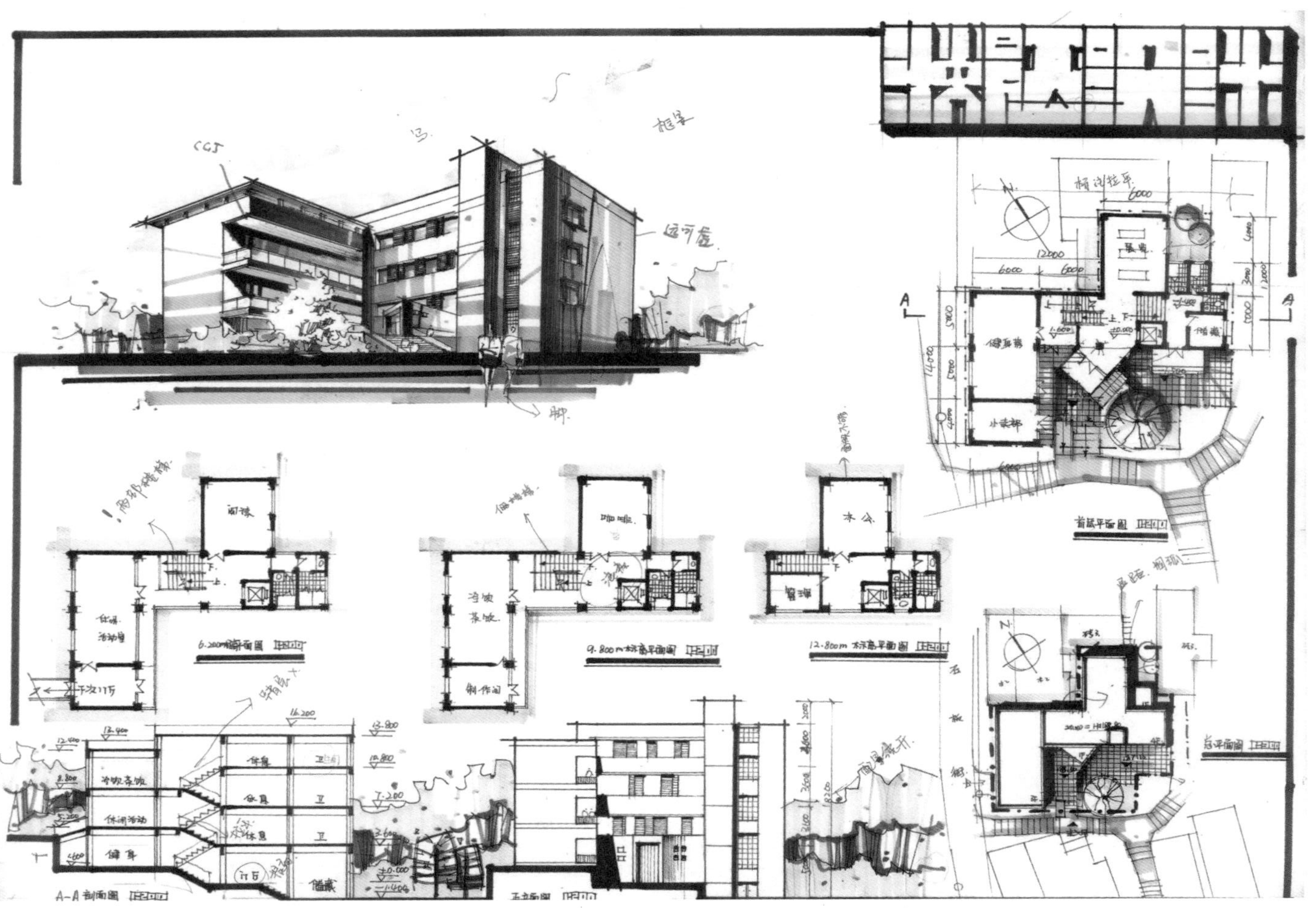

学生作业1

作者：张雅韵　图纸尺寸：594mm×841mm　用纸：白色绘图纸　表现方法：尺规线条＋马克笔

作业评析： 方案设计采用集中式的布局形式，主要功能分区用垂直交通加以分隔，交通流线合理。快题采用尺规表达，线条清晰流畅，色彩搭配合理。不足之处在于，建筑造型上，形体相对单调，忽略了与传统街区的呼应，并缺少图纸要求中的技术经济指标及简要的设计构思说明。

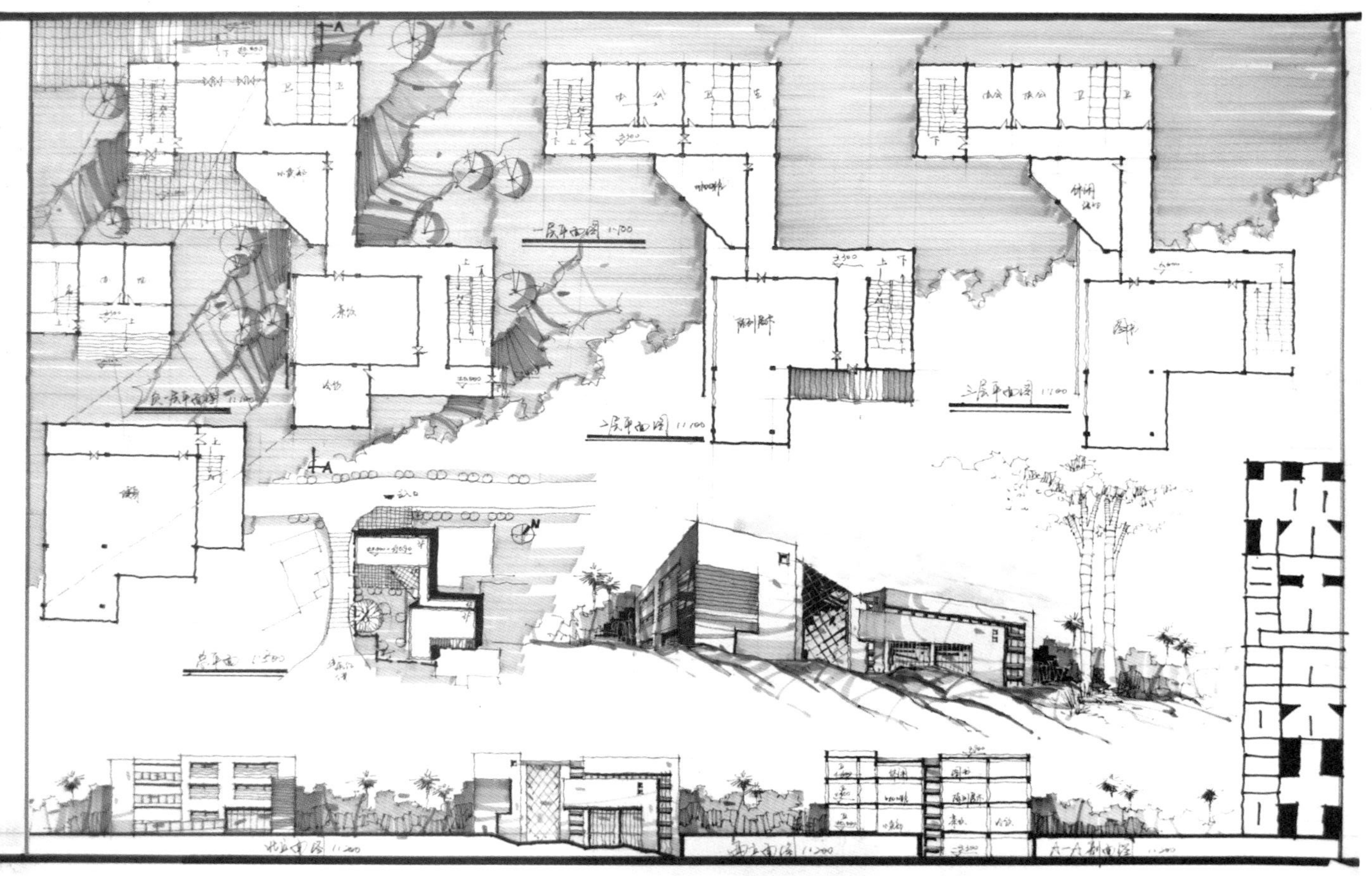

学生作业2

作者：朱亮亮　图纸尺寸：594mm × 841mm　用纸：白色绘图纸　表现方法：手绘线条 + 马克笔

作业评析： 方案设计采用集中式的布局形式，主要功能分区用走道加以分隔，交通流线合理。快题采用徒手表达，线条流畅，色彩稳重。不足之处在于，平面图以及总平面缺少必要的标注和信息（尺寸标注），并且缺少图纸要求中的技术经济指标及简要的设计构思说明。

5.4.2
设计题目 2: 近代名人故居纪念馆建筑设计

1）项目背景：

某名人籍贯为我国南方某小城市，其故居为国家一级文物保护单位，国家为此现代名人兴建故居纪念馆，主要用于展览、介绍名人的生平及文物，让后人缅怀学习此名人为国家和民族奋斗的精神。

2）基地状况：

（1）建设基地地势平坦，周边为小青瓦、灰砖墙的民居所簇拥，西侧有名人的故居和少年读书处及周边民居群的内在关系；

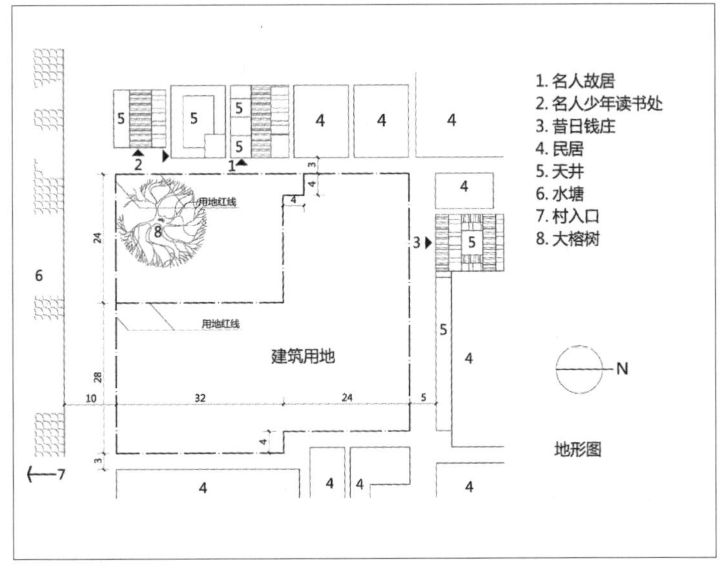

图 5.24 地形图

（2）新建建筑要注意地域性气候和文化；

（3）用地面积 2688m²，总建筑面积 2200m²（可在 10% 内调整）；

（4）建筑层数：低层；

（5）在纪念馆广场安置名人立像；

（6）用地内大榕树要保留。

3）设计内容：

（1）过厅、门厅；

（2）休息室：90m²；

（3）商店：50m²；

（4）展览厅：780m²；

（5）阅览室：50m²；

（6）办公室：2x30m²；

（7）设备房：25m²；

（8）储藏室：25m²；

（9）其他配套用房和空间：洗手间、交通空间、休息空间等；

（10）机动车停车场设在村口。

4）图纸内容及要求：

（1）总平面图（含环境设计）1∶500 或 1∶400；

（2）平面图（要表达周围环境）1∶200；

（3）立面图（2 个）1∶200；

（4）剖面图（2 个）1∶200；

（5）彩色外观效果图一幅，表现方法自选，图幅为 A2 图纸或其一半；

（6）主要技术经济指标及简要文字说明；

（7）图纸规格：全部图纸（含效果图部分）均为 A2 图纸（420mm×600mm）；

（8）图纸表达形式自选（效果图按上述要求）。

设计过程：

1）设计前需要思考的关键问题

（1）如何体现新建纪念馆与名人故居、名人少年读书处及周围民居群落之间的内在关系；

（2）低层建筑的定义；

（3）新建纪念馆与场地内大榕树的退距关系。

2）任务书分析

（1）环境分析

① 用地情况：用地地形大致呈正方形，场地平整，待保留大榕树位于基地西北角；

② 周边情况：场地北侧为名人少年读书处，东侧为昔日钱庄，西侧为一水塘，景观条件较好。东、南、北三侧均有大量传统民居。

（2）功能分析

① 本设计主要由哪几部分组成？即展览用房、阅览室、休闲用房、办公用房、辅助用房。

② 面积设定规律：基本为 $25m^2$ 与 $30m^2$ 的模数。

3）分析图示意

（1）场地限制条件

题目要求机动车停车场地设置在村口，结合对场地四周道路宽度的考虑，将车行入口及停车场地设计在场地西侧较为合理。此外，场地北、东侧均有重要建筑，设计时需考虑其与新建建筑的互动和联系。对场地古树应留出保护距离。应适当考虑新建建筑对周边原有建筑的坡屋顶、天井等元素的回应。

（2）功能布局示意

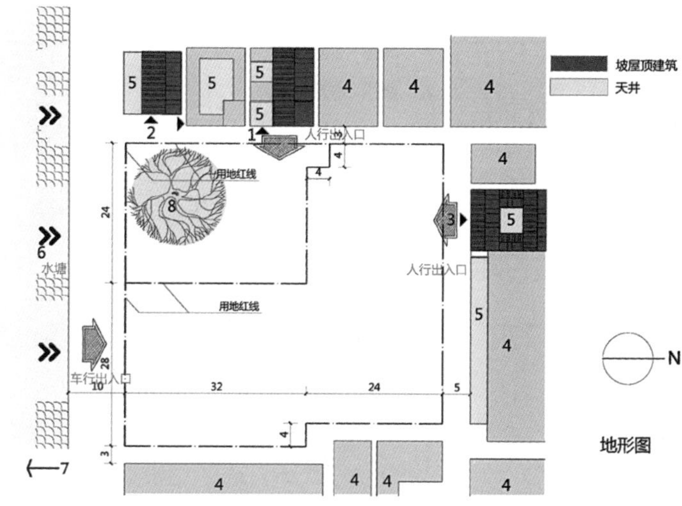

图 5.25　场地限制条件分析图

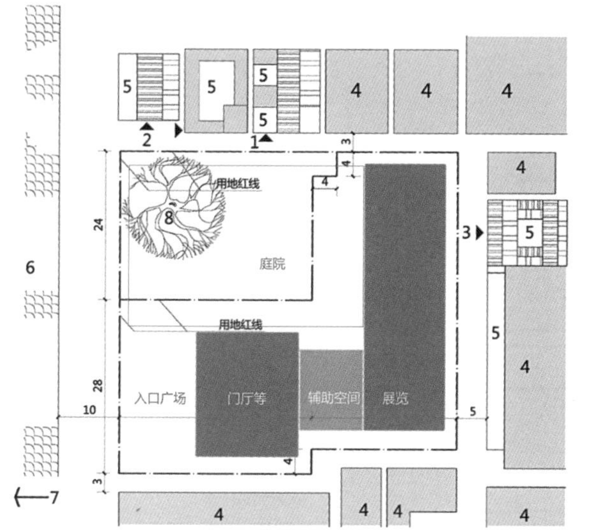

图 5.26　功能布局示意图

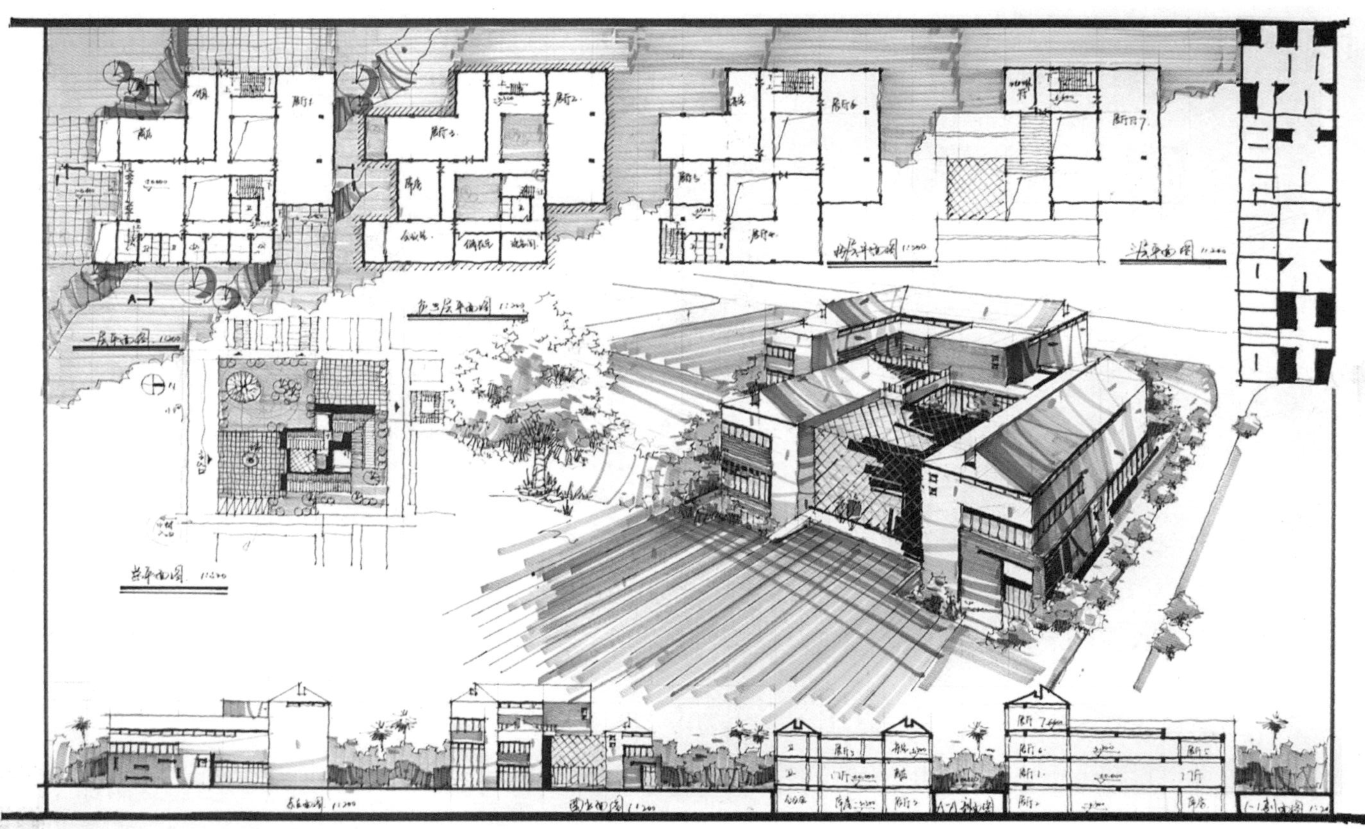

学生作业1

作者：朱亮亮　图纸尺寸：594mm × 841mm　用纸：白色绘图纸　表现方法：尺规线条 + 马克笔

作业评析：该同学的作业在整体效果上，图面内容丰富，用线熟练，用色稳重，配景简洁概括。在设计中，能够提炼出限定类快题的各项限定要素，并且合理地设置了天井，较好地解决了设计要求。平面围绕天井合理安排空间，通过走道联系各部分功能，设计手法成熟。在造型设计中，建筑元素丰富，材质富有变化，开窗形式多样，特别是坡屋顶的形式，不仅呼应了周边环境，而且通过构造上的巧妙变化，表达出了新旧建筑之间的差别。

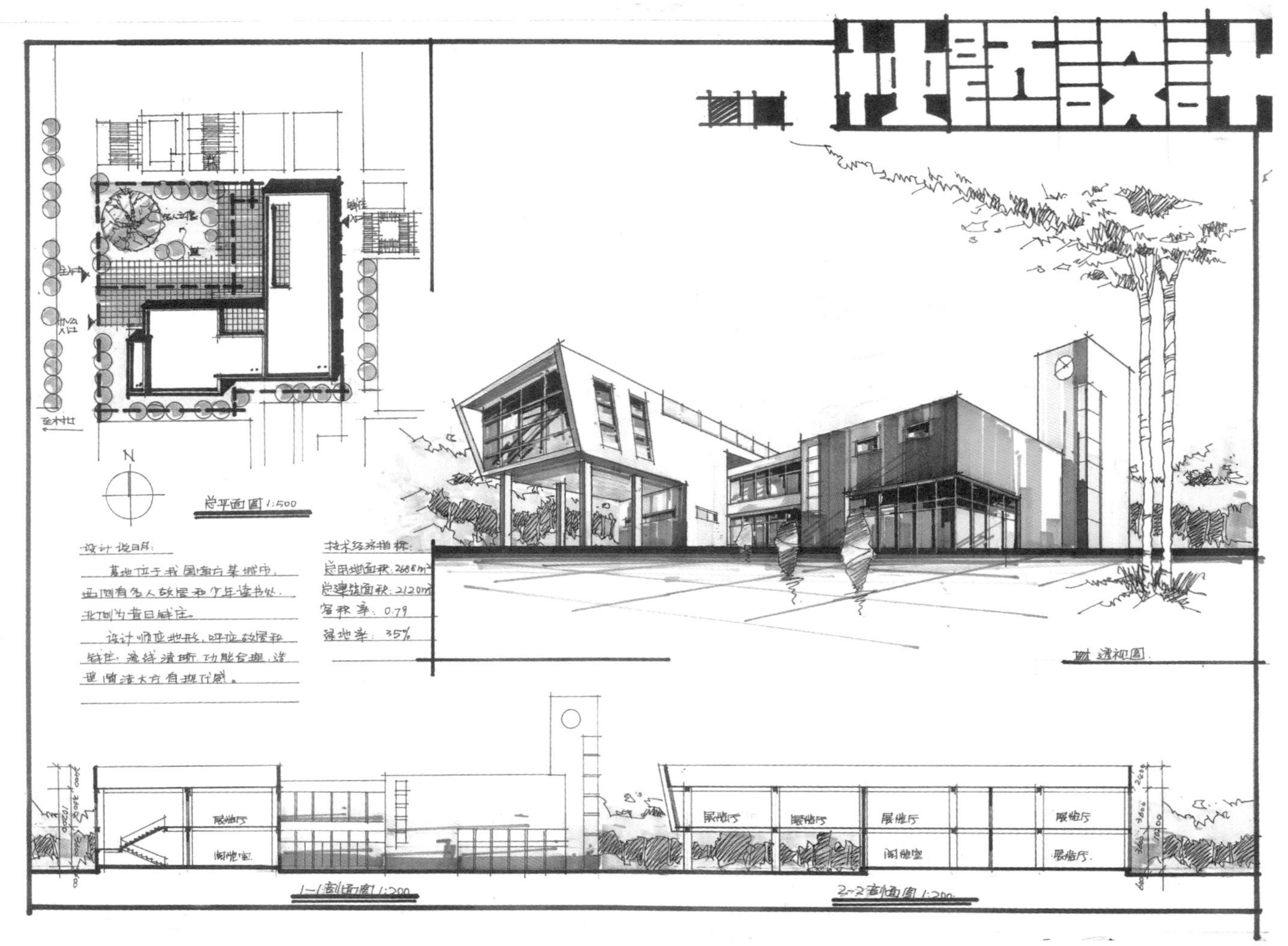

学生作业2

作者：叶鑫　图纸尺寸：594mm×420mm　用纸：白色绘图纸　表现方法：尺规线条＋马克笔

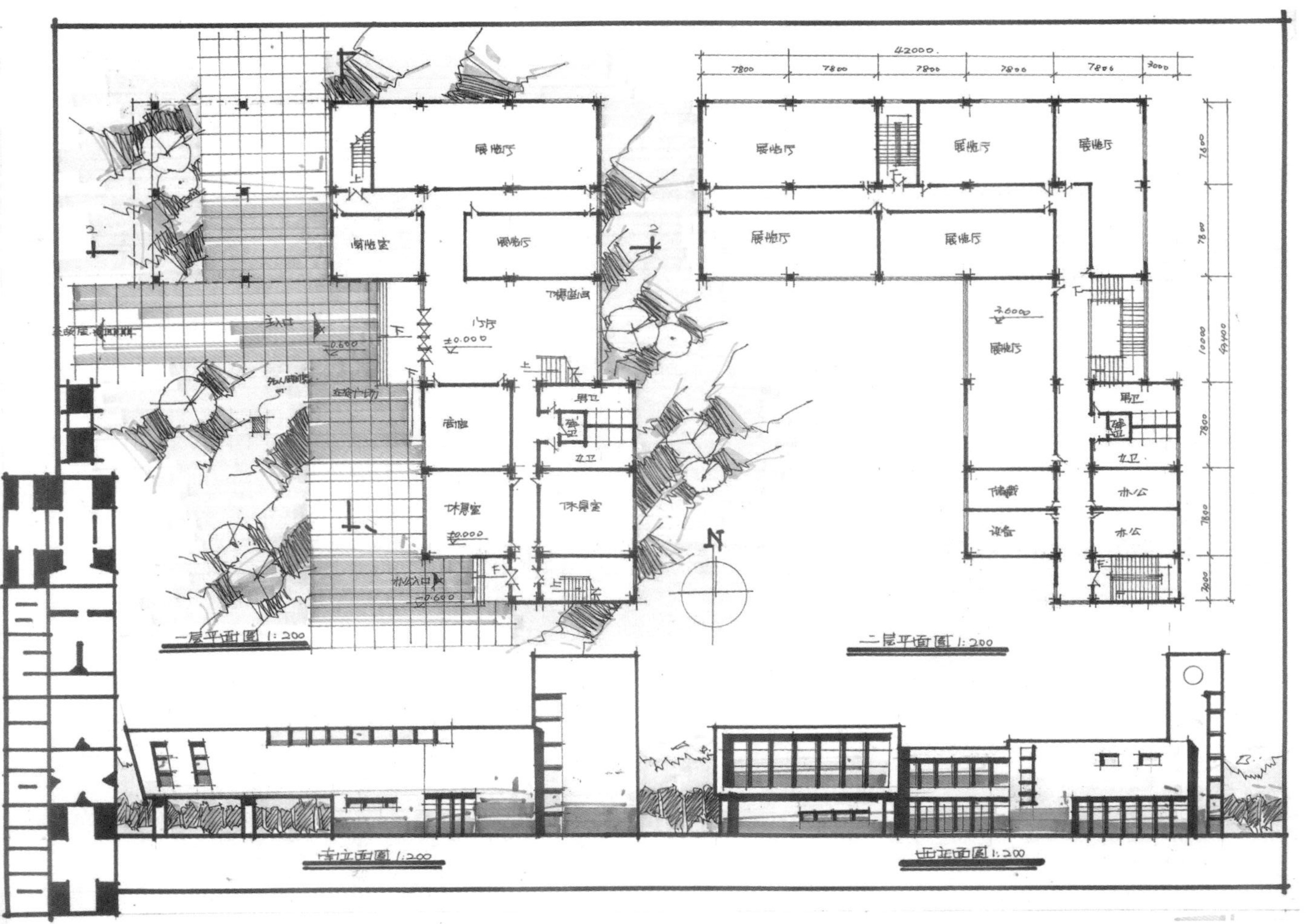

学生作业2

作业评析：该同学的作业在整体效果上，图面内容表达完善，线条清晰，用色清新，配景简洁概括。在平面设计上，采用“L”形流线合理组织空间，通过走道联系各部分功能，设计手法成熟。在造型设计中，虚、实空间的运用，建筑形体的变化，开窗形式的多样，均体现出作者熟练的造型设计能力。不足之处在于，设计中忽略了与场地周边的呼应关系，包括适当的采用天井的设计手法和坡屋顶的建筑形态。

5.5 扩建类

在城市建设中，常常会遇到一些民用建筑需要在原有基础上扩建。扩建类题目从扩建方向可以分为两种小类，一类是水平方向的扩建，如给出一栋建筑的部分要求补完整个建筑，或是在原有建筑的附近加建一栋建筑；另一类是垂直方向上的，如在原有建筑的基础上加层数。民用建筑的扩建受原有建筑物的空间和结构以及周围环境诸多方面的制约，需要特别注意新建部分（建筑）与原有部分（建筑）之间的关系，如消防疏散问题、不同建筑之间是否需要设置通道或者广场等。

→ 设计题目 1: 中学科技楼扩建 < 水平方向 >，重庆大学 2008 年（初试）考研快题（6 小时）；

→ 设计题目 2: 教学楼顶层扩建 < 垂直方向 >，重庆大学 2009 年（初试）考研快题（6 小时）。

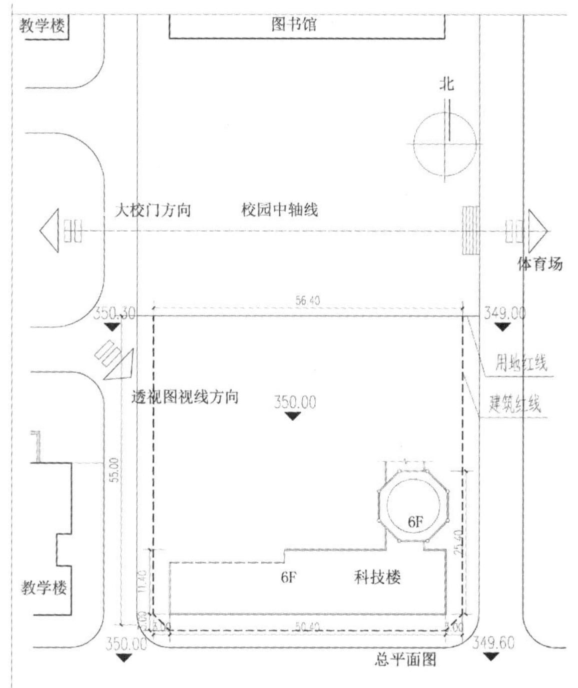

图 5.27　总平面图

5.5.1 设计题目 1：中学科技楼扩建

1）概况及要求：

设计项目为一中学科技楼。建筑选址在某中学教学中心区东南角地块。校大门在校园西侧方向。用地西邻教学楼，北对图书馆，东为学校操场。

2）设计要求：

科技楼建筑层数 6 层以下。某建筑师已初步完成建筑方案的部分设计。现要求保留已设计部分，完成余下部分 1500 平方米建筑的设计。

3）设计面积：

（1）建筑面积 1500 平方米（以轴线计）

（2）功能空间要求：

① 展示空间 200 平方米。要求布置在 1 层或 2 层（独立或开敞式均可）；

② 150 人阶梯教室 1 个。要求布置在 1 层或 2 层；

③ 办公室 8 个，25 平方米 / 个；

④ 教室 4 个，50 平方米 / 个；

⑤ 门厅、楼梯、厕所、管理用房、交通面积按规范自定；

⑥ 载重 1000 公斤电梯 2 部。临时车位 3 个。

4）成果要求：

（1）各层平面图 1∶200~1∶300（原设计部分画组合图）；

（2）剖面图 1 个（须剖切到原有部分）1∶200~1∶250；

（3）立面图 2 个 1∶200~1∶250（西、北向整体立面）；

（4）总平面图 1∶500（必要的环境布置、建筑要完整表示）；

（5）透视图（人眼视高、方向见图 2）表现方法不限，

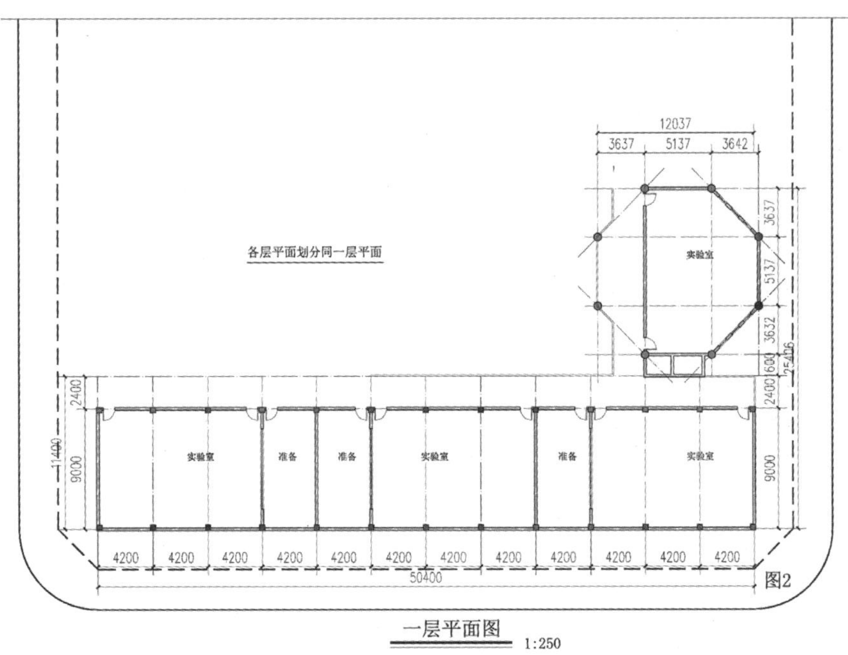

图 5.28　一层平面图

图幅不小于 200mm×300mm；

（6）分析及简要说明。

5）图纸要求：

图幅为 594mm×420mm, 各图按比例绘制，标注必要的尺寸、标高。（总分 150 分，考试时间 6 小时）

设计过程：

1）设计前需要思考的关键问题：

（1）新建部分功能如何与现有部分结合，并满足相关规范中对安全疏散的要求；

（2）新建部分的造型与如何与现有部分协调。

2）任务书分析：

（1）环境分析：

① 用地情况：用地大致呈正方形，场地平整。

② 周边情况：西侧为教学楼，这一侧相对安静，设计避免将有干扰的功能用房设在这边；北面为图书馆，是否需要考虑与图书馆之间的对应关系；东为学校操场，相对吵闹，考虑可能的干扰因素。

（2）功能分析：

① 本设计主要由哪几部分组成？

即实验用房、展示空间、教学用房、办公用房、辅助用房。

② 面积设定规律：

基本以 25m^2 为模数，可以采用 7200mm×7200mm 或者 8400mm×6000mm 柱网。

（3）需要注意的几个点：

阶梯教室每人的平均面积范围，教室的朝向要求，载重 1000 公斤的电梯尺寸。

3）分析图示意

（1）场地限制条件

总平面图上给出了透视图的视线方向，且立面图指定为西、北两个方向。据此可以确定主入口的方向在北侧与西侧为宜。大校门位于场地西侧，停车位考虑在西侧比较合适。

（2）功能布局示意

分析的原则是“闹”的空间在底层，“静”的空间在上层，人流量大的空间在底层，人流量小的空间在上层等；同时应考虑教室等特殊用房对采光的要求。按照这个原则，阶梯教室宜设置在一楼，办公用房设于顶层较为合适。根据相关规范的规定，学校教室的朝向宜按各地区的地理和气候条件决定，不应采用东西朝向，宜采用南北向的双侧采光，因此教室用房应设在南北向。

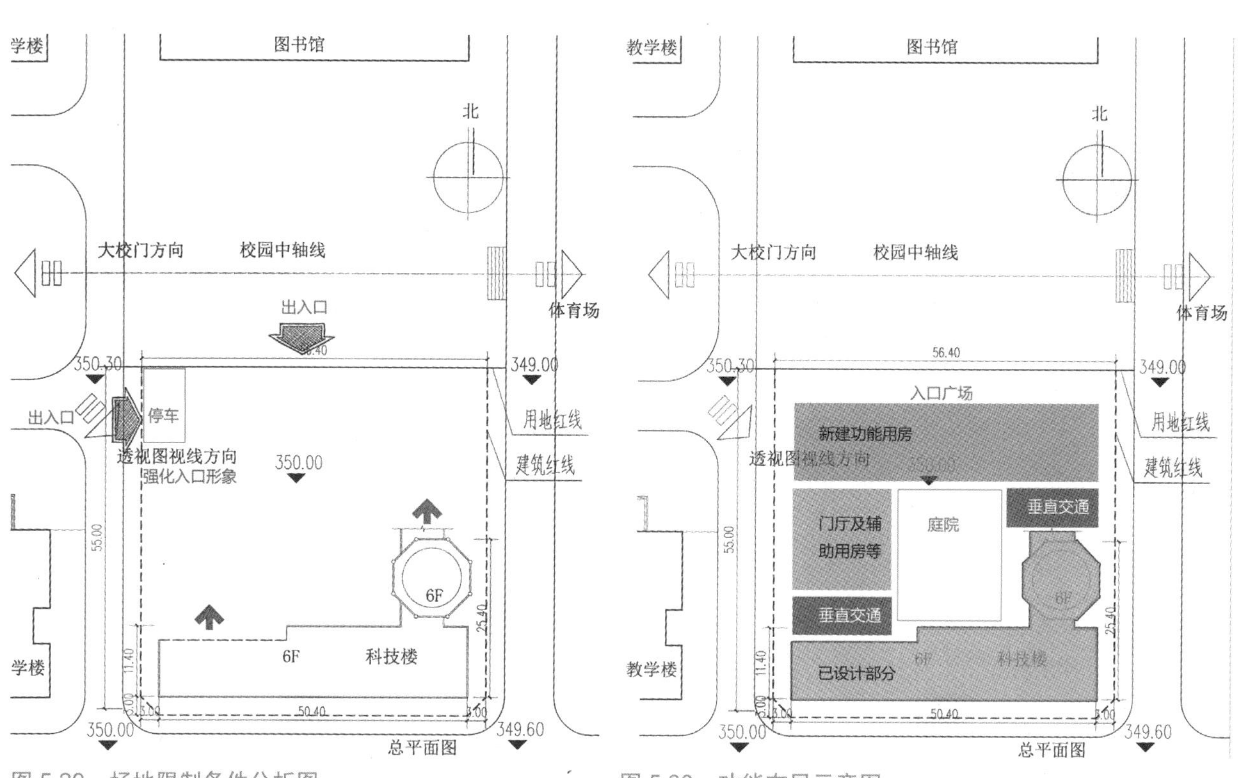

图 5.29　场地限制条件分析图

图 5.30　功能布局示意图

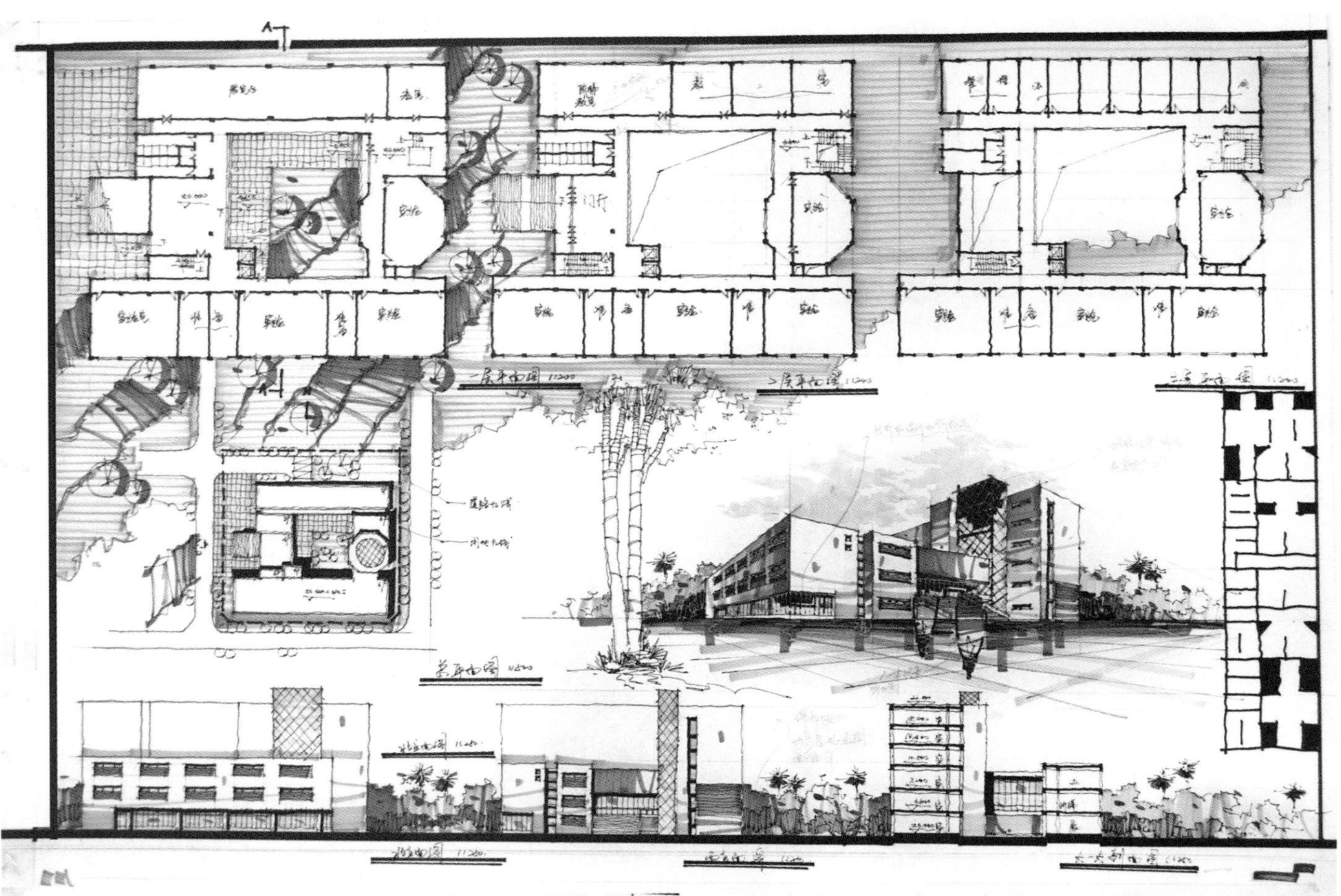

学生作业1

作者：朱亮亮　图纸尺寸：594mm×841mm　用纸：白色绘图纸　表现方法：手绘线条 + 马克笔

作业评析： 方案将建筑主入口置于西侧，既邻接道路又可以在满足任务书要求的透视角度的情况下看到主入口。加建的主要功能用房位于建筑南侧，展览用房、教室、办公用房按闹静程度分设于不同楼层，且教室用房满足南北向的采光要求。新旧建筑联系处设置楼梯两部，满足了建筑的消防疏散要求。建筑主入口设置上二楼的楼梯，增强气势，有较强的引导性。整个方案纯手绘完成，线条流畅，用色简单明确，手法熟练。阶梯教室外的集散空间略小，可适度放大。

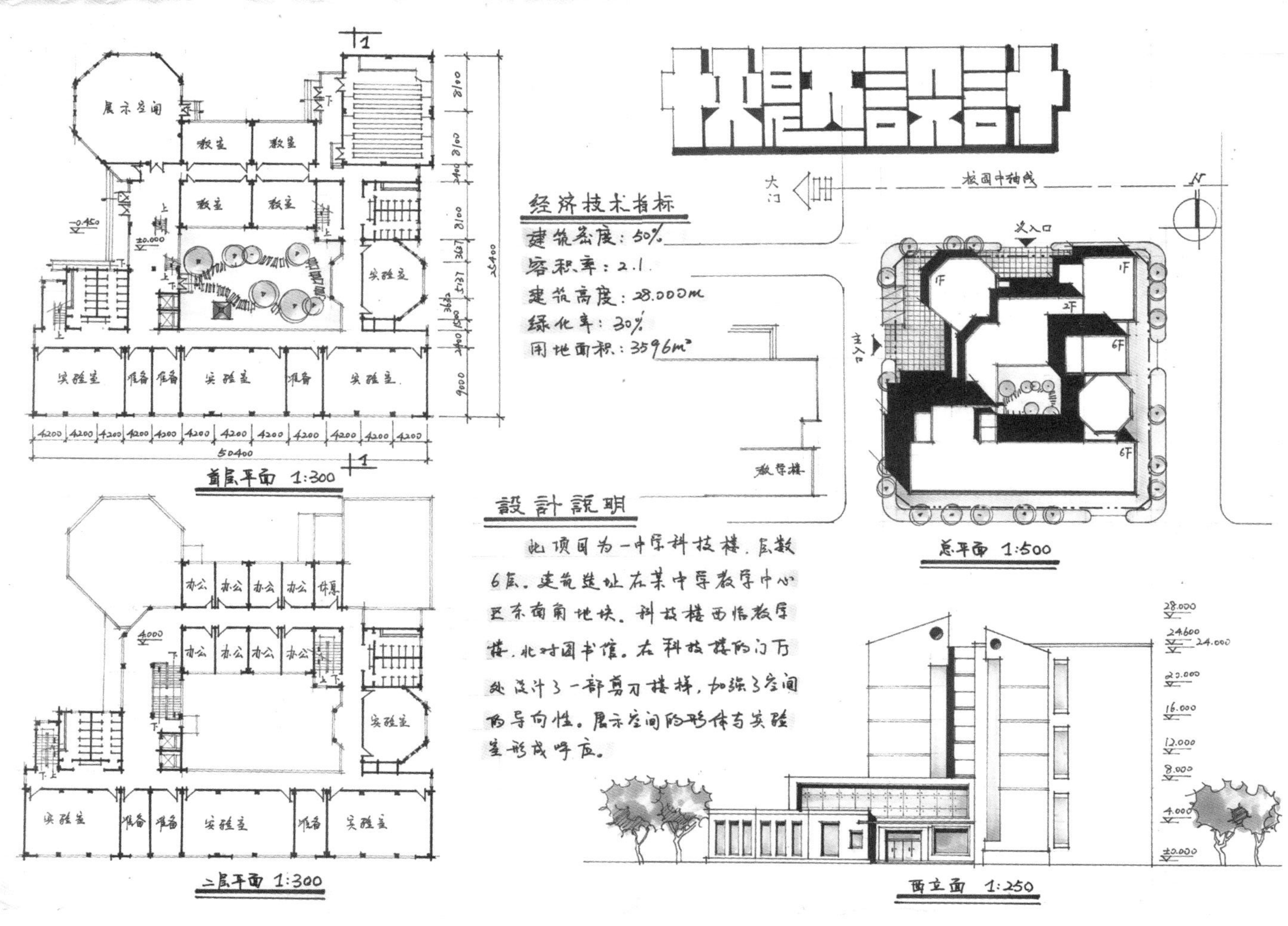

学生作业2

作者：祁乾龙　图纸尺寸：594mm×420mm　用纸：白色绘图纸　表现方法：尺规线条＋马克笔

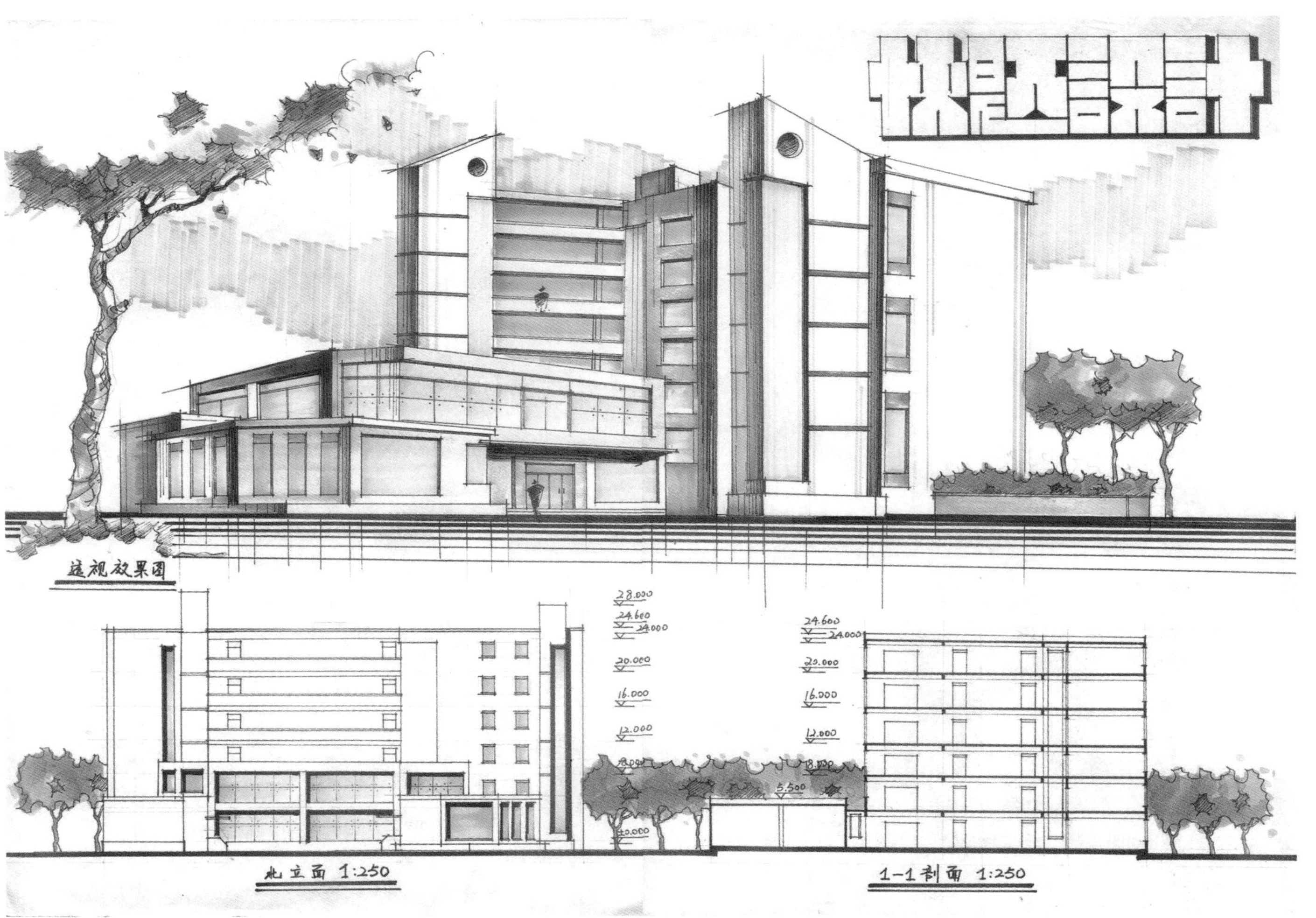

作业评析: 此方案中，建筑主入口与临时停车位设于西侧，次入口设于南侧，满足阶梯教室直接对外的要求。作者共设置2部疏散楼梯，能满足建筑的疏散要求。教室均为南北朝向，基本满足规范要求；办公楼位于2层，相对安静。方案功能合理，流线清晰，方案采用尺规线条完成，用笔洒脱，用色清新自然，用马克笔表现出了水彩画的质感。

5.5.2 设计题目 2：教学楼顶层扩建

1）概况及要求：

拟建设计项目为一栋 1990 年代修建的 5 层高校教学楼，为了适应新的教学使用要求，在满足既有建筑结构承载能力的条件下，计划对该教学楼进行局部改建。该教学楼的原有平、立面图另附详图。

2）设计要求：

（1）原教学楼标准层建筑面积为 1022m²，在现有楼层的基础上增设一层使用空间，要求改造后新增加的建筑面积为 800m² 左右；

（2）计划增加 2 部载人客梯；

（3）计划将原有的平屋顶改造为四坡屋顶，为了与新的屋顶形式相协调，建筑原有立面在不改动原柱网结构的基础上可作相应调整，同时，在立面改造时要考虑分体式空调室外机组的安装与遮蔽。

3）面积要求：

增建楼层总建筑面积不超过 800m²（以轴线计，正负 5% 以内），主要功能设置要求如下（具体面积由设计者自定）：

（1）大型会议室 1 间（可容纳 180 人，净高不小于 5m，附设同声传译室）；

（2）咖啡厅（可容纳 50 人使用）；

（3）研究室 4 间，每间面积不少于 20m²；

（4）门厅、楼梯、卫生间等由设计者按有关规范要求自定，增建楼层卫生间需要设置独立的残疾人卫生间。

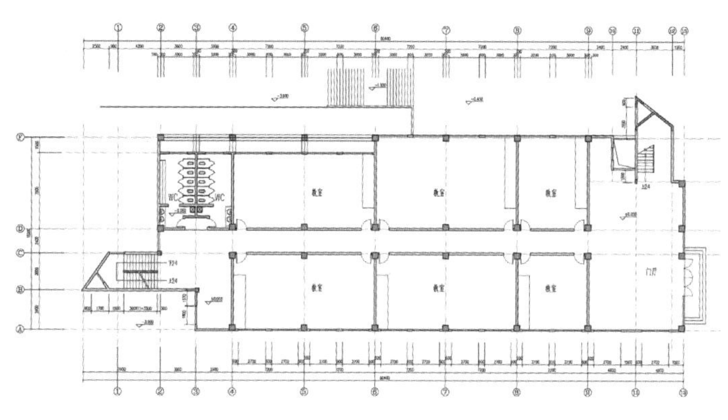

图 5.31　一层平面图

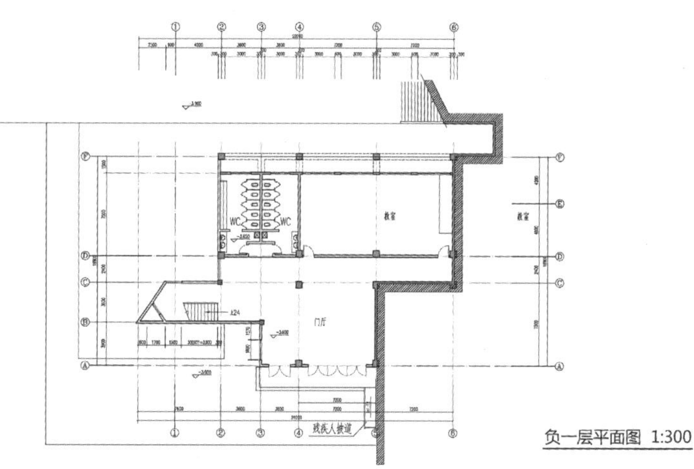

图 5.32　负一层平面图

4）成果要求：

（1）增建层平面图 1：100~1：150；

（2）屋顶平面图 1：100~1：150；

（3）立面图 2 个、剖面图 1 个 1：100~1：150；

（4）建筑图透视图表现方法不限，但必须表达清楚建筑的主要立面，图幅不应小于 300mm × 200mm（1 幅），

（5）建筑构思简要说明不少于 100 字，技术经济

指标应列出主要功能房间面积。

5）图纸要求：

图幅为 594mm×420mm，各图按要求的比例绘制，标注必要的尺寸、标高。

设计过程：

1）设计前需要思考的关键问题：
加设电梯的位置。

2）任务书分析

（1）环境分析

① 原建筑情况：修建于 1990 年，层数 5 层，局部负 1 层；层高 3600mm；残疾人坡道位于负一层西门厅处。

② 加建要求：增加一层（800m^2）使用空间；2 部载人电梯；将原平屋顶改为四坡屋顶；增设残疾人卫生间；立面改造考虑空调室外机组的安装与遮蔽。

（2）功能分析

① 本设计主要由哪几部分组成？

即会议室，咖啡厅，研究室，公共空间。已建部分每层面积大于 900m^2，而增建部分不得超过 800m^2，因此增建层会存在部分室外空间。

② 面积设定规律

原有柱网面积模数为 7200mm×7500mm(单个柱网面积 54m^2)，面积设计时应结合柱网与具体功能考虑。

（3）需要注意的几个点

① 改造残疾人卫生间尺寸要求(《民用建筑设计通则》6.5.2 中规定，无障碍厕所隔间尺寸 1.40mm×1.80m，改建用 1.00mm×2.00m)；

② 同声传译室设置要求

位置要求：翻译室的位置应选择

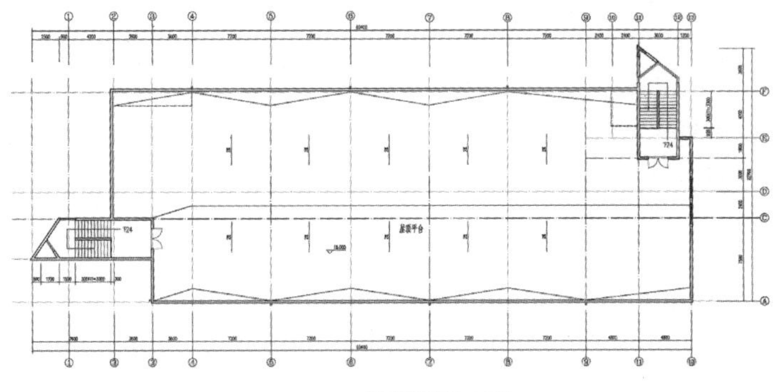

图 5.33　屋顶层平面图

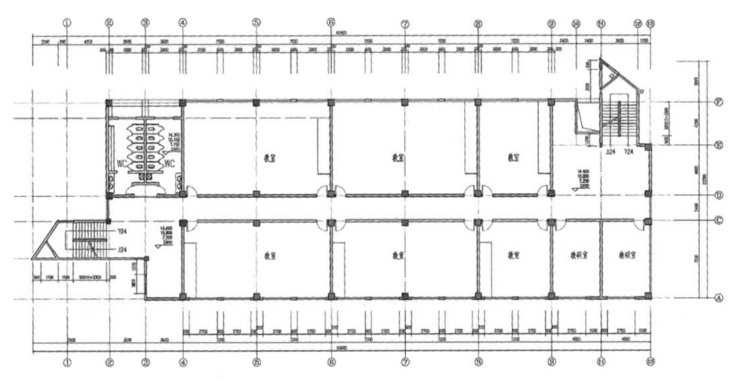

图 5.34　2~5 层平面图

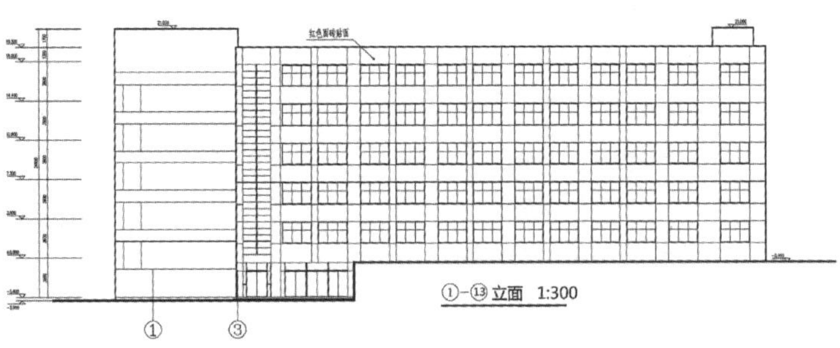

图 5.35　①-⑬立面图

在译员能够直接观察到会堂和主席台全景及会堂全部或绝大部分会议代表的位置。通常设在会堂的前部（主席台）的两侧，或会堂的后部。

尺寸要求：根据相关国际标准翻译室宽度最小为 2.5m，为防止在翻译室内声场产生共振，房间的长 × 宽 × 高三个几何尺寸宜互不相同。并坐 2~3 个译员的翻译室通常采用 2.5m × 2.4m × 2.3m。

③ 大会议室的净高不小于 5m；大会议室容纳 180 人，根据相关规范中每座占用面积估算总面积。

④ 其他细节

四坡屋顶设计及排水设计要点，咖啡厅的人均面积范围，立面考虑遮蔽空调室外机组（多采用百叶窗），指标中应列出主要功能房间面积。

3）分析图示意

（1）场地限制条件

电梯一般设计在入口处，且靠近楼梯间。建筑西侧室内无上下贯通的空间，可以考虑在门厅西侧外挂电梯；建筑东侧楼梯间旁，有一处 2400mm × 3000mm 上下贯通的空间，可以考虑在该处增设一部电梯。

（2）功能布局示意

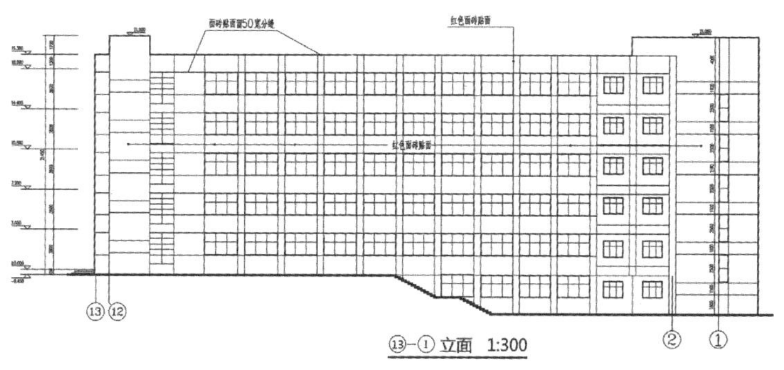

图 5.36　⑬ - ①立面图

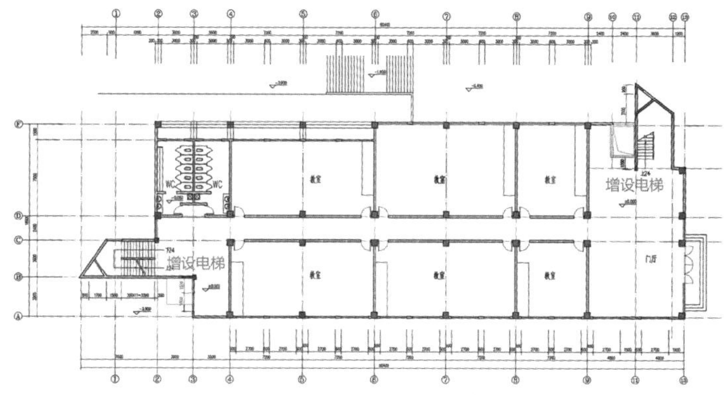

图 5.37　场地限制条件分析图

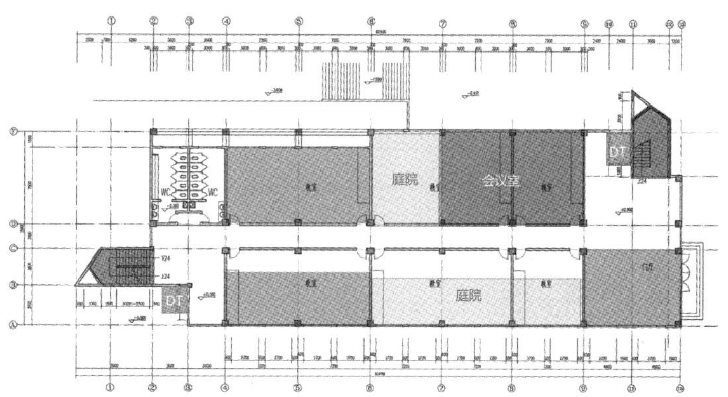

图 5.38　功能布局示意图

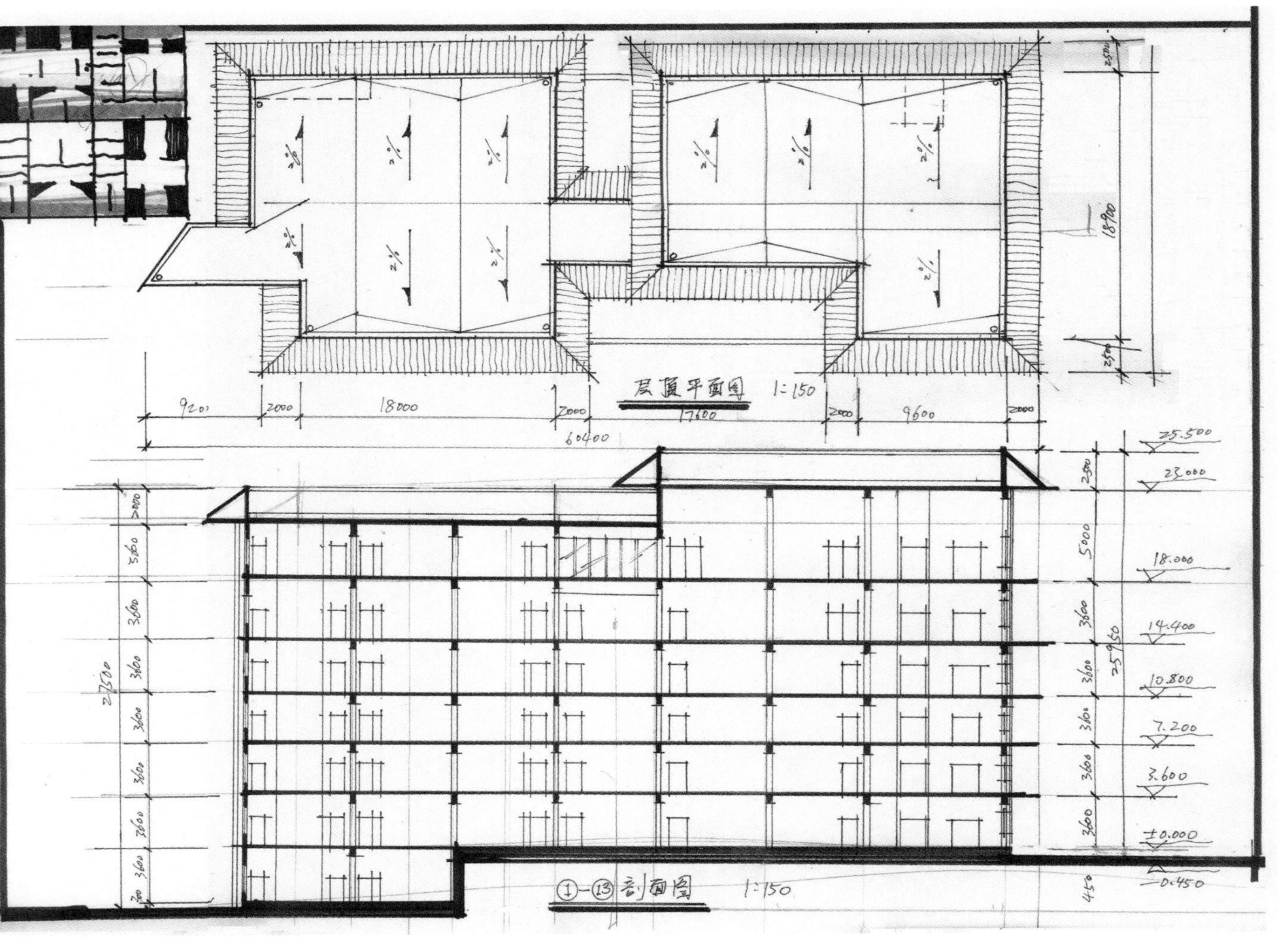

学生作业1

作者：熊濯之　图纸尺寸：594mm×841mm　用纸：白色绘图纸　表现方法：尺规线条＋马克笔

Ⓐ-Ⓕ立面图
经济技术指标：
建筑面积：
容积率：
占地面积：
绿地率：
设计说明：

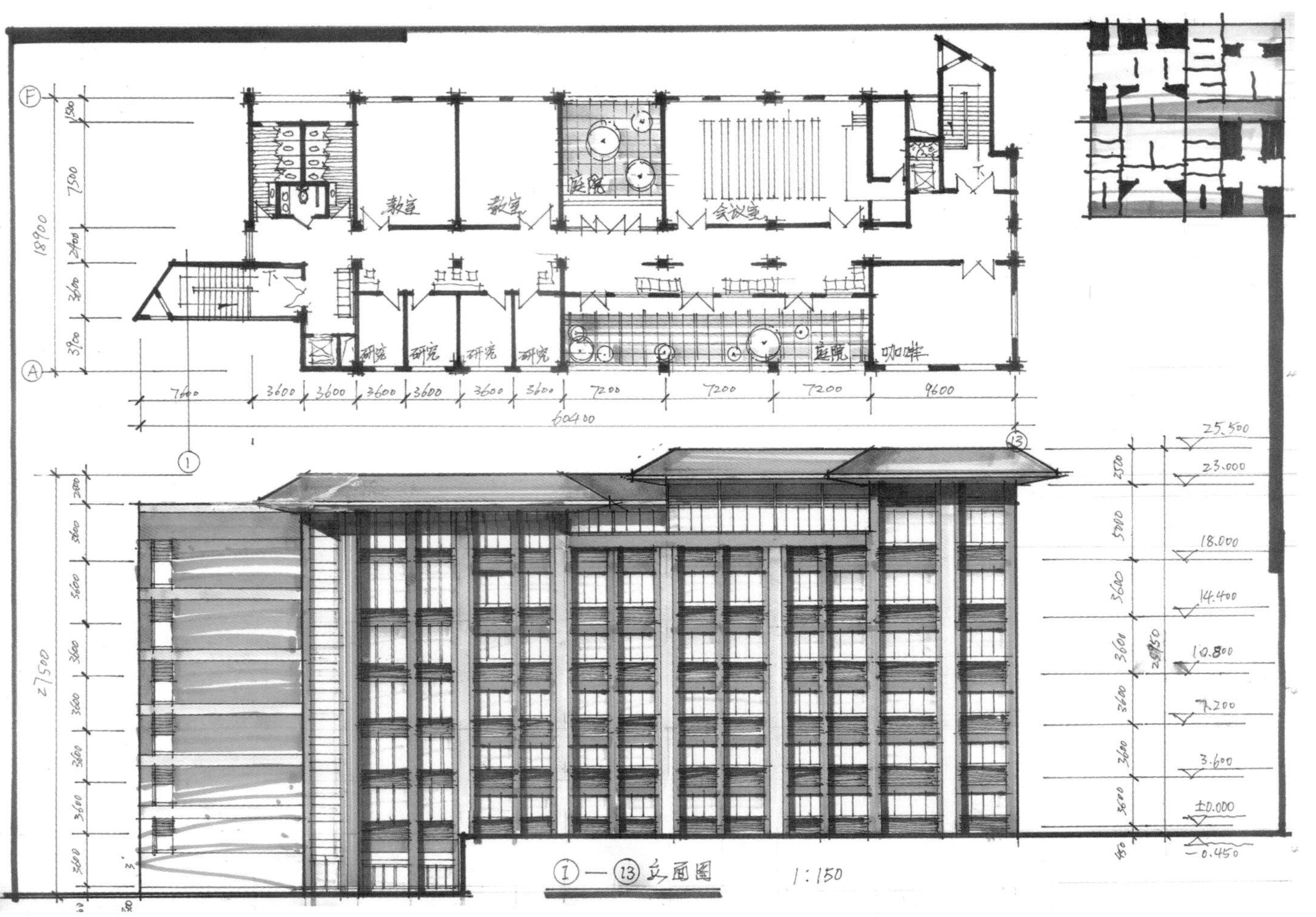

作业评析：此方案功能基本合理，在建筑中部设置庭院，既形成相对安静的研究区域与相对吵闹的咖啡会议区之间的过渡地带，又可以作为大会议室的室外人流缓冲区域。立面设计加入百叶设计。不足之处有：屋顶平面表达不完整，设计说明及经济技术指标未完善，建筑面积超过 800m^2。

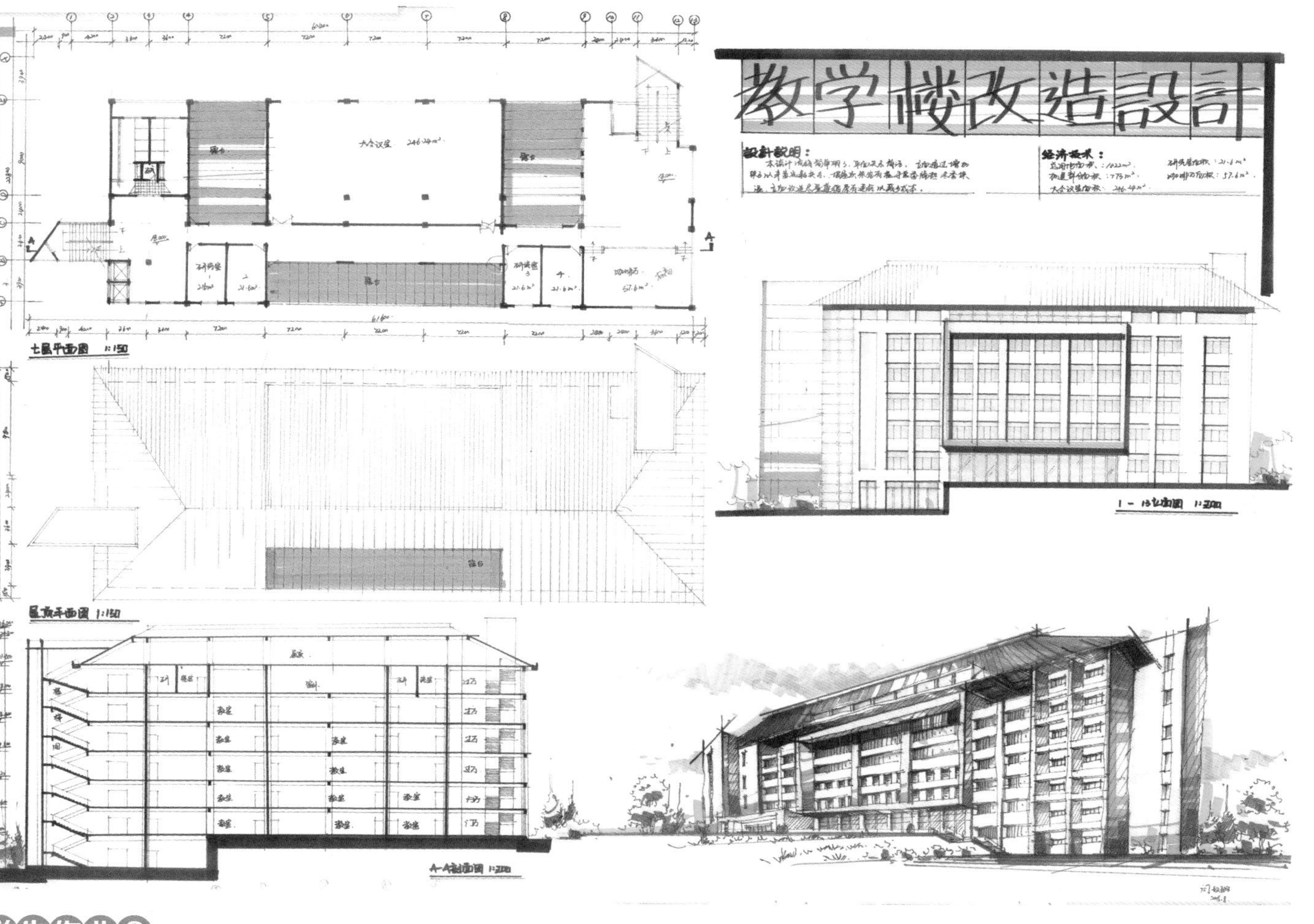

学生作业2

作者：闫枚璐　图纸尺寸：594mm×841mm　用纸：白色绘图纸　表现方法：尺规线条＋马克笔

作业评析：此方案功能基本合理，在建筑中部设置庭院，既形成相对安静的研究区域与相对吵闹的咖啡会议区之间的过渡地带，又可以作为大会议室的室外人流缓冲区域。立面设计加入百叶设计。不足之处有：屋顶平面表达不完整，设计说明及经济技术指标未完善，建筑面积超过800m^2。

5.6 改建类

在城市的更新与发展建设进程中，旧建筑的更新改造类的工程屡见不鲜。在近年的快题考试中，这类题目也不少见。改造类快题一般是对旧有建筑的改造再利用，常见于工厂等结构较为结实的老建筑，是对考生综合能力的检测，不仅要掌握基本建筑类型的设计方法，而且要把握所改造建筑的基本特点。改造需注意：

① 功能上，满足主要功能用房的日照采光，消防疏散等；

② 结构上，严格遵循任务书对原有建筑的结构的改动要求，如果没有提及可以对原有建筑结构进行变动的，谨慎变动主体结构；

③ 此外，需控制新建建筑与周边既有建筑之间的距离。

→ 设计题目 1：工业厂房改造，重庆大学 2007 年（初试）考研快题（6 小时）；

→ 设计题目 2：滨江厂房改造，重庆大学 2011 年（初试）考研快题（6 小时）。

5.6.1 设计题目 1：工业厂房改造

1）设计题目： 拟建设计场地位于南方城市某厂区干道的西北侧，场地内的 A、B 栋建筑均为已废弃的工业厂房，规划要求将 A 厂房改造成社区活动中心，将 B 厂房拆除作为绿化和社区公共活动用地。地形环境、建筑红线、风玫瑰等场地条件及 A 厂房的原有平、立、剖面图另详附图。

2）设计要求：

（1）A 厂房改造应在不改变其原有柱网的前提下进行，但厂房的外墙周边可在建筑红线范围内根据设计需要加建，厂房内部可根据设计

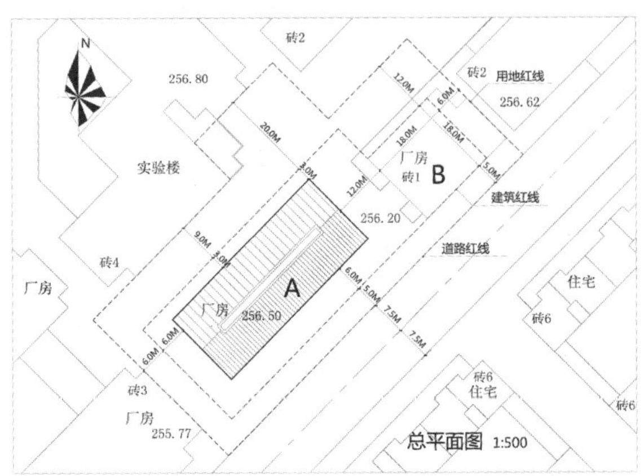

图 5.39 总平面图

需要增设柱网，原厂房面积为 756m²，要求改造后的建筑面积为 1200m²；

（2）B 厂房拆除后所留出的场地应与整个用地统一考虑，要求设置 1 个羽毛球场及一定的绿化休闲设施，并考虑设 5 个临时停车位。

3）面积要求： 总建筑面积不超过 1200m²（以轴线计，正负 5% 以内），主要功能设置要求如下（具体面积由设计者自定）：

（1）多功能厅（容纳 100 人，净高不小于 5m）；

（2）展览陈列；

（3）老年人活动中心，包括 3 个棋牌室、2 个书画室、1 个图书阅览室；

（4）社区居委会办公室，包括 3 间普通办公室、1 间 60 人会议室；

（5）社区医疗服务中心，包括 2 间留置观察室（每间 3 个床位）、2 间按摩理疗室（每间 3 个床位）、1 间医生值班室；

（6）社区超市；

（7）门厅、楼梯、管理值班用房、卫生间等由设计者按有关规范要求自定。

4）成果要求：

（1）总平面图 1：500；

（2）各层平面图 1∶200；

（3）立面图 2 个、剖面图 1 个 1∶100~1∶200；

（4）建筑透视图表现方法不限，但必须清楚表达建筑主入口及主要立面，图幅不应小于 300mm×200mm（1 幅）；

（5）方案构思简要说明不少于 100 字，技术经济指标应列出主要功能房间面积。

5）图纸要求：

图幅为 594mm×420mm，各图按要求的比例绘制，标注必要的尺寸、标高。

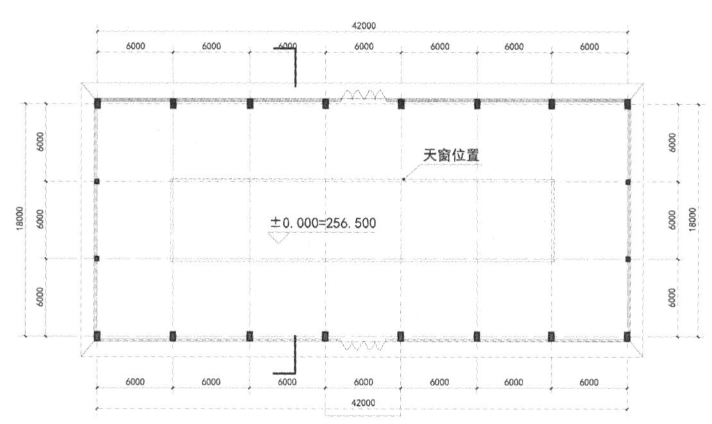

图 5.40　厂房平面图

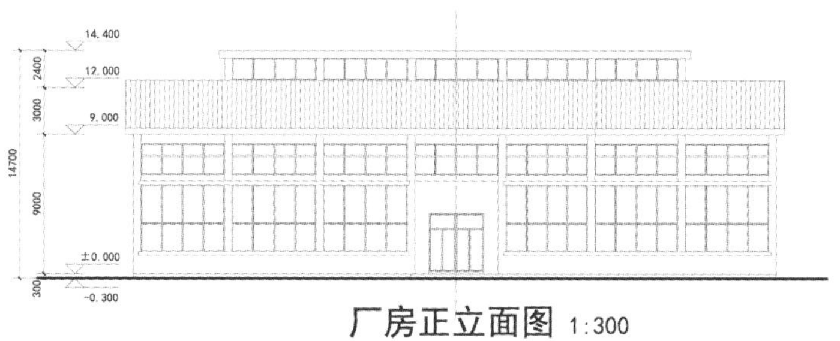

图 5.41　厂房正立面图

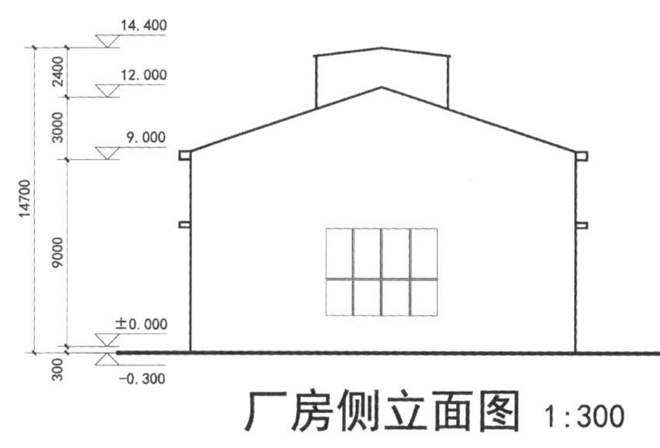

图 5.42　厂房侧面图

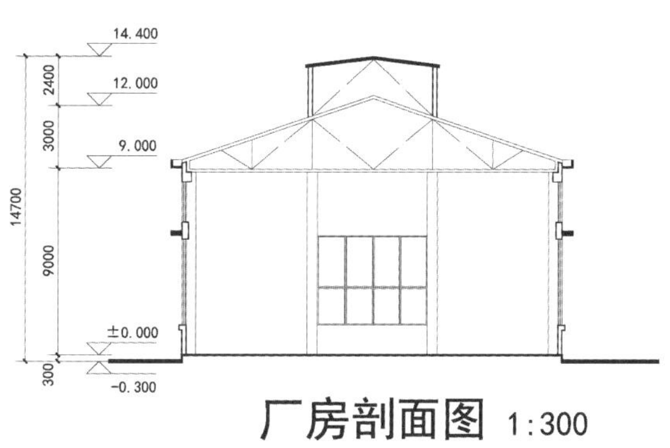

图 5.43　厂房剖面图

设计过程：

1）设计前需要思考的关键问题

在原柱网限制下，如何划分功能、组织流线。

2）任务书分析

（1）环境分析

① 用地情况：用地地形大致呈“T”形，场地内基本平整；用地内无需保护古树。

② 周边情况：场地东南侧为厂区干道，北侧为实验楼，西北与东北两侧为厂房，厂区干道另一侧是住宅区。周边建筑均为砖构建筑，其中厂房与实验楼在 4 层及以下，住宅为 6 层。

（2）功能分析

① 设计中的功能分区主要由几部分组成？

即多功能厅、展览陈列、老年人活动中心、社区居委会、社区医疗服务、辅助用房。

② 面积设定规律

房间面积没有规定具体要求，可灵活设定。

3）分析图示意

（1）场地限制条件

由于本设计是社区活动中心，住宅区在东南侧，且场地东南侧倚靠道路，建筑主入口应开在此侧。在厂区一侧，可以考虑设置人行入口。多功能厅疏散要求较高，应有单独出入口，宜设在一层。校园超市对外营业，宜设计在一层。书画活动室应北向。

（2）功能布局示意

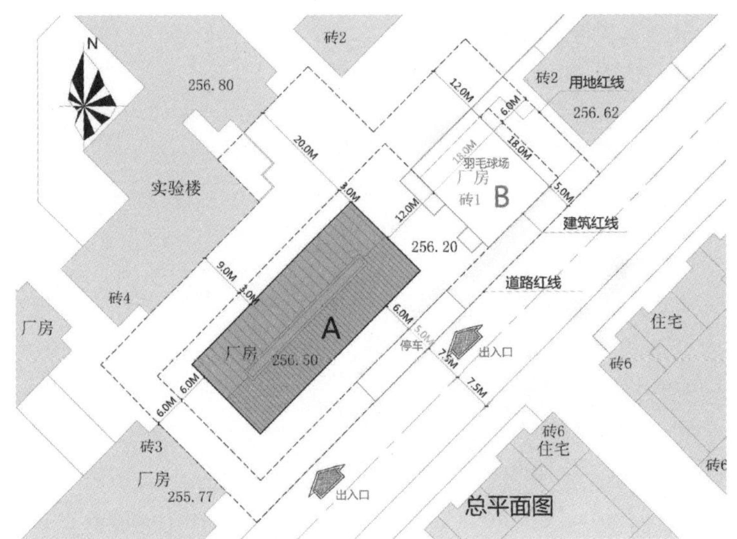

图 5.44　场地限制条件分析图

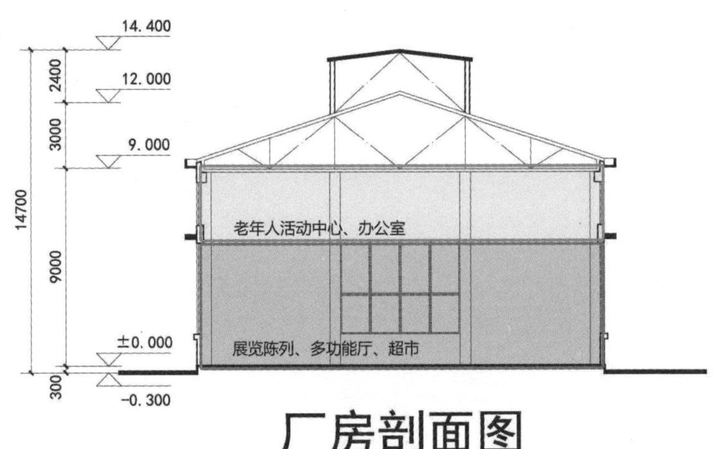

图 5.45　功能布局示意图

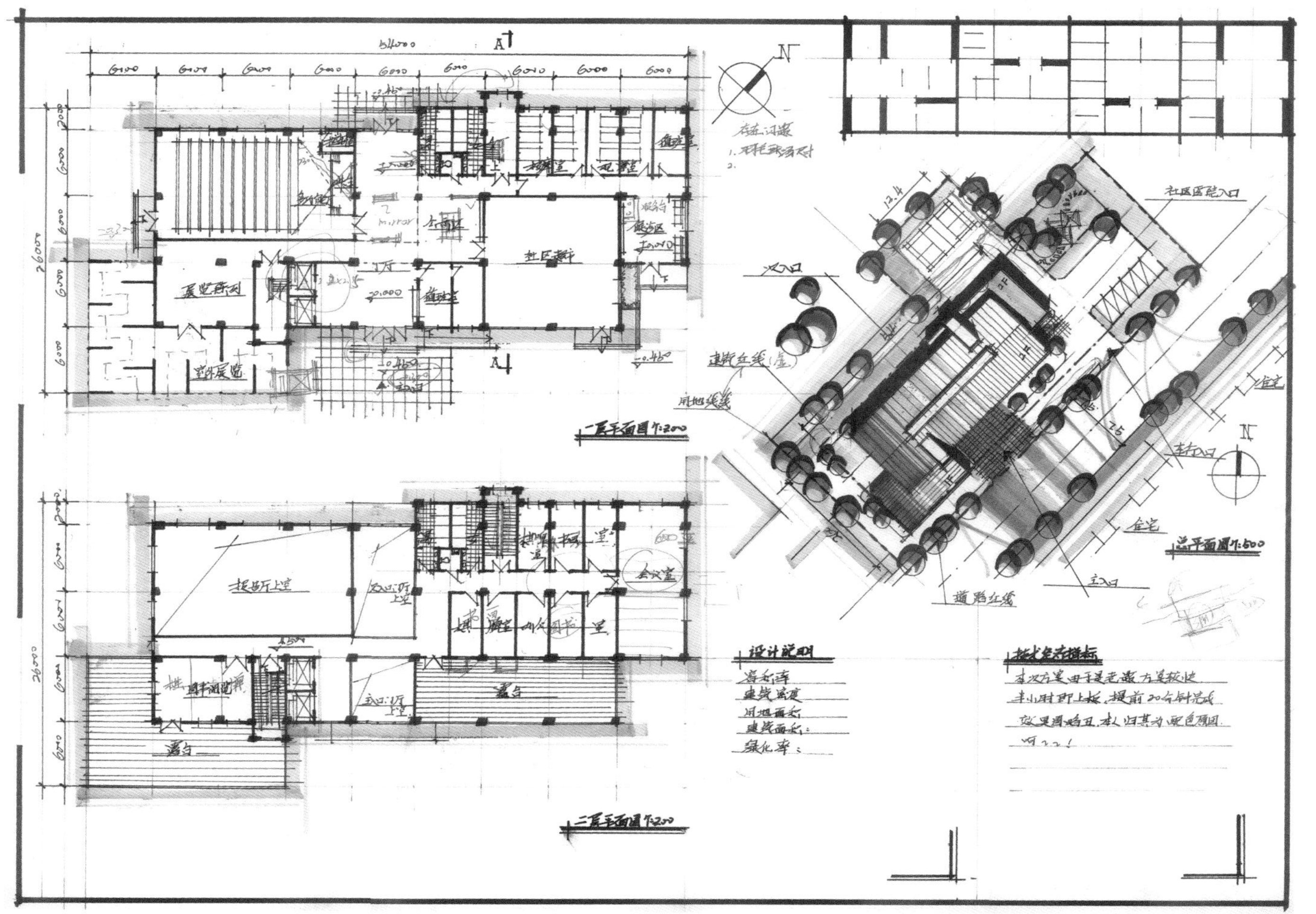

学生作业1

作者：王志飞　图纸尺寸：594mm×841mm　用纸：白色绘图纸　表现方法：尺规线条 + 马克笔

作业评析： 方案设计根据工业厂房原有结构合理划分空间，功能分区明确，交通流线合理，场地布置满足任务书要求。快题采用尺规表达，线条流畅，用色稳重。

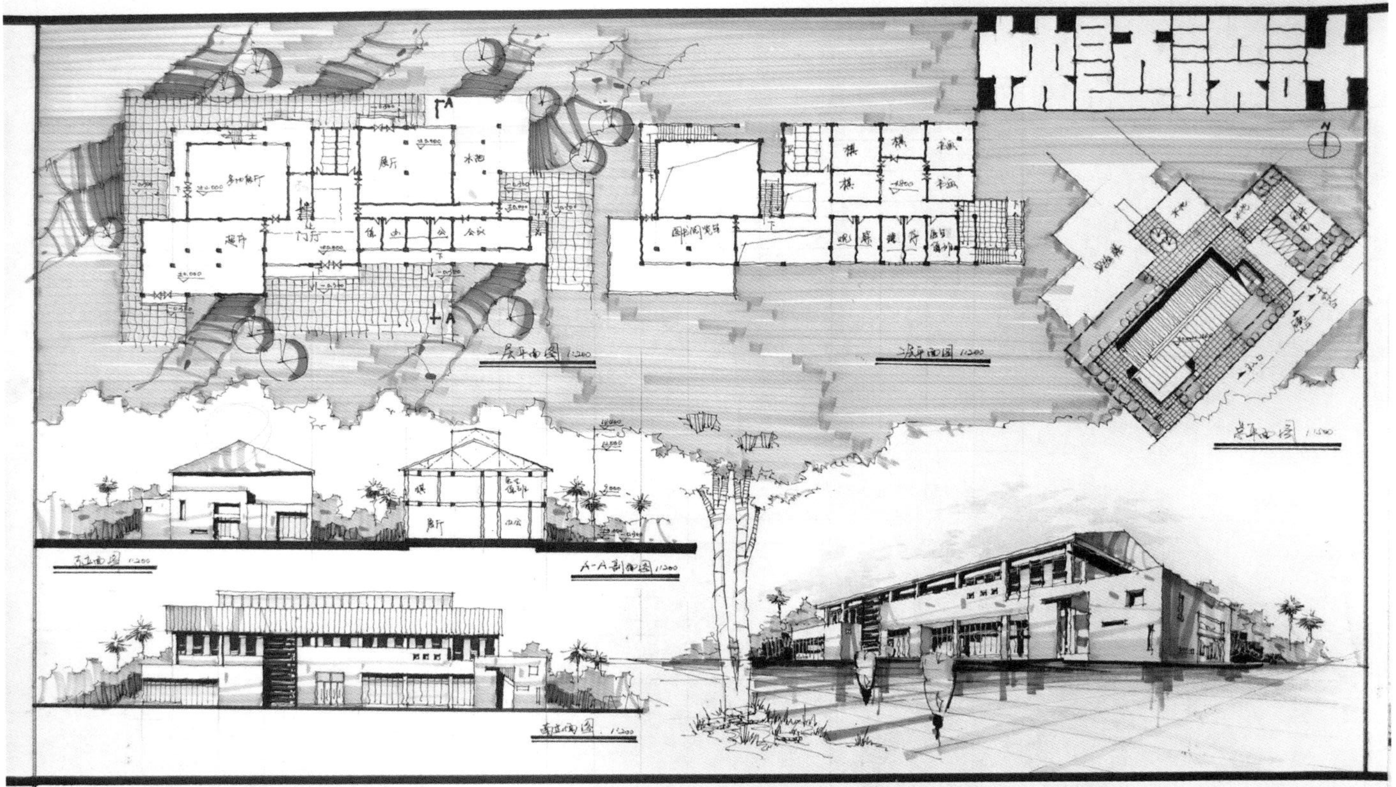

学生作业2

作者：朱亮亮　图纸尺寸：594mm × 841mm　用纸：白色绘图纸　表现方法：尺规线条 + 马克笔

作业评析：方案设计根据工业厂房原有结构合理划分空间，功能分区明确，交通流线合理，场地布置满足任务书要求。快题采用尺规表达，线条流畅，用色稳重。图面表达丰富，但缺少一定的尺寸标注。

5.6.2
设计题目 2：滨江厂房改造设计

1）概况及要求：

拟建设计场地位于南方城市滨水区的厂区内，场地东侧为厂区内主要干道与主要景观面，场地内的 A、B 栋建筑均为工业库房，其中 A 栋建筑总高 3 层，每层层高均为 4.8m；随着城市功能调整与产业转型，该厂区由于周边环境优美，其用地被转化为开发用地；设计要求将 A 栋改造成为一个有 50 间（套）客房的度假休闲酒店，将 B 栋拆除作为绿化或室外配套公共服务设施用地。用地环境、用地红线等场地条件及 A 栋库房原有平面图另详附图。

2）设计要求：

（1）A 栋库房改造应在不改变其原有柱网和层高的前提下进行，除入口雨棚外，也不能改变其外轮廓，但库房外墙及洞口布置可根据设计需要调整，库房内部可根据设计需要增设柱网，原库房每层面积约为 2300m^2，要求改造后的总建筑面积为 4800m^2；

（2）B 栋库房拆除后所留出的场地应与整个用地统一考虑，要求设置酒店入口停车空间及一定的绿化休闲设施，并考虑不少于 15 个地面停车位，其中 2 个为旅游大巴的临时停车位。

3）主要建筑功能及指标要求：

（1）总用地面积：约 7985m^2；

（2）总建筑面积不超过 4800m^2（以轴线计，正负 5% 以内），主要功能设置要求如下（具体面积由设计者自定）：

① 入口门厅；

② 多功能厅（可容纳 100 人）；

③ 餐厅及厨房附属设施（可容纳 150 人同时进餐）；

④ 健身文体中心，包括台球、乒乓球、棋牌等活动室；

⑤ 客房 50 间（套），要求结合客房层设置 2 间 30 人会议室；

⑥ 室内恒温游泳池，要求泳池尺寸大小不能小于 12mx25m，并配备更衣间；

⑦ 其他配套服务设施，包括休闲酒吧、图书阅览、美容美发、商务服务等由设计者自定；

⑧ 内部办公管理用房、楼梯间、安保用房、卫生间等，由设计者按有关规范要求自定。

4）设计成果要求：

（1）总平面图 1：500（结合周边环境与交通条件进行场地环境布置和人车流线组织，标注建筑层数、标高、建筑尺寸、用地红线等，列出主要的经济技术指标）；

（2）各层平面图 1：200；

（3）立面图 2 个 1：100~1：200；

（4）剖面图 1 个 1：100~1：200（标高关系，建筑与场地关系、视线组织等）；

（5）建筑透视图表现方法不限，但必须清楚表达建筑主入口及主要立面，图幅不应小于 300mm×200mm（一幅）；

（6）方案构思简要说明不少于 100 字，技术经济指标应列出主要功能房间面积。

5）图纸要求：

图幅为 1#，各图按要求的比例绘制，标注必要的尺寸、标高。

6）特别说明：

考生自带 1# 图纸，图纸数量及纸张种类不限。

总平面图可直接画在地形图上。

附：地形图 1：500、原 A 栋库房平面图 1：200

设计过程：

1）设计前需要思考的关键问题

6m 开间的柱网改为客房，如何划分更合理（客房管道井需上下贯通，且避开梁所在位置）；整栋建筑进深较大，如何避免黑房间的出现。

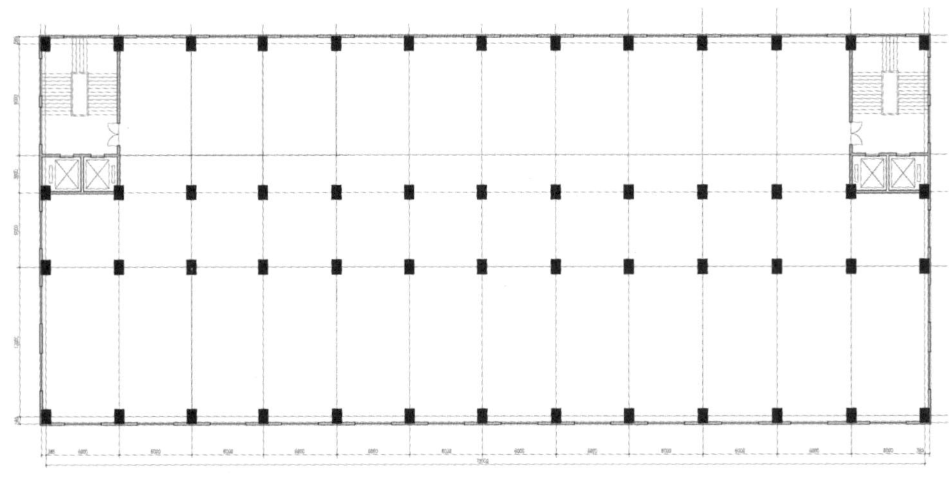

图 5.46　A 栋库房平面图

2）任务书分析

（1）环境分析

① 用地情况：用地地形大致呈“L”形，场地内基本平整；用地内无需保护古树。B 栋库房拆除，A 栋库房需改造内部功能；

② 周边情况：场地东侧为滨江路，另外三侧为厂区，建筑平均 1~2 层。

（2）功能分析

① 思考设计中的功能分区主要由几部分组成

即入口门厅、多功能厅、餐厨用房、健身文体中心、住宿、室内泳池、配套服务用房、办公及辅助用房。

② 面积设定规律

房间面积没有规定具体要求，根据使用人数设定。

（3）需要注意的几个问题

① 室内恒温泳池大小已经给出，池

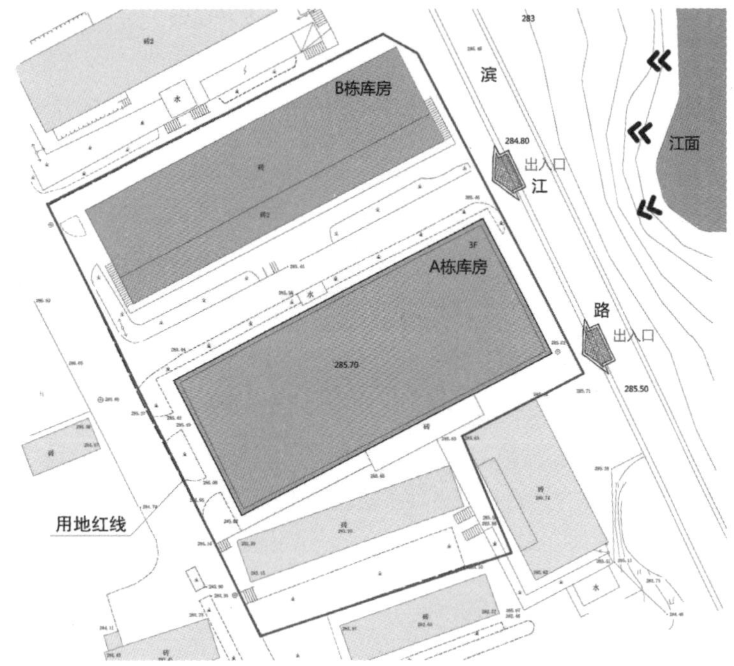

图 5.47　场地限制条件分析图

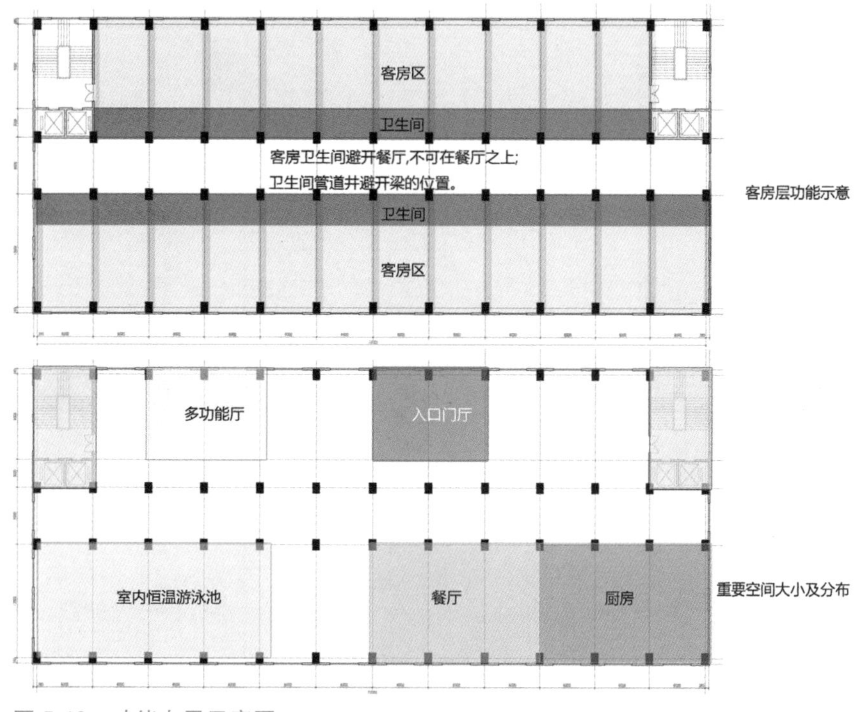

图 5.48　功能布局示意图

内不得有柱；

② 餐厅人均使用面积 1.0~1.3m²，餐厨面积比一般是 1：1.1；

③ 多种人流关系组织；在原柱网下改造，客房尺寸应如何确定；

④ 总建筑面积要求在 4800m² 以内，而每层原面积为 2300m²，设计中必然存在上下贯通或露天区域。

3）分析图示意

（1）场地限制条件

建筑改造后定位为度假休闲酒店，且仅东侧临靠道路，因此主次入口应该都在这一侧。可考虑单设后勤出入口。

（2）功能布局示意

建筑功能复杂，建议根据使用人群及开放程度归类分区。

① 公共开放区域：入口门厅，餐厅、健身文体中心、室内恒温游泳池、其他配套服务设施；

② 多功能厅：单独出入口；

③ 住宿区：客房 50 间；注意管道井不要位于梁的位置，客房卫生间避开餐厅；

④ 后勤服务区：办公管理用房、厨房等。

多功能厅建议设在一层，方便疏散及单独管理。公共开放区域可根据具体情况，设在低楼层。注意餐厅与厨房应直接联系。客房要求相对安静的空间，设计在 2、3 层较好。

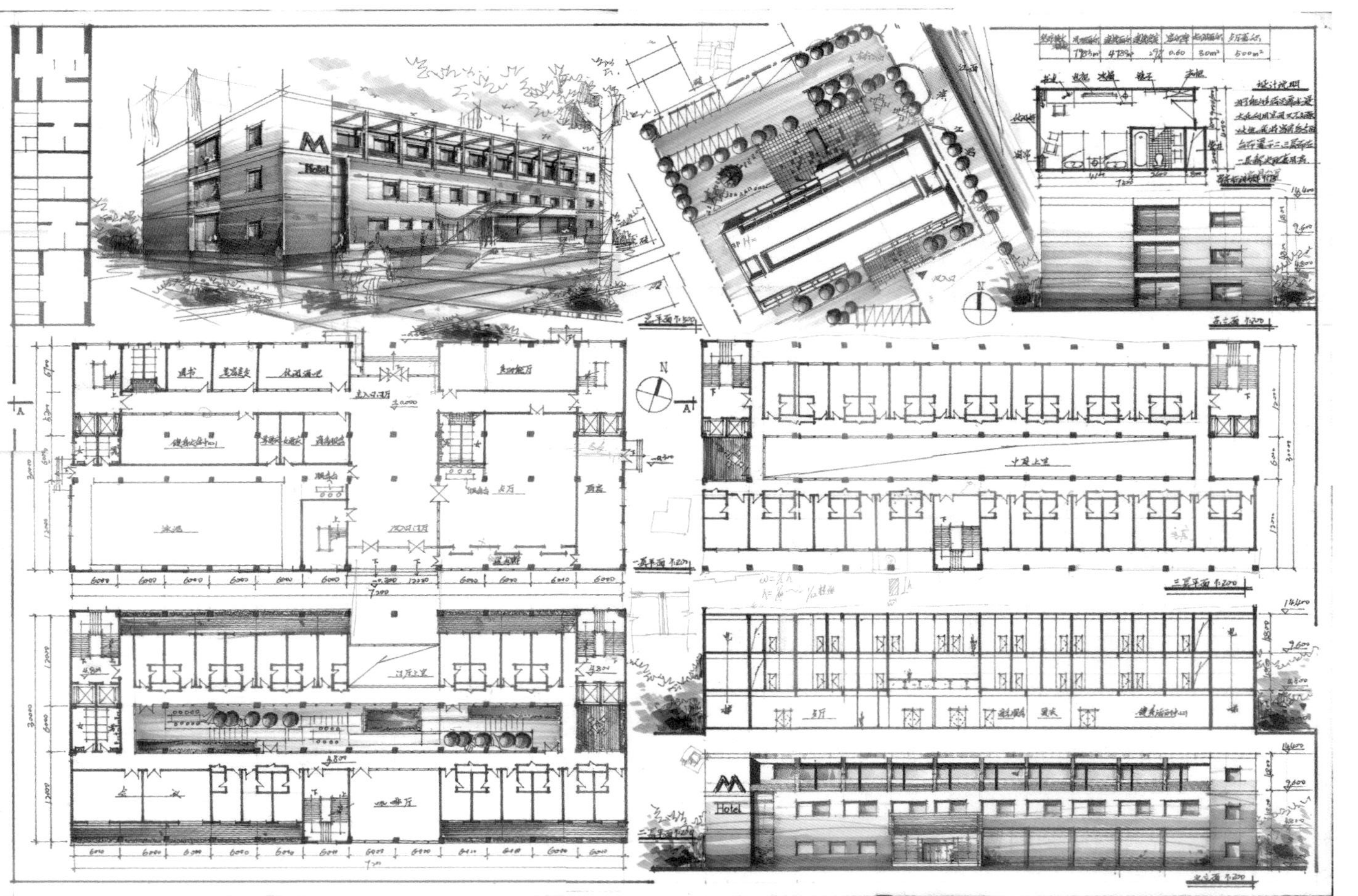

学生作业1

作者：王志飞　图纸尺寸：594mm×841mm　用纸：白色绘图纸　表现方法：尺规线条＋马克笔

作业评析： 方案设计根据工业厂房原有结构合理划分空间，功能分区明确，交通流线合理，场地布置基本满足任务书要求。快题采用尺规表达，线条流畅，用色稳重。不足之处在于，酒店入口的坡道设计欠考虑，在客房的管道井设计上也略显不足。

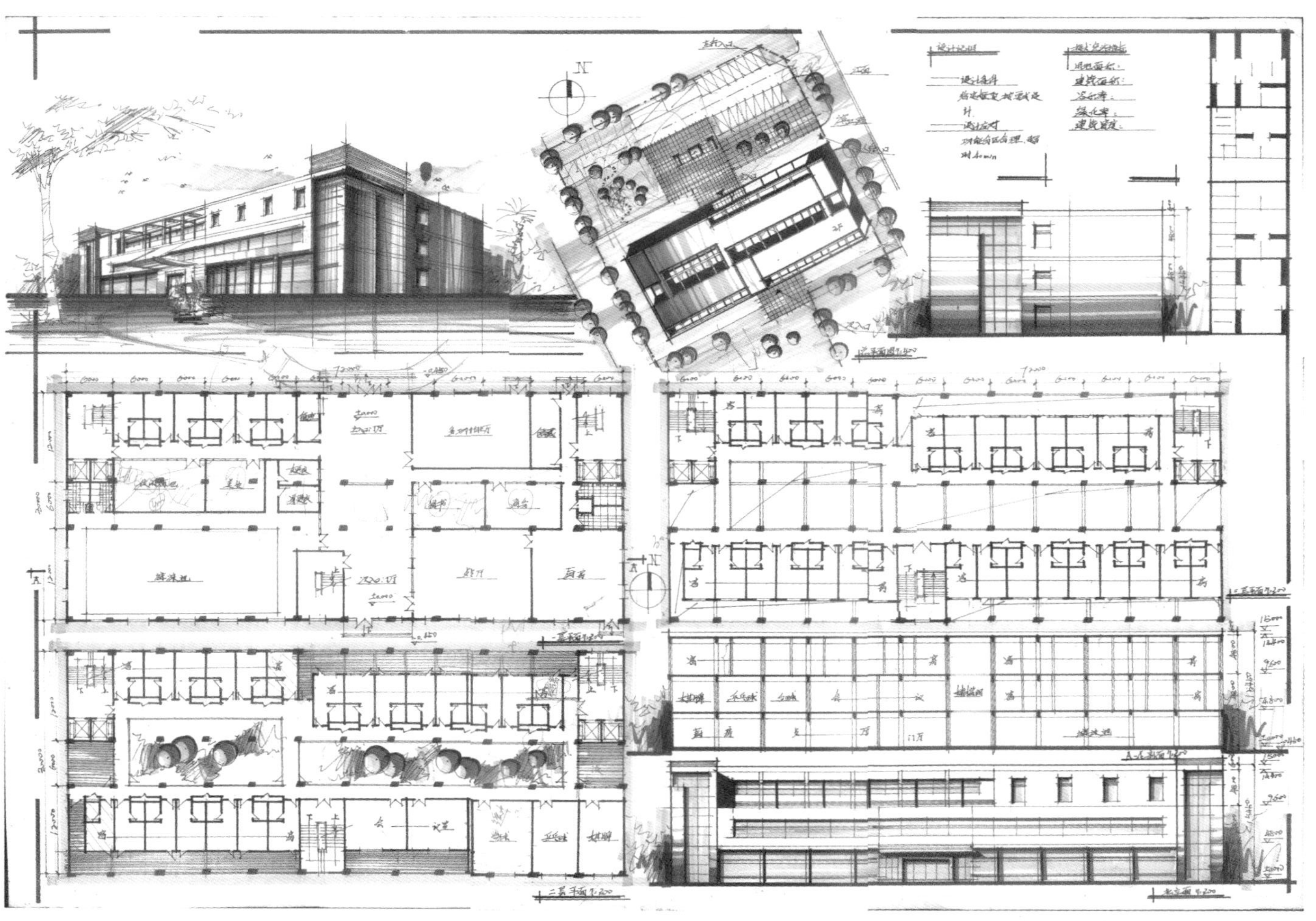

学生作业2

作者：王志飞　图纸尺寸：594mm×841mm　用纸：白色绘图纸　表现方法：尺规线条 + 马克笔

作业评析：方案设计根据工业厂房原有结构合理划分空间，功能分区明确，交通流线合理，场地布置基本满足任务书要求。快题采用尺规表达，线条流畅，用色稳重。方案在客房管道井设计上略有不足。

5.7 内部空间划分类

在内部划分类快题设计，主要是通过对建筑平面、内部竖向空间的划分来完成设计，而对建筑造型等的考察较少。在此类快题设计中，常见的限制因素主要有:

① 建筑内柱网大小与高度限制;

② 划分空间的面积大小限制;

③ 划分墙体的高度与长度控制;

④ 建筑内部个别空间的视线、光线要求。

→ 设计题目 1：建筑师事务所，重庆大学考博快题;

→ 设计题目 2：文化展示中心，重庆大学 2012 年(复试)考研快题(3 小时)。

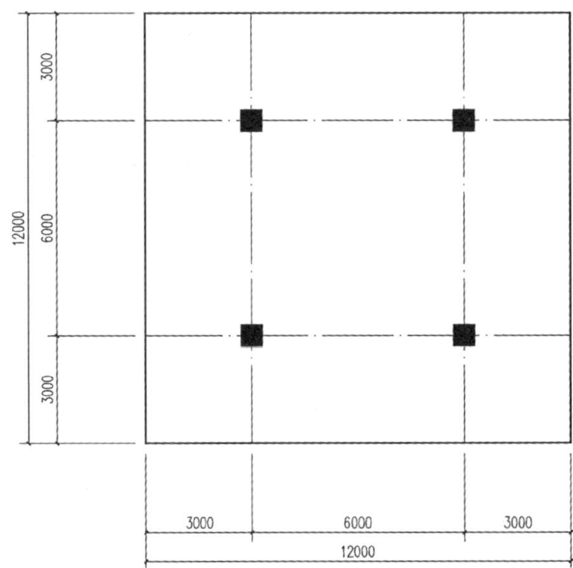

图 5.49　平面图

5.7.1 设计题目 1：建筑师事务所快题设计

1）设计题目：有一空间，长宽各为 12 米，净高为 5 米，该空间内有四根钢筋混凝土柱子，具体平面尺寸如图所示。请在该空间范围内设计总建筑面积为 200 平方米的建筑师的住宅和工作室。建筑面积按轴线计算。

2）设计要求：

(1) 要求一个面积不少于 70 平方米的工作间，工作间内不得有柱，在工作间内任何位置都能一览无余地观察整个工作间;

(2) 要求一个小车停车库;

(3) 其余空间请按需要自行设置;

(4) 其余要求：总建筑面积误差不超过 5%；建筑空间不得超出限定范围；可自行按需要增添结构构件。

3）成果要求：

(1) 设计并绘制各层平面图、剖面图，完成必要的标注，底层平面需反映建筑内外空间关系;

(2) 设计建筑造型，并用徒手或绘图工具表现建筑透视图，表现方法自定;

(3) 按照考生的理解，自行设计建筑环境并完成总平面图及必要标注;

(4) 所有设计图纸幅面均应为 A3 幅面，即 297mm×420mm，不符合此要求的图幅不予接受。图面布置应注意美观。

4）备注：

(1) 考生需准备徒手绘图或工具绘图所需用品，包括尺子、彩笔及绘图纸张等;

(2) 本考试所需时间为 3 个小时;

(3) 本题目未叙及之条件及要求，由考生自行斟酌解决，无须答疑。

设计过程：

1）设计前需要思考的关键问题

(1) 70 平方米工作室的要求(工作室内不得有柱，在工作间内任何位置都能一览无余地观察整个工作间)应该如何实现;

（2）住宅与工作室如何做到功能与流线上各自独立、尽量少干扰；

（3）5米的净高应该如何合理分配。

2）任务书分析

（1）环境分析

① 用地情况：整个空间为 12m × 12m 的正方形，内部有 4 根柱；

② 周边情况：无总图及室外环境。

（2）功能分析

① 本设计主要由哪几部分组成?

即住宅、工作室、车库。住宅基本功能包含：厨房、餐厅、卫生间、卧室。工作室包含工作区域，一般还包括作品展示区等。

② 面积设定规律：除了 70m² 的工作间外，其他空间均自由安排。

（3）需要注意的点：车库尺寸（3m × 6m），建筑空间不得超出限定范围。

3）分析图示意

（1）场地限制条件

工作间位置选择：根据给出的平面图，70m² 刚好为两个柱网的大小。若要工作室内不得有柱，在工作间内任何位置都能一览无余地观察整个工作间，有如下两种布置方案。

（2）功能布局示意

工作间、车库与厨房均对外联系较多，最好设计于一层。卧室需要相对安静的环境，宜设计在二层。由于室内高度仅 5m，在竖向划分时注意高度分配。

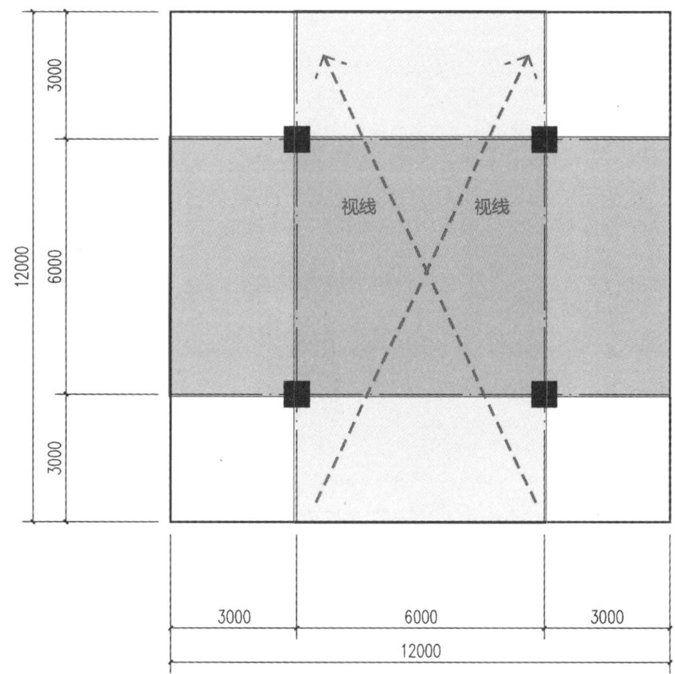

图 5.50　场地限制条件分析图

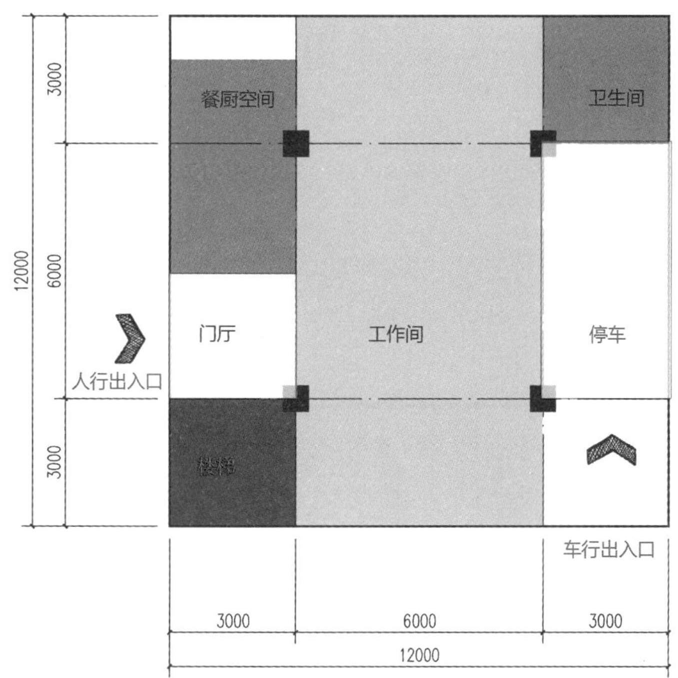

图 5.51　功能布局示意图

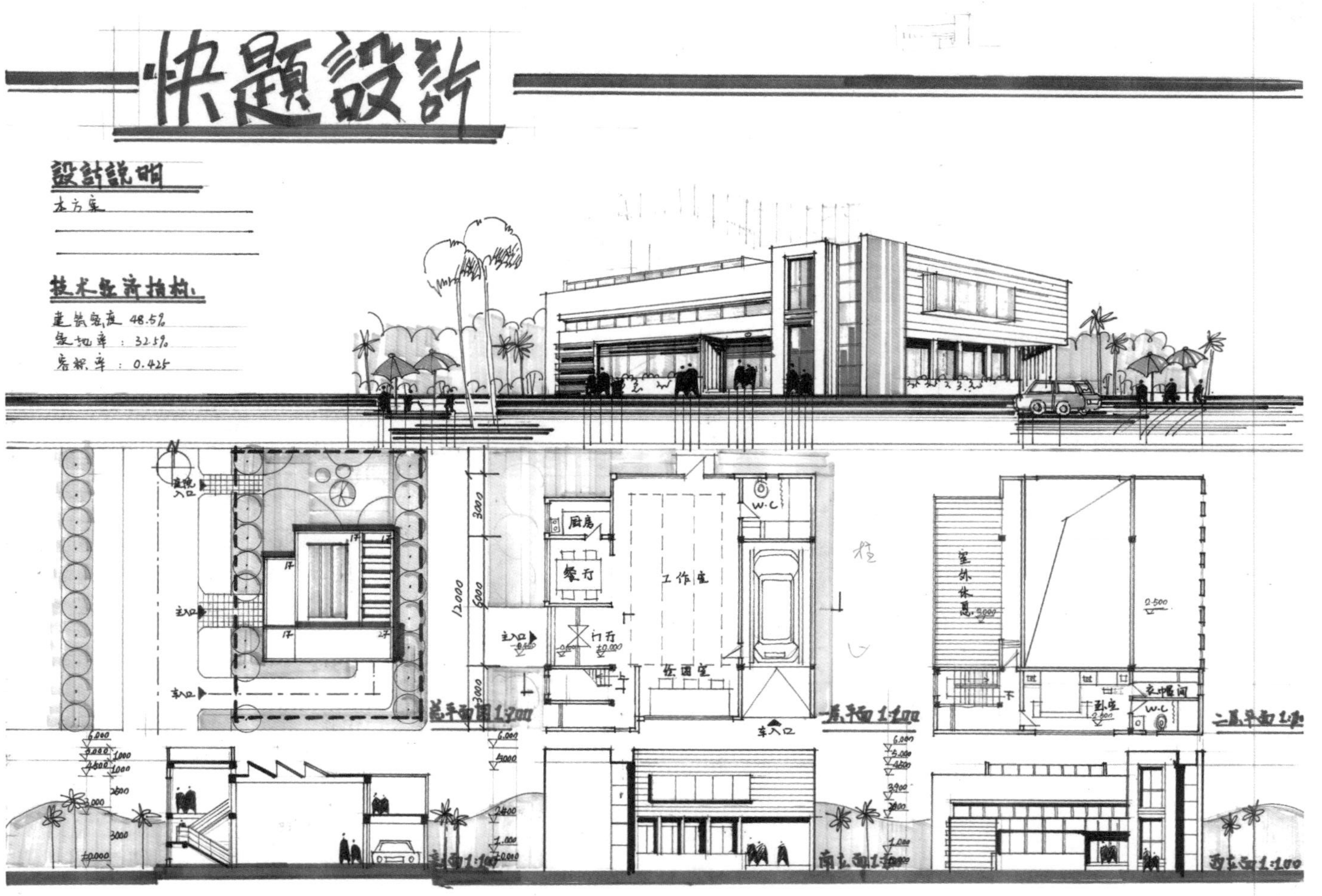

学生作业1

作者：陈洁　图纸尺寸：594mm × 420mm　用纸：白色绘图纸　表现方法：尺规线条 + 马克笔

作业评析：该同学作业图面饱满，用色清新，光影效果明显，线条以尺规为主。平面布置功能合理，各流线相对独立，建筑造型简洁，第五立面上锯齿形天窗的使用既能带来柔和的光源，也能丰富总平面图及对应剖面。

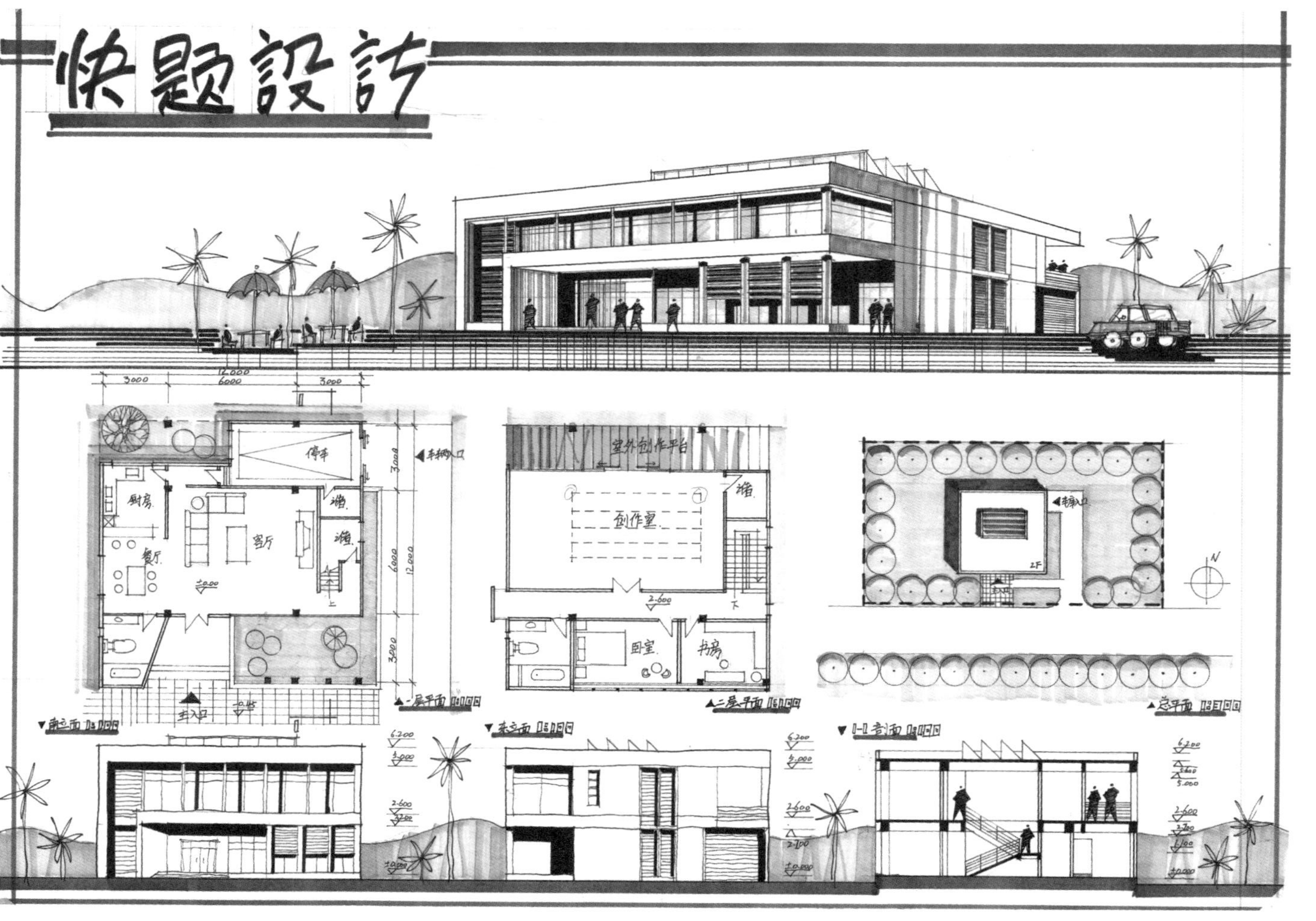

学生作业2

作者：王一名　图纸尺寸：594mm×420mm　用纸：白色绘图纸　表现方法：尺规线条 + 马克笔

作业评析： 该同学的作业图面表达简洁耐看。一层以居住空间为主，二楼以工作室为主，流线基本合理。不足之处在于，工作与居住流线交叉较多；工作室面积不足，不符合题目要求，并且缺少必要的经济技术指标及简要的设计说明。

5.7.2 设计题目 2：文化展示中心

1）以下所给建筑平面为文化展示中心，建筑层数：3 层。

2）任务要求：根据所给平面完成

（1）完成一层平面轴号编制；

（2）完善一层平面内功能布局；

内容包括：主次门厅位置及入口处理、文化展厅、互动展厅、纪念品超市、数字查询、影视展示、展品库房、休息接待、楼电梯间、卫生间、办公管理及无障碍设计等；

（3）卫生间放大平面设计 1：100，要求进行内部布局，标注尺寸，（蹲位要求：男≥6个，女≥8个）；

（4）剖面设计 1：200。

选择合适位置进行剖面设计，完整体现建筑空间的设置。

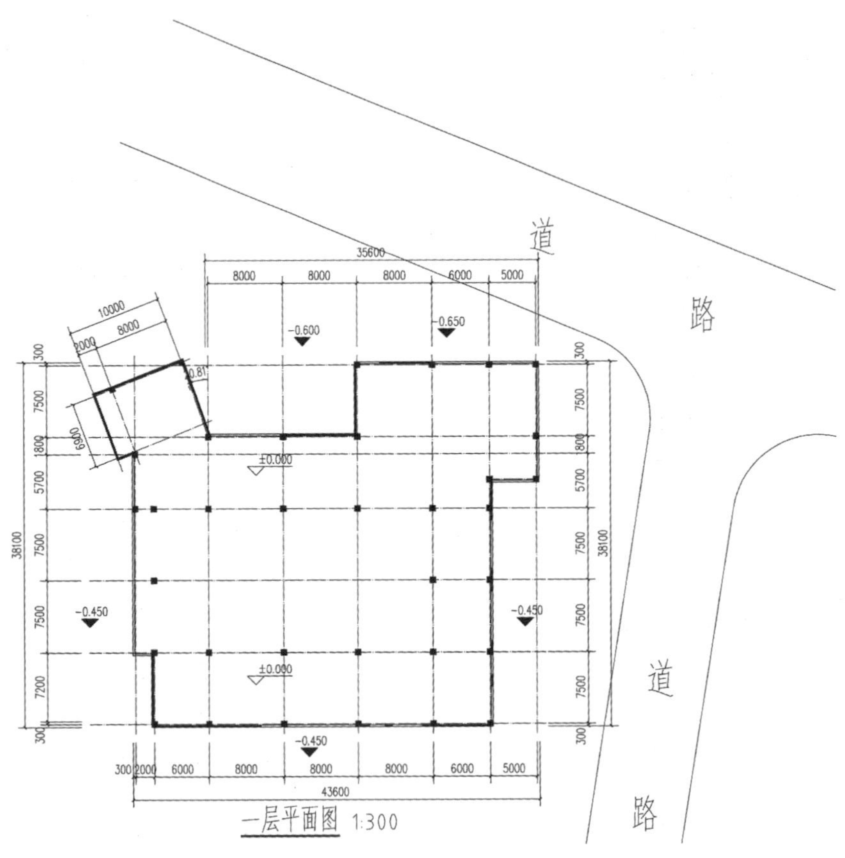

图 5.52　一层平面图

设计过程：

1）设计前需要思考的关键问题

非正交轴网编号方法；卫生间大样图画法。

2）任务书分析

（1）环境分析

① 用地情况：整个空间为 43.6m × 38.1m 的不规则形状，内部有两处无柱网空间；

② 周边情况：用地北侧及东侧靠近道路，北侧道路等级高于东侧。

（2）功能分析

① 思考本设计主要由哪几部分组成即门厅及辅助用房、展示及库房、办公室。

② 面积设定规律：各区域面积无具体要求，可按需要及现状柱网安排。

3）分析图示意

（1）场地限制条件

（2）功能布局示意

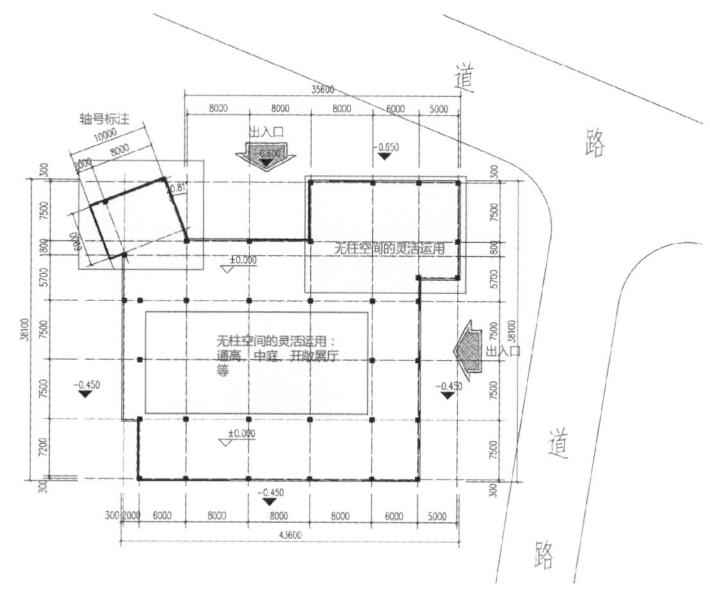

图 5.53　场地限制条件分析图

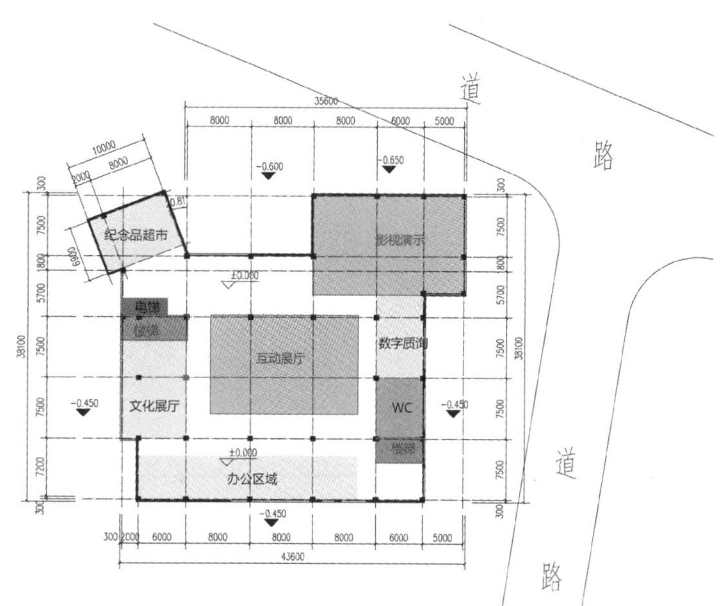

图 5.54　功能布局示意图

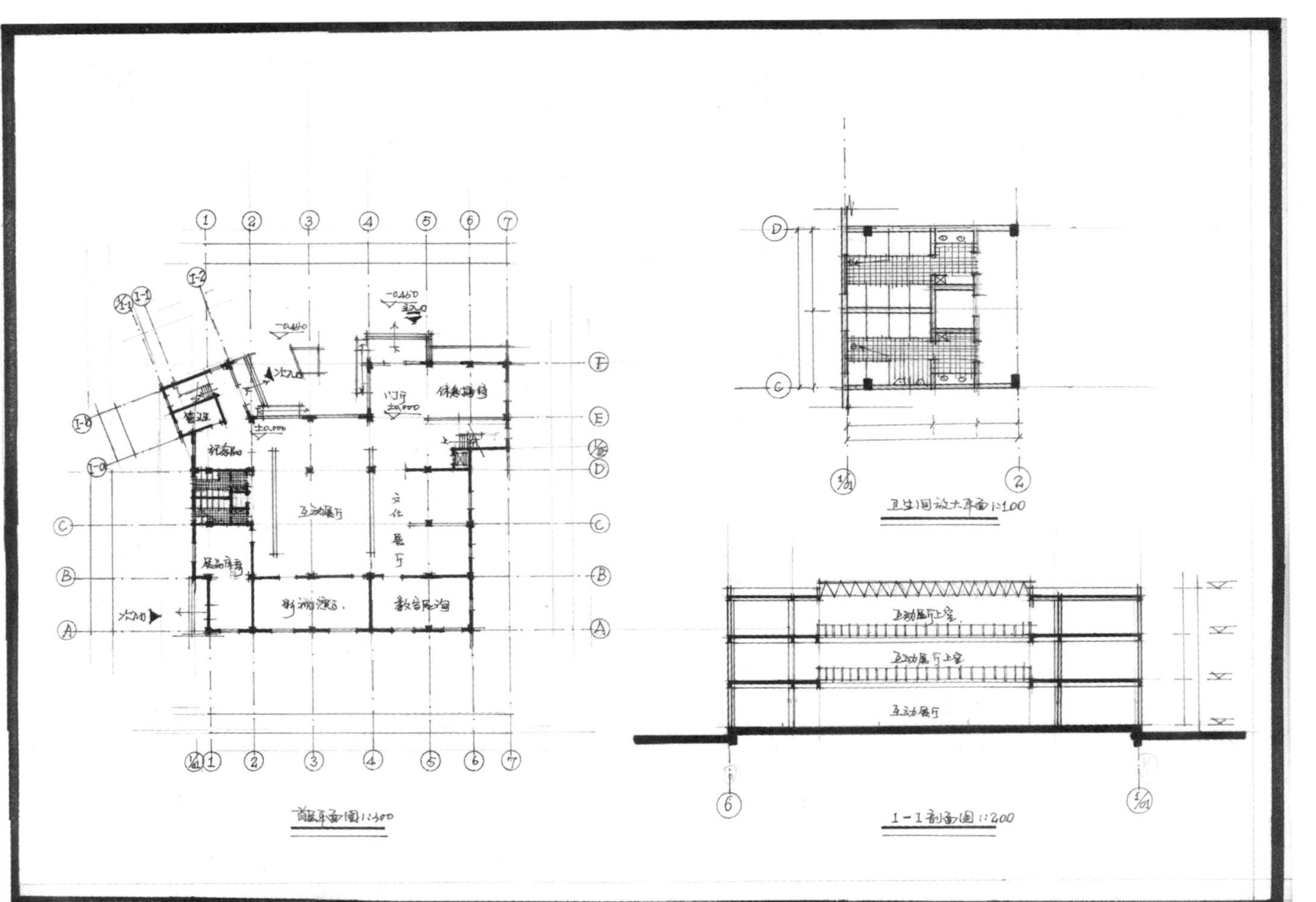

学生作业1

作者：殷天伟　图纸尺寸：594mm×420mm　用纸：白色绘图纸　表现方法：尺规线条

作业评析： 该同学的作业，功能合理，流线清晰，图面整洁，线条流畅。不足之处：画面稍显空旷；一层平面图应表达周边环境；卫生间放大平面图中，两侧轴号及详细尺寸未标注清楚，卫生间内部尺寸及开门方向未表达清楚；楼梯布置不利于西南角的安全疏散。

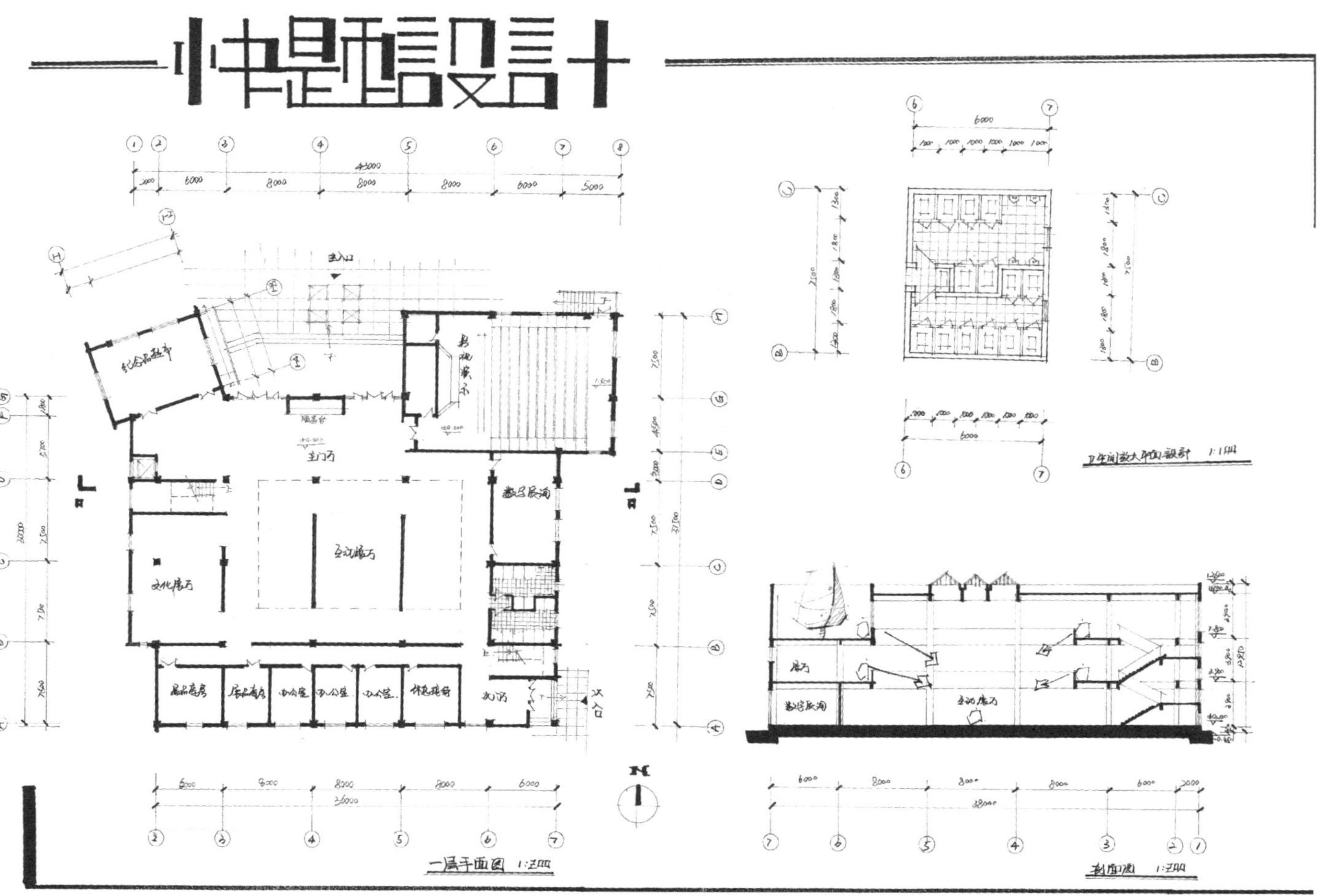

学生作业2

作者：闫枚璐　图纸尺寸：594mm×420mm　用纸：白色绘图纸　表现方法：尺规线条

作业评析： 该同学的作业，功能合理，流线互不交叉，图面饱满。不足之处在于，一层平面图应表达周边环境；没有考虑无障碍卫生间。轴号标注上，这类组合较复杂的平面图中定位轴线可采用分区编号，编号的注写形式应为“分区号——该分区编号”。分区号采用阿拉伯数字或大写拉丁字母表示。（可参考《建筑制图标准》）

5.8 山地类快题设计

山地类快题设计，主要是指设计用地内高差较大的题目，在山地城市尤其常见。在此类快题设计中，常见的限制因素主要有：

① 对场地内高差的有效利用，采用错层、掉层、架空等方式处理；

② 与不同标高道路的合理联系；

③ 尽量能挖填方量平衡，以减少不必要的花费。

思考此类建筑设计，应当充分考虑场地内部不同区块的高差关系，合理确定各入口标高及建筑之间的高差关系，全面统筹整个设计过程。

→ 设计题目 1：城市商业综合体设计，重庆大学 2012 年（初试）考研快题（6 小时）；

→ 设计题目 2：山地滨江办公综合楼设计，重庆大学 2013 年（初试）考研快题（6 小时）。

5.8.1 设计题目 1：城市商业综合体设计

1）设计题目：用地位于城市中心地带，地块西北面紧邻城市干道并靠近公共交通停靠站，现状有一条人气旺、使用效果良好的商业步行街南北向穿越场地，并且连接到地块东北和西南面的商业建筑内部，穿过东北面的商业建筑可直达城市广场，区位交通方便，环境条件好。场地内有一定高差，最大高差约 5.5 米，用地面积 4725.0 平方米。根据城市功能布局要求，需新建一栋商业综合体建筑，将场地南北两幢商业建筑有效地连接起来，形成完整的商业中心，建筑面积 4500~5000 平方米。

2）设计要求：

（1）保持城市的总体关系和步行商业街的完整性。保留并完善原有的商业街，与商业综合体有机组合成为一个统一整体；

（2）保持与现状建筑良好的空间交流和联系，共同营造城市商业中心的氛围；

（3）场地西北面紧邻公交站场处退后用地红线不小于 10.0 米，形成临街广场，其余三方根据设计需要进行控制，但要求与现有建筑有直接方便的紧密联系（场地东北、西南面亦可不退红线紧靠现状建筑进行设计）；

（4）结合场地高差以及周边现状环境条件合理组织功能布局和空间流线；

（5）为市民提供购物体验、娱乐休闲和活动参与的公共开敞空间，创造功能完善、流线清晰、环境舒适、特色突出的商业综合体，展示现代商业中心的活力和形象。

3）主要建筑指标及功能要求：

（1）总用地面积：4725.0m^2；

（2）总建筑面积：4500~5000m^2；

（3）建筑高度：≤ 3 层；

（4）场地西北面紧邻公交站场处退后建筑红线 ≥ 10.0 米；

（5）容积率：≥ 0.9，≤ 1.1；

（6）建筑密度：≤ 40%。

4）功能要求（交通面积均包含在各功能空间之中）：

（1）商业空间（主力店 ≥ 2000m^2、精品店 ≥ 1000m^2......）；

（2）休闲活动空间（餐饮、咖啡、酒水吧等 ≤ 1000m^2）；

（3）值班及办公管理用房、卫生间、储藏等辅助空间（≤ 500m^2）；

（4）东北、西南方向必须保持与现有城市商业的互相连通，西北面留出广场；

（5）结合场地高差合理组织建筑各功能空间。

5）图纸要求：

（1）总平面图 1 : 500（结合场地关系进行用地及环境布置和流线组织，标注建筑层数、标高、建筑尺寸、出入口位置等）；

（2）各层平面图及流线分析图 1∶200~1∶250（完整表达设计建筑与现状建筑、设计建筑与场地的关系，合理进行功能布局和流线组织等，并画出流线分析图）;

（3）立面图 1∶200~1∶250（至少一个，但必须是沿主街方向的立面）;

（4）剖面图 1∶200~1∶250（不少于 2 个——按图中所示位置画出纵剖和横剖，其中必须有一个剖面是沿商业街方向且能剖到设计建筑和现状两栋建筑，表达设计建筑与现状建筑的连接组合关系，表明建筑接地方式、标高等）;

（5）表现图（表现形式不限）;

（6）技术经济指标及简要的设计构思说明。

6) 特别说明：

（1）考生自带 2# 图纸，图纸数量及纸张种类不限。

（2）总平面图可直接画在地形图上。

（3）附地形图 1∶500。

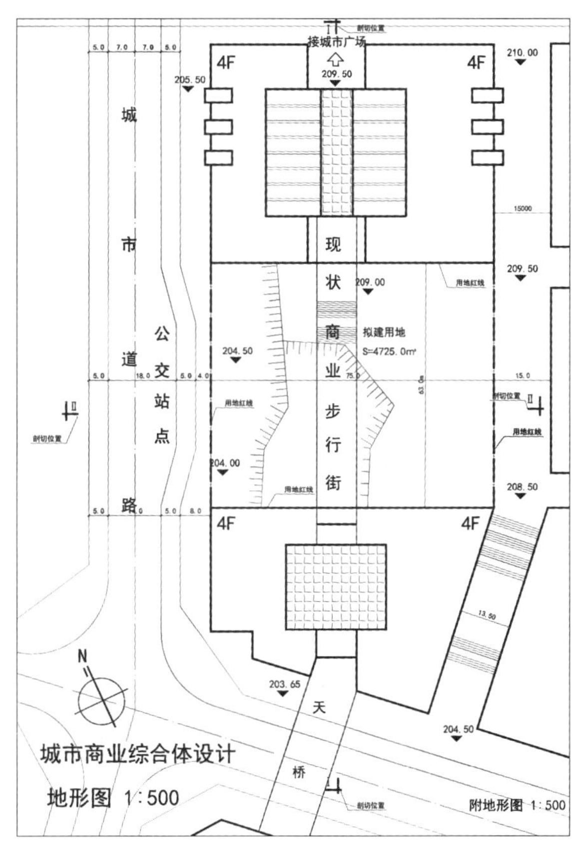

图 5.55　地形图

设计过程：

1）设计前需要思考的关键问题

（1）如何利用场地内 5.5m 高差;

（2）如何与周边现状商业保持紧密联系;

（3）建筑密度≤ 40%，也就是建筑投影面积应小于 1890m²，且建筑层数不得大于 3 层。

2）任务书分析

（1）环境分析

① 用地情况：用地大致呈长方形，西北面与东南面之间最大高差 5.5m，现状商业步行街位于 205.50 标高上;

② 周边情况：场地西北面紧邻城市干道并靠近公共交通停靠站，东北、西南面紧邻现状商业建筑。

（2）功能分析

① 本设计主要由哪几部分组成？

即：商业空间、休闲活动空间、辅助空间。

② 面积设定规律：没有具体面积要求，可根据场地及设计情况灵活安排。

3）分析图示意

（1）场地限制条件

场地外人流主要来自公交站一侧，主入口设置在这侧比较合适；场地内现状商业步行街联系该区域的建筑，应考虑其对设计建筑的影响。靠近公交车站一侧，需退 10m 作临街广场；场地西北、东南面高差 5.5m，且两边均邻接道路，要考虑与道路的标高衔接；根据题目要求，为保证设计建筑与现状建筑的方便紧密的空间交流与联系，可设计连廊或通道与两侧现状建筑联系。

（2）功能布局示意

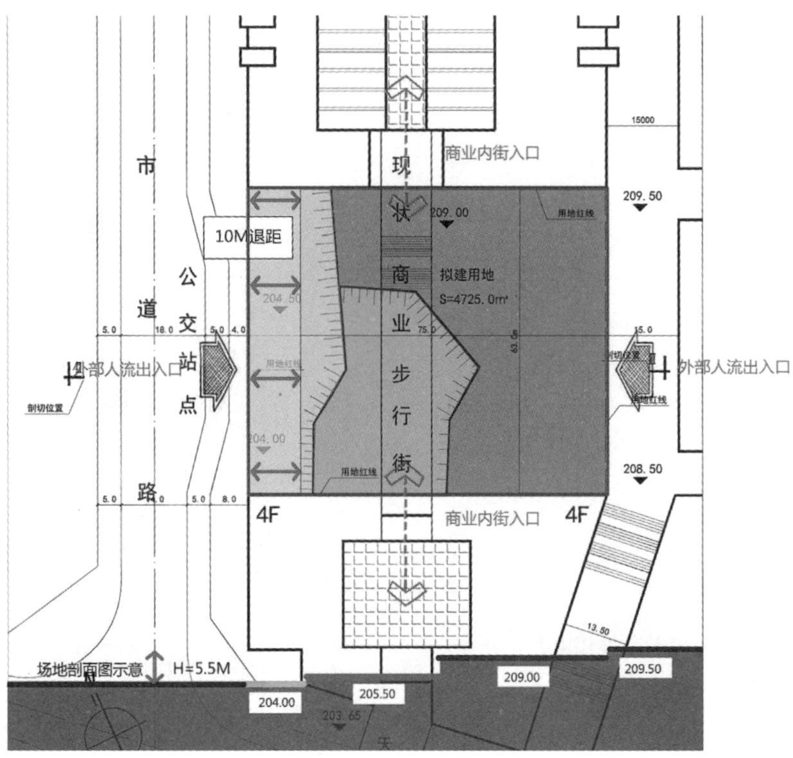

图 5.56　场地限制条件分析图

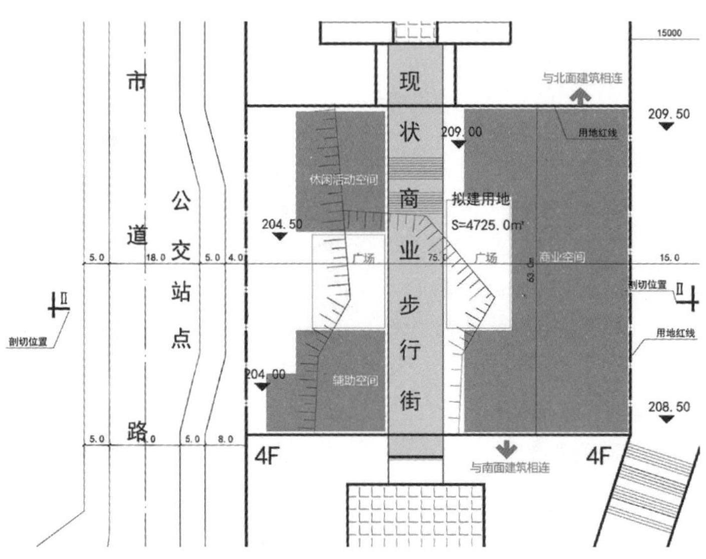

图 5.57　功能布局示意图

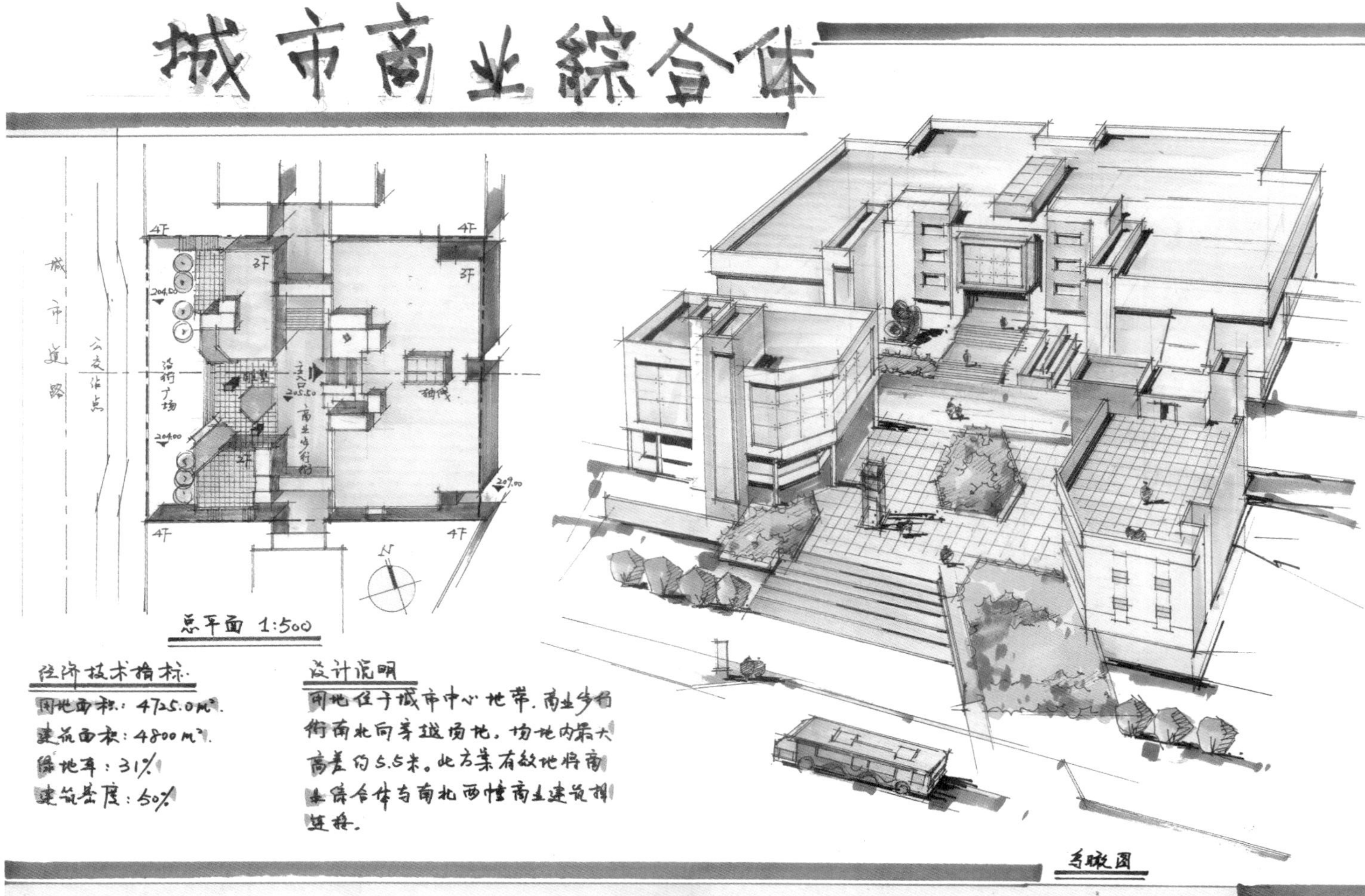

学生作业1

作者：祁乾龙　图纸尺：594mm × 420mm　用纸：白色绘图纸　表现方法：尺规线条 + 马克笔

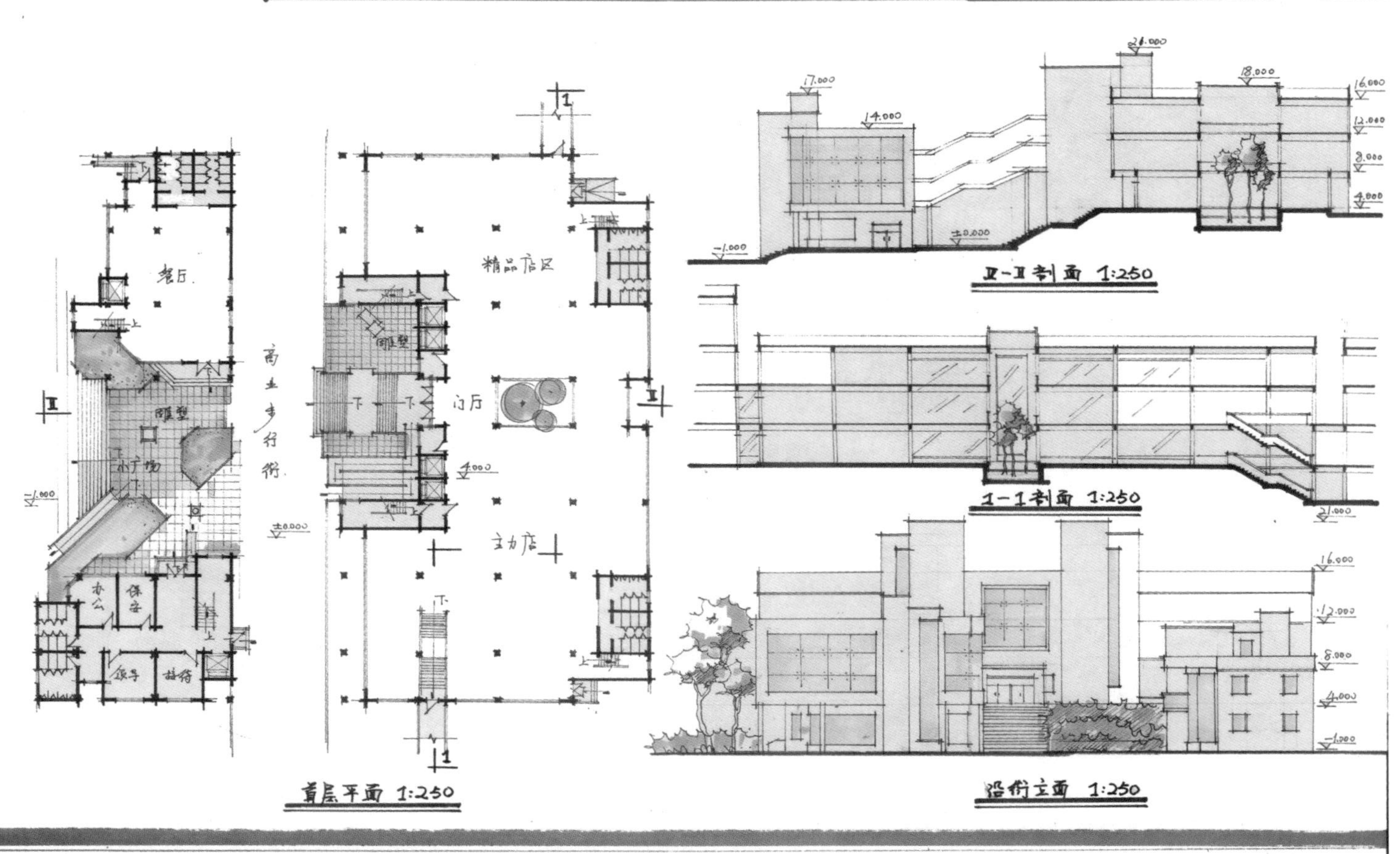

作者：祁乾龙　图纸尺：594mm×420mm　用纸：白色绘图纸　表现方法：尺规线条＋马克笔

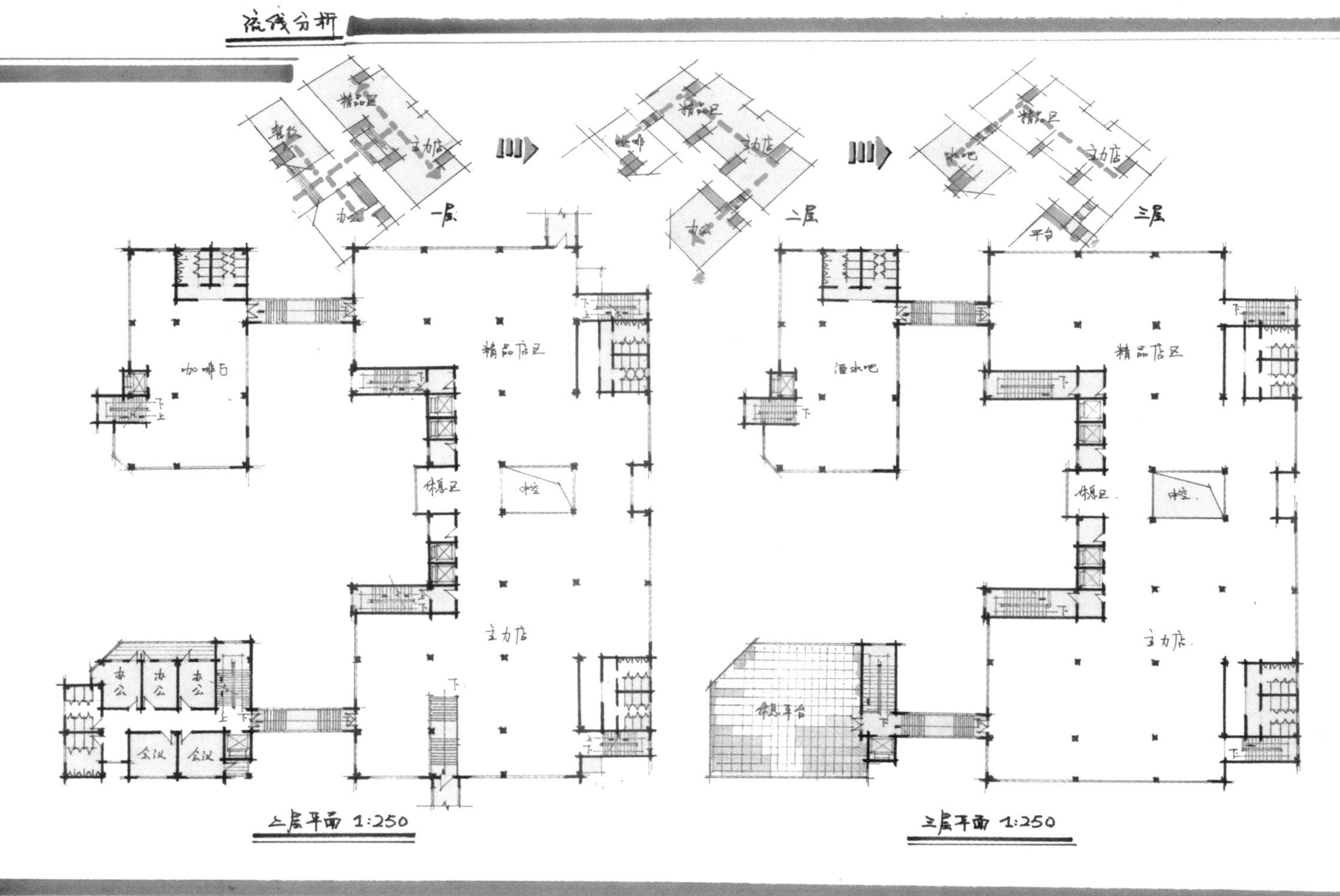

作业评析：方案设计结合地形高差，采用分散式布局，将“餐饮休闲”、“商业购物”和“后勤办公”三个分区用连廊串联，功能分区明确，交通流线合理。快题采用尺规表达，线条流畅，色彩稳重，鸟瞰图表达出丰富的体量空间。

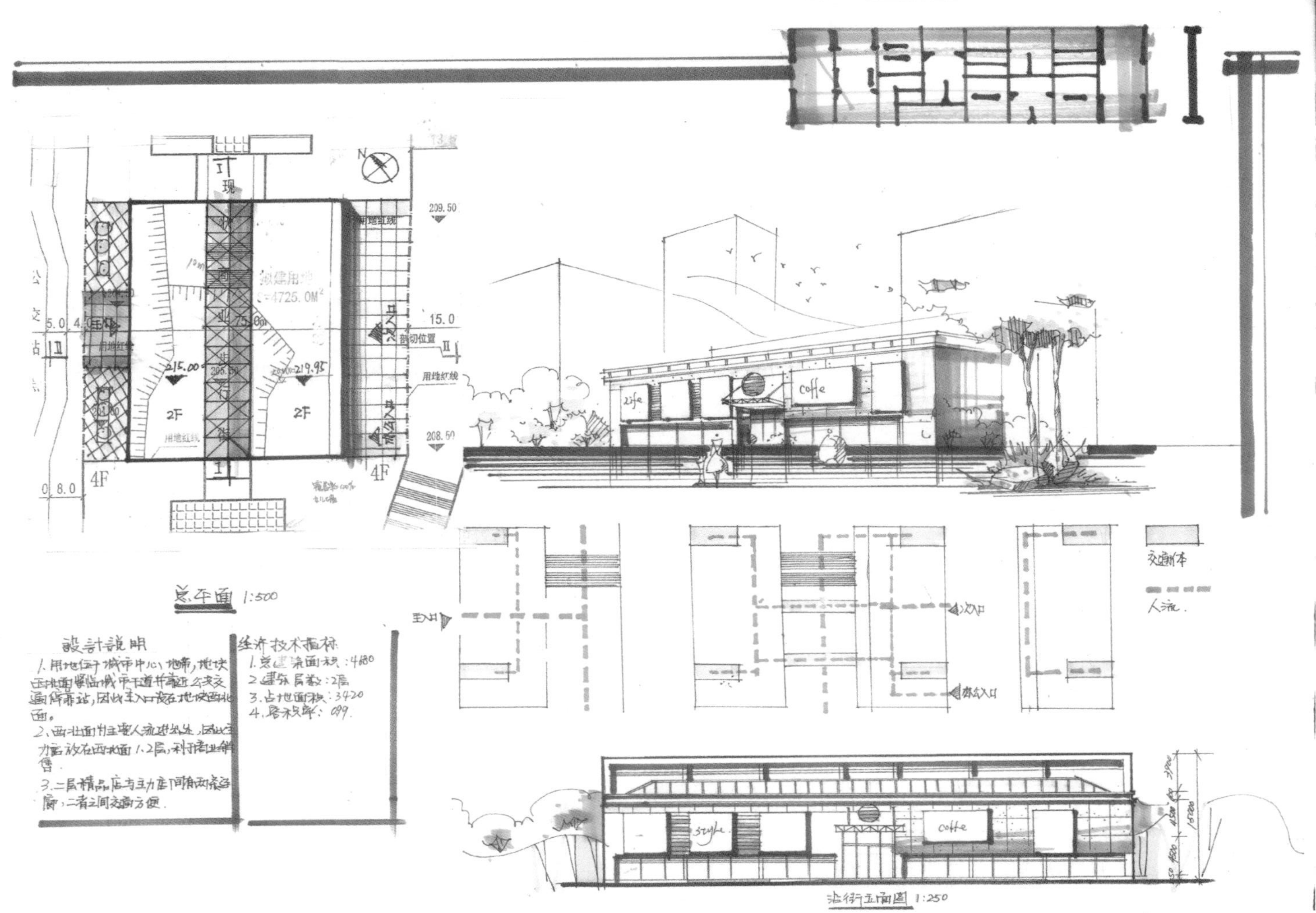

学生作业2

作者：陈睿晶　图纸尺寸：594mm×420mm　用纸：白色绘图纸　表现方法：尺规线条＋马克笔

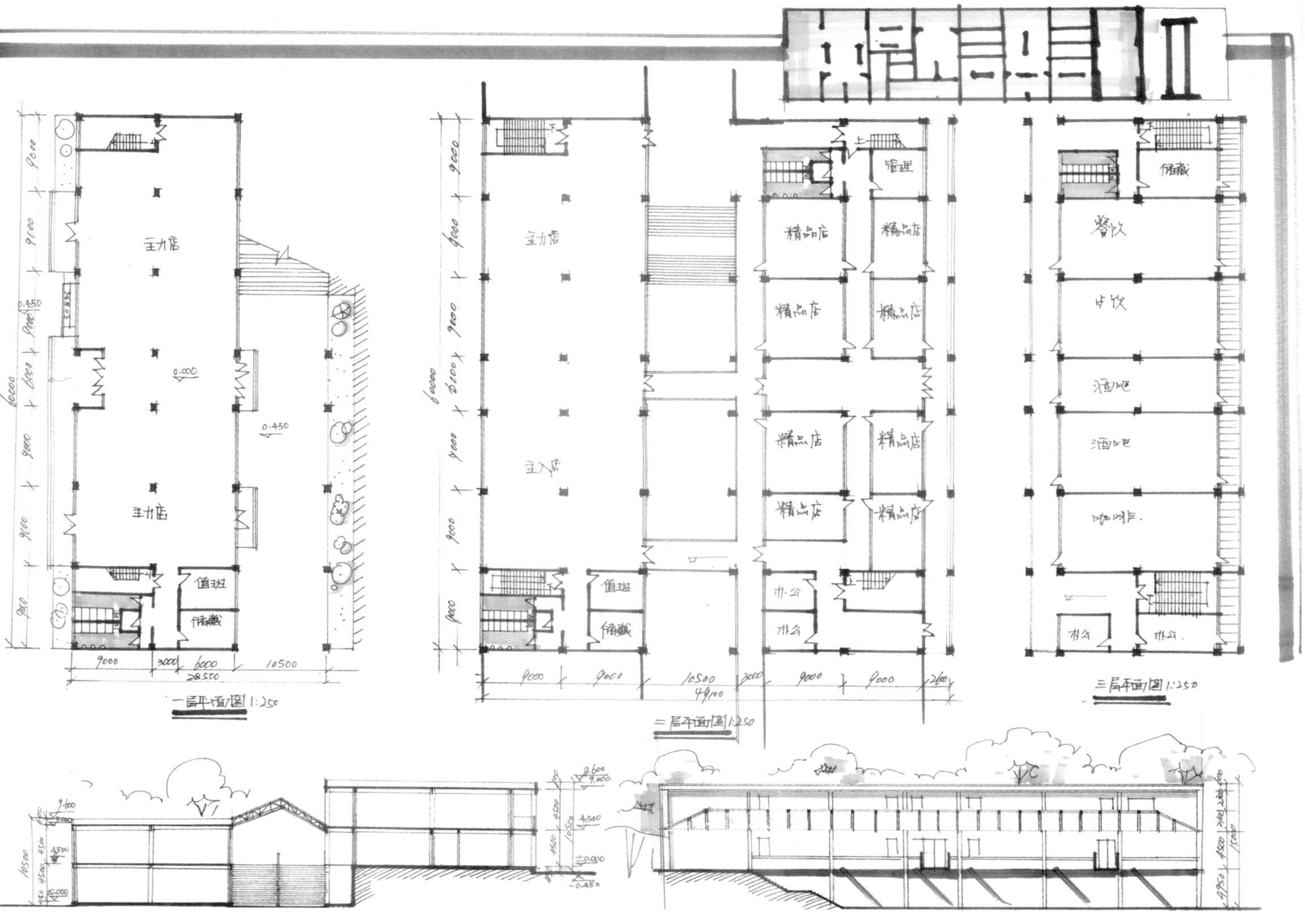

作业评析：建筑平面功能明确，流线清晰，图面表达完整。但是对于场地高差缺少一定的处理，即采用“抹平”的方式，然而针对高差复杂并且时间苛刻的快题情况，不失为一种保守的应试方法。商场建筑内缺少一定的自动扶梯以及升降电梯。

5.8.2 设计题目 2：山地滨江办公综合楼设计

1）项目背景：

建设用地位于南方某山地城市滨江地段总部办公区内，总用地面积 7425m²；地块南北两侧均为城市道路，其中，南侧道路比北侧道路标高低约 8 米，两条道路在地块西侧约 200 米处连接；南侧道路为城市滨江路，主要为车型道路并兼顾沿江休闲散步人群；滨江路南侧有带状城市滨江公园，景观良好；北侧道路为城市次要干道；地块东侧为已建成其他企业办公楼；西侧为城市绿地。

2）设计要求：

（1）地块内拟建某企业总部办公综合楼。

（2）地块内需留有南北向城市公共人行通道，其最窄处宽度不得小于 7m，以解决南北两条道路的日常步行联系问题。

（3）公共人形通道与办公楼内部功能需清晰分开。

（4）地块在南北两条城市道路上均需设置车行出入口。

（5）地块内设置不少于 12 辆室外小汽车停车位、4 辆室内车位。

注：① 本试题提供该办公楼的剖面示意图，表达了剖切位置所在的结构、空间信息（隐藏了部分看线信息），要求据此完善设计的其他内容，并在该剖面图上增添必要的剖面看线（用细实线表达），以完成最终的剖面图。

② 该剖面图中表达的结构板面标高、梁柱关系是已确定条件，不允许更改，但建筑外墙表皮形式、栏杆、女儿墙等局部非结构部分可自行调整。

3）主要建筑功能及指标要求：

（1）总用地面积：7425m²；

（2）总建筑面积：5700m²~6000m²（以轴线计），主要功能设置要求如下：

① 办公部分：2800m²~3000m²（为该功能分区面积，不是房间净面积）

其中：办公套房 3 套（含接待室、办公室）：约 60m²/ 套、15 人会议室 3 间、50 人中会议室一间、其他办公空间形式自定；

② 多功能厅及相关配套用房：约 250m²；

③ 员工餐厅及厨房等附属设施：可容纳 150 人同时就餐，面积自定；

④ 咖啡厅：180m²；

⑤ 健身文体中心、包括健身房、乒乓球、棋牌等活动室：300m²；

⑥ 企业文化展示厅：180m²；

⑦ 图书阅览室（开架阅览）：180m²；

⑧ 辅助及设备用房（储藏、车库、安保监控等）：300m²；

⑨ 其他公共部分用房（门厅、楼电梯间、卫生间、走廊等）：面积自定。

4）设计成果及要求：

（1）总平面图 1：500（结合周边环境与交通条件进行场地环境布置和人车流线组织，标注建筑层数、标高、建筑尺寸、用地红线等，列出主要技术经济指标）；

（2）各层平面图 1：200（若该层与下层只有较小局部变化，可用虚线引出变化部分单独表达，不必绘出该层全部平面）；

（3）立面图 2 个 1：200；

（4）剖面图 1 个（在已提供剖面上完善）；

（5）三维表现图，表现方法不限，但必须清楚表达建筑主要立面，图幅不应小于 300mm×200mm（一幅），

（6）方案构思说明不少于 100 字，技术经济指标应列出主要功能房间面积。

5）图纸要求：

图幅为 1#，各图按要求的比例绘制，标注必要的尺寸、标高。

6）特别说明：

（1）考生自带 1# 图纸，图纸数量及纸张种类不限；

（2）总平面图可直接画在地形图上；

（3）剖面图在提供附图上增添完成。

（4）附图 2 张：地形图 1：500、剖面图 1：200。

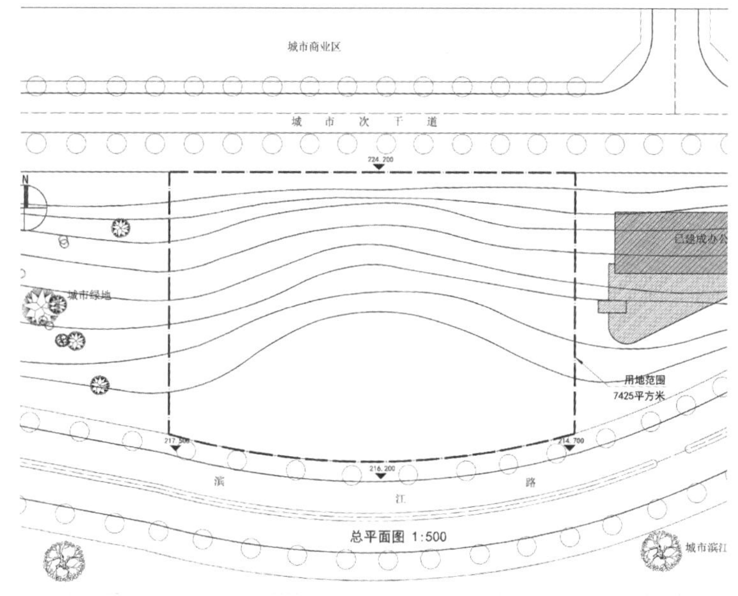

图 5.58　总平面图

设计过程：

1）设计前需要思考的关键问题

（1）如何消化南北向高达 8m 的高差（剖面图已给出，层高及场地标高已设计）。

（2）题目要求的公共人行通道应如何处理。

2）任务书分析

（1）环境分析

① 用地情况：用地大致呈不规则长方形状，基地高差较大，南北高差达 8m，靠南侧 1/3 处相对平整。

② 周边情况：场地北侧紧靠城市次干道，南侧邻接滨江路，西侧为城市绿地，东侧为其他企业已建成的办公楼。

（2）功能分析

① 本设计主要由哪几部分组成？

即：办公空间、多功能厅、员工餐厨、咖啡休闲、健身文体、展示、设备用房、公共用房。

② 面积设定规律：基本是以 $60m^2$ 为模数。

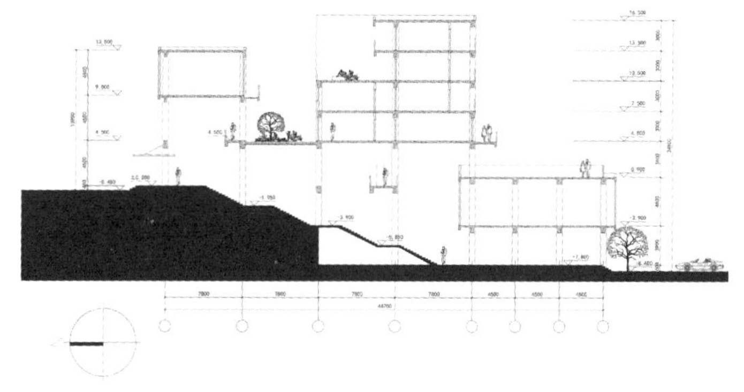

图 5.59　1-1 剖面图

3）分析图示意

（1）限制条件分析

此题的特别之处在于高差很大，且

给出建筑剖面图（包含建筑层数、入口标高、层高等重要条件）。在给出的条件下，解决场地高差是此题的关键。本题建筑面积相对较大，功能复杂。地块内要求设计贯通南北向的城市公共人行通道。

（2）功能布局示意

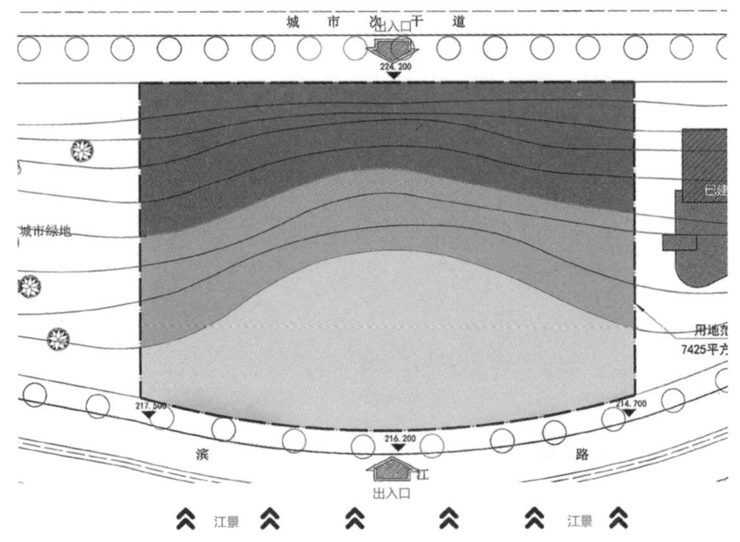

图 5.60 场地限制条件分析图

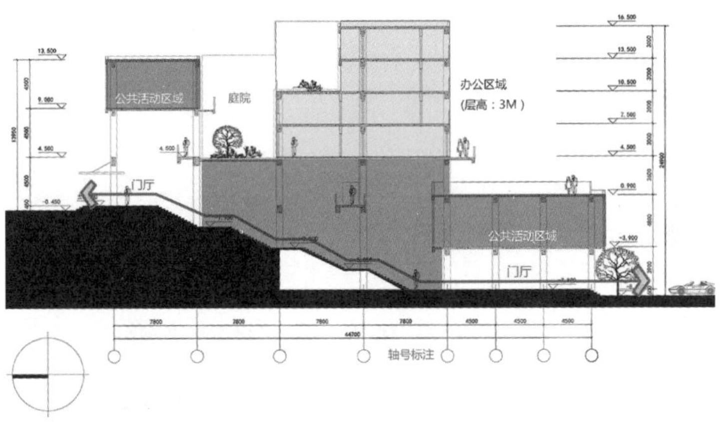

图 5.61 功能布局示意图

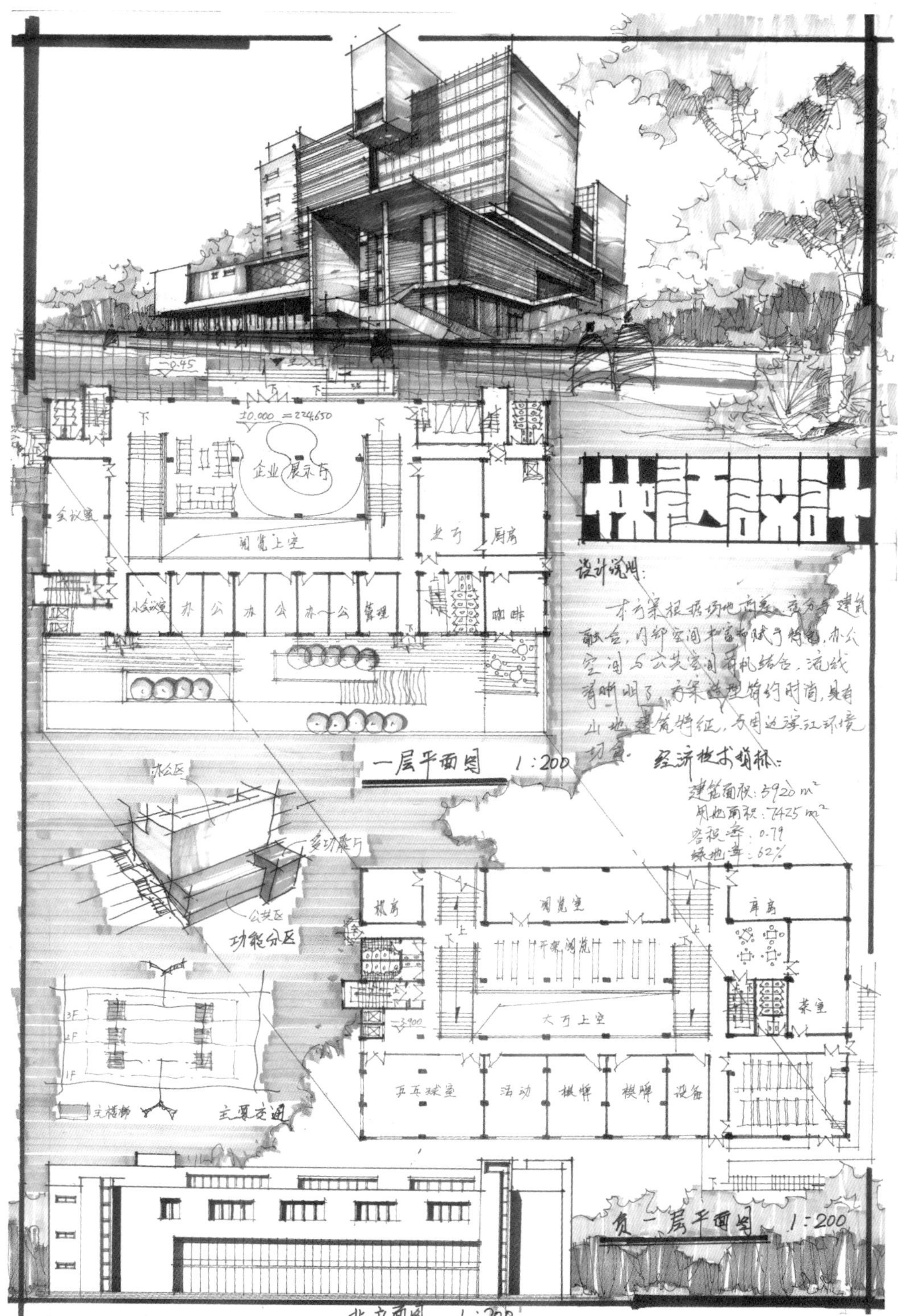

学生作业1 作者：熊濯之 图纸尺寸：594mm×841mm 用纸：白色绘图纸 表现方法：尺规线条＋马克笔

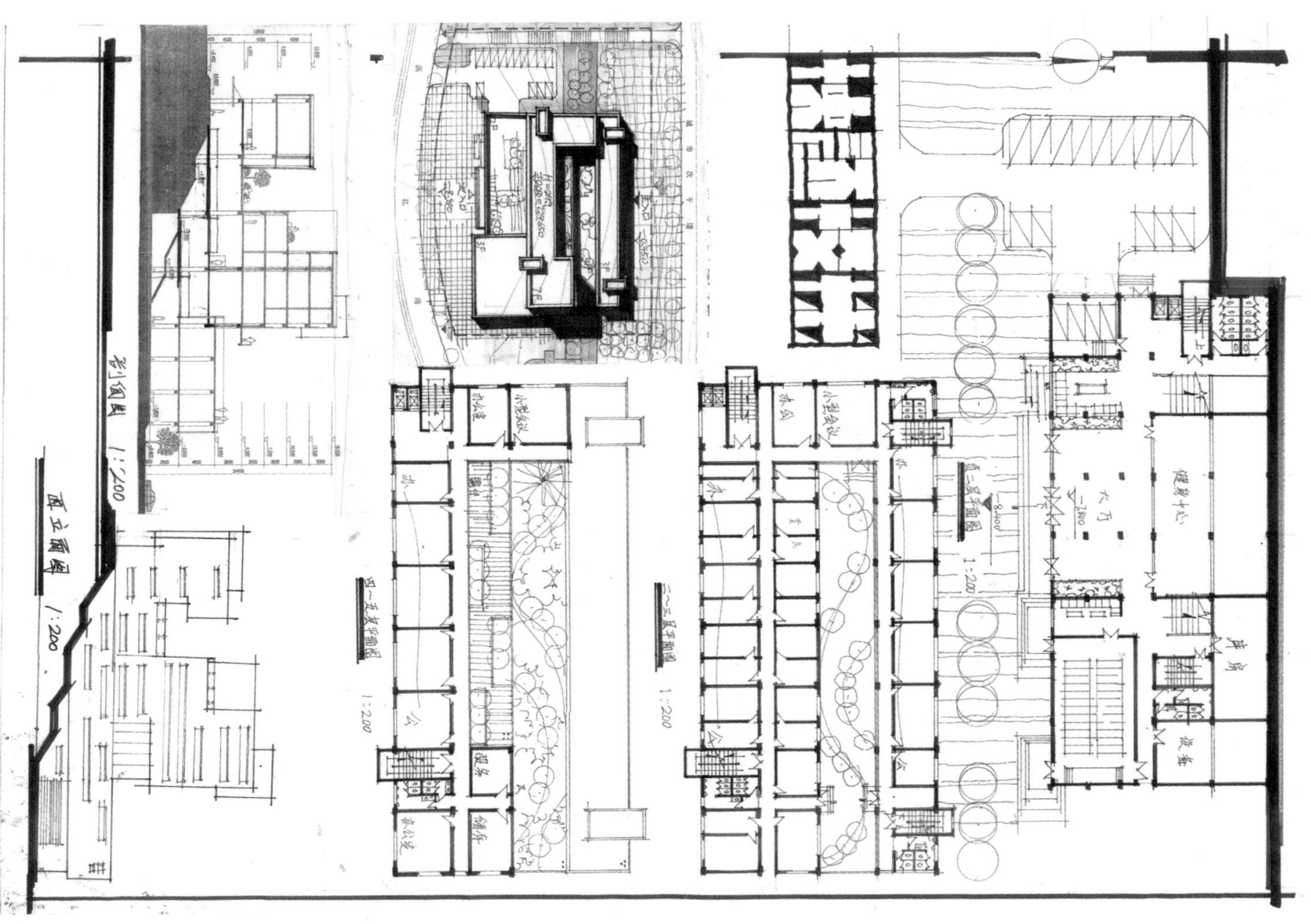

作者：熊濯之　图纸尺寸：594mm×841mm　用纸：白色绘图纸　表现方法：尺规线条 + 马克笔

作业评析： 方案设计采用“回”字形布局，功能分区明确，交通流线合理，有效地避免了“黑房间”问题，并回应了场地的高差问题。快题采用尺规表达，线条流畅，色彩稳重，建筑造型丰富，表达富有张力。

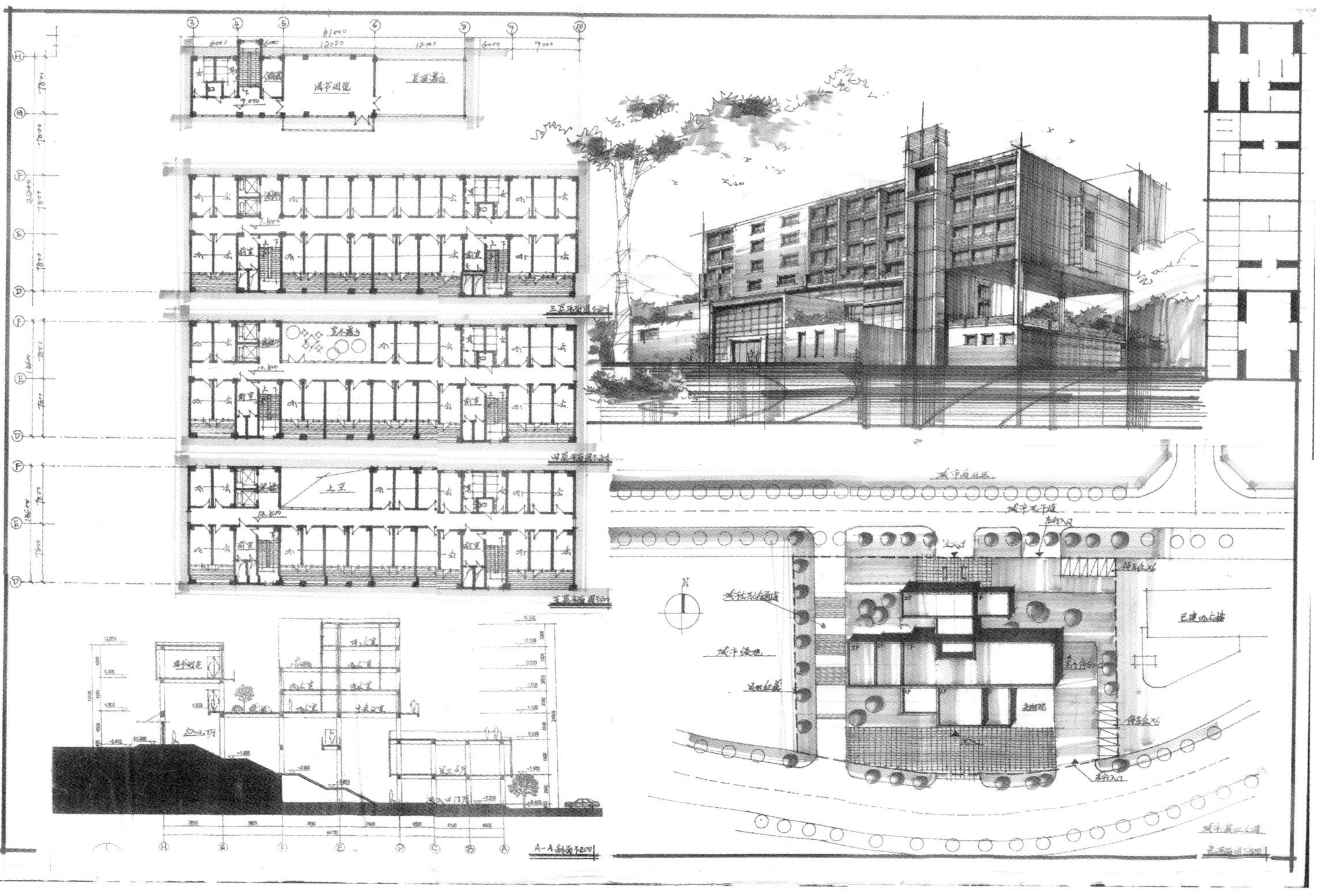

学生作业2

作者：王志飞　图纸尺寸：594mm×841mm　用纸：白色绘图纸　表现方法：尺规线条 + 马克笔

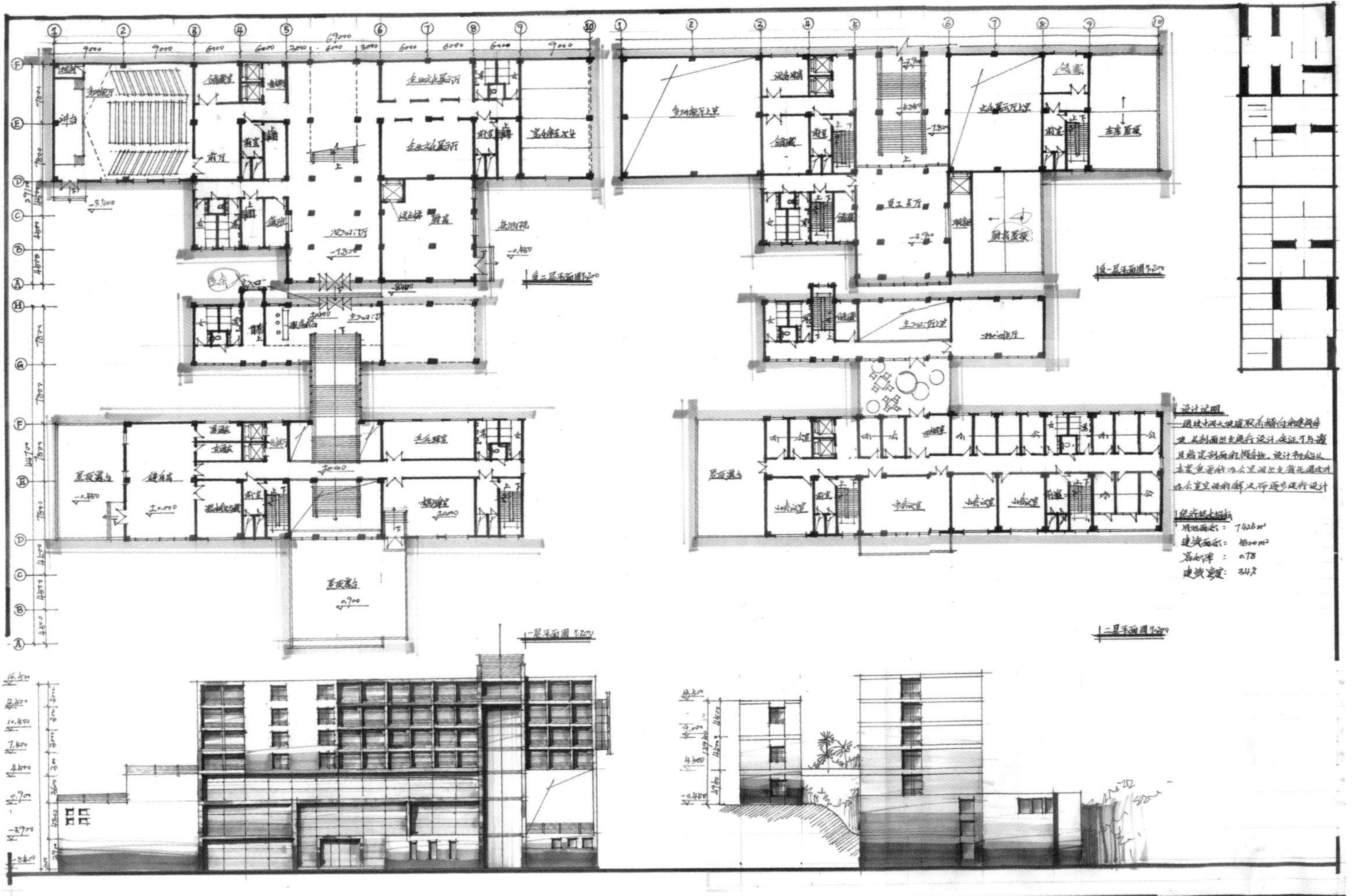

作者：王志飞　图纸尺寸：594mm × 841mm　用纸：白色绘图纸　表现方法：尺规线条 + 马克笔

作业评析： 方案设计采用“工”字形布局，功能分区明确，交通流线合理，运用通道合理地解决了场地的高差问题。快题采用尺规表达，线条流畅，用色沉稳，建筑造型丰富，是一份图面表达完整的优秀作业。

5.9 总平面布置类

总平布置类快题设计，一般是指采用城市设计的手法对某一地块进行建筑总平面设计，主要考察内容包括，建筑群落关系、开放空间、人行与车行道路、景观绿化系统等。在此类快题设计中，常见的考点主要有：

① 建筑临街界面的处理；

② 周边道路的层级关系；

③ 建筑之间的退距关系。

→ 设计题目 1：滨水创意产业园区企业家会所设计，同济大学 2013 年（复试）考研快题（6 小时）；

→ 设计题目 2：城市建设发展中心规划与建筑设计，重庆大学 2014 年（初试）考研快题（6 小时）。

5.9.1 设计题目 1：滨水创意产业园区企业家会所设计

1）设计条件

某地拟在滨水区域建设创意产业园区，要求建设五栋创意产业办公楼，每栋 8000 平方米（不超过 8 层），以及一座企业家会所，建筑面积 4000 平方米，场地内地面停车位不少于 12 个，地下车库车位 150 个。

基地内有三个工业时代废弃的混凝土结构圆塔，直径为 12 米，高 24 米（见基地图）。要求保留现存的三个圆塔，并进行改扩建为园区企业家会所。圆塔内部为完整空间，无其他结构，改扩建时可对圆塔进行改造，开洞率不得超过 40%，内部空间可加设楼板，层数不限。基地东侧桥面与滨水步道有高差（见基地图标高），城市规划要求利用此建筑物连接桥面人行道与滨水步道，步行桥及阶梯可建在红线以外。但无障碍电梯须设在建筑物内并供外部空间使用，要求建筑物在二层设置观景平台作为城市公共空间与步行桥及滨水步道的联系，面积不少于 300 平方米。

2）功能要求

（1）企业家会所建筑功能要求如下：

（2）报告厅 200m^2；

（3）展厅 4 个 250m^2 × 4；

（4）活动室 5 个 50m^2 × 5；

（5）企业家沙龙 150m^2；

（6）水景茶室 200m^2；

（7）餐厅 100m^2；

（8）小餐厅（包房，带卫生间）5 个 30m^2 × 5；

（9）厨房 100m^2；

（10）内部管理办公室 5 间 30m^2 × 5　会议室 60m^2；

其他如咖啡厅、休息区、卫生间、小卖部等可根据需要设置。

建筑需考虑无障碍设计。

3）图纸要求：

（1）总体设计

总平面图 1：1000（要求对园区进行总体布置，合理组织各类流线，合理组织建筑物及环境景观）。

（2）会所单体建筑设计

① 各层平面 1：200；

② 立面（至少 2 个）1：200；

③ 剖面 1：200；

④ 轴线图或透视图（比例不限，图幅不小于 200mm × 300mm）。

设计过程：

1）设计前需要思考的关键问题

（1）创意产业园区规划应如何组织；

（2）企业家会所内圆塔利用、建筑对场地高差的利用。

2）任务书分析

（1）环境分析

① 用地情况：用地地形呈不规则五边形，用地基

本平整，无高差，场地内有三个混凝土结构圆塔需保留。

② 周边情况：建设用地北面临河，南面为城市绿地，均有良好景观面；东侧靠近城市道路，道路北高南低，高差为 8m。

（2）功能分析：

① 设计中的功能分区主要由几部分组成？

本题设计规划及单体建筑设计，规划部分要求对园区进行总体布置，合理组织各类流线，合理组织建筑物及环境景观；建筑部分为会所单体，包含报告厅、休闲展示、餐饮、后勤办公等。

② 面积设定规律：

主要空间以 30m^2、50m^2 模数为主。

（3）需要注意的几个点：

本题设计规划与单体设计两部分，需合理安排好两部分所用时间。

① 明确需设计的内容及相应图纸，分配好时间；

② 总平面图：协调创意产业办公楼区域建筑、广场、停车、环境之间的关系；协调创意产业办公楼区域与会所之间的关系，要求利用会所连接桥面人行道与滨水步道，步行桥及阶梯可建在红线以外；

③ 会所单体内，圆塔需保留，且无障碍电梯须设在建筑物内并供外部空间使用，要求建筑物在二层设置观景平台作为城市公共空间与步行桥及滨水步道的联系，面积不少于 300 平方米。

3）分析图示意

（1）场地限制条件

（2）功能布局示意

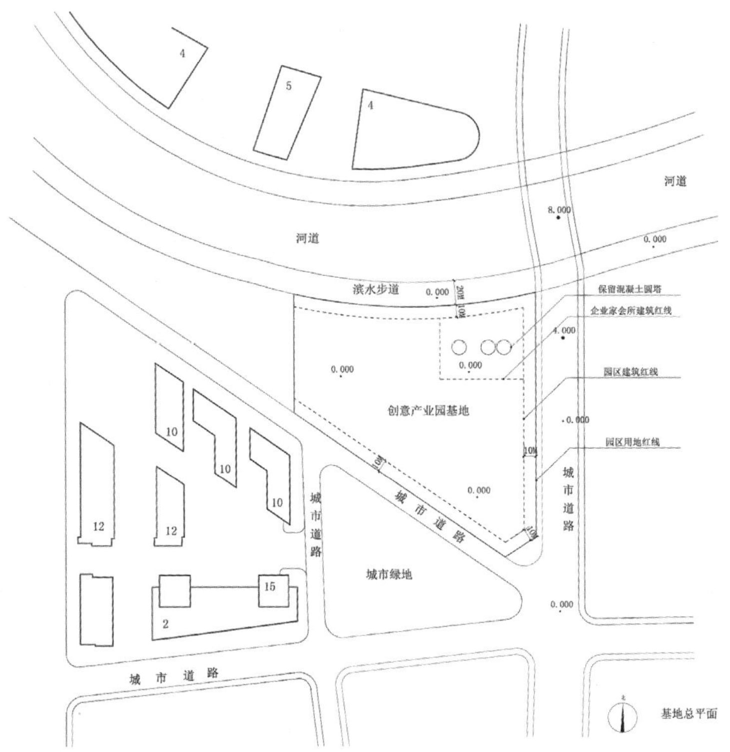

图 5.62　基地总平面图

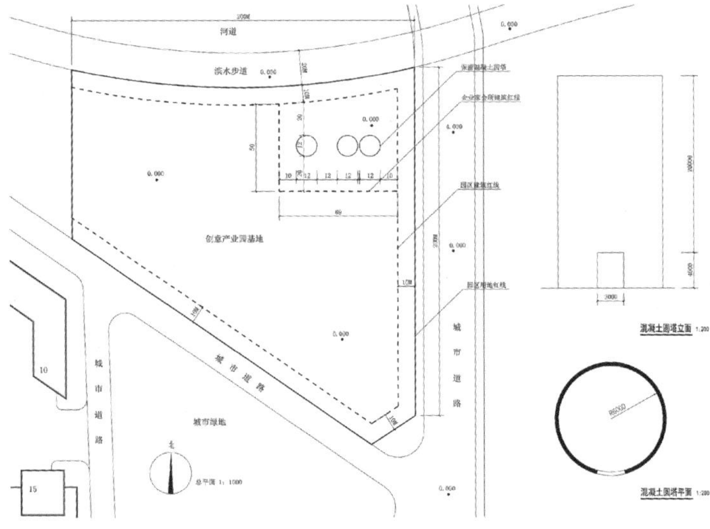

图 5.63　创业产业园基地总平面图

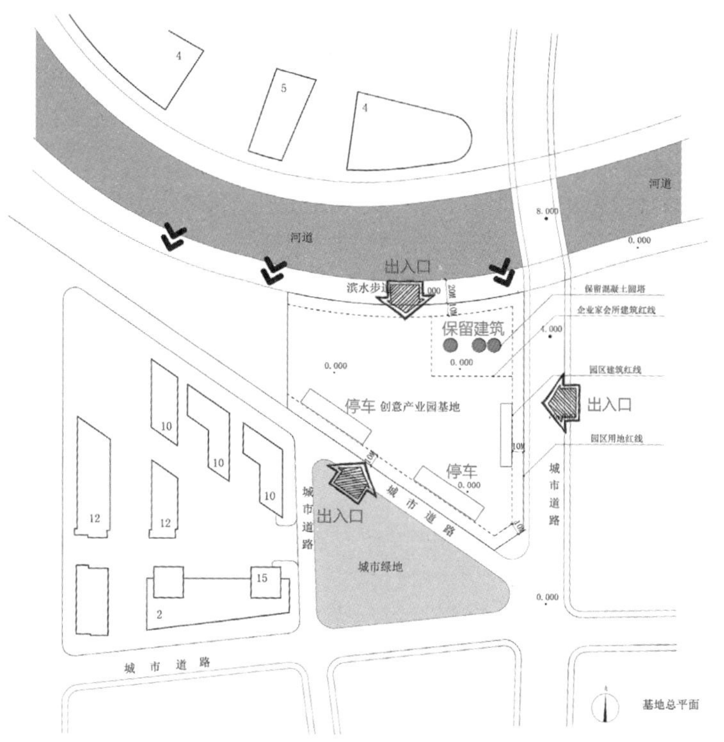

图 5.64　场地限制条件分析图

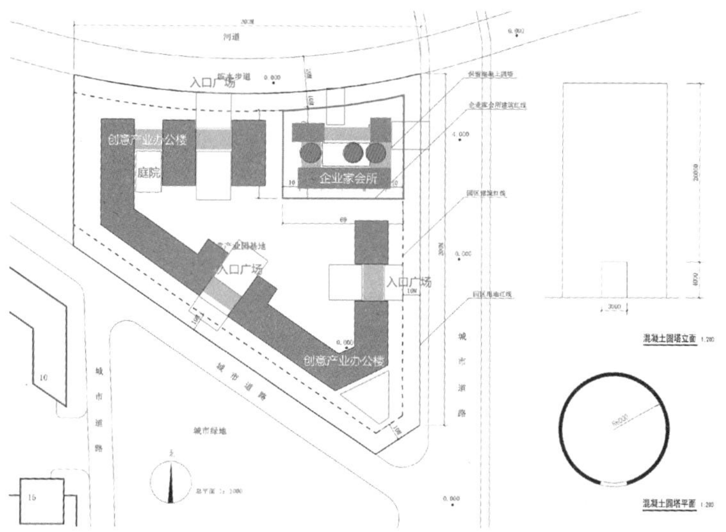

图 5.65　功能布局示意图

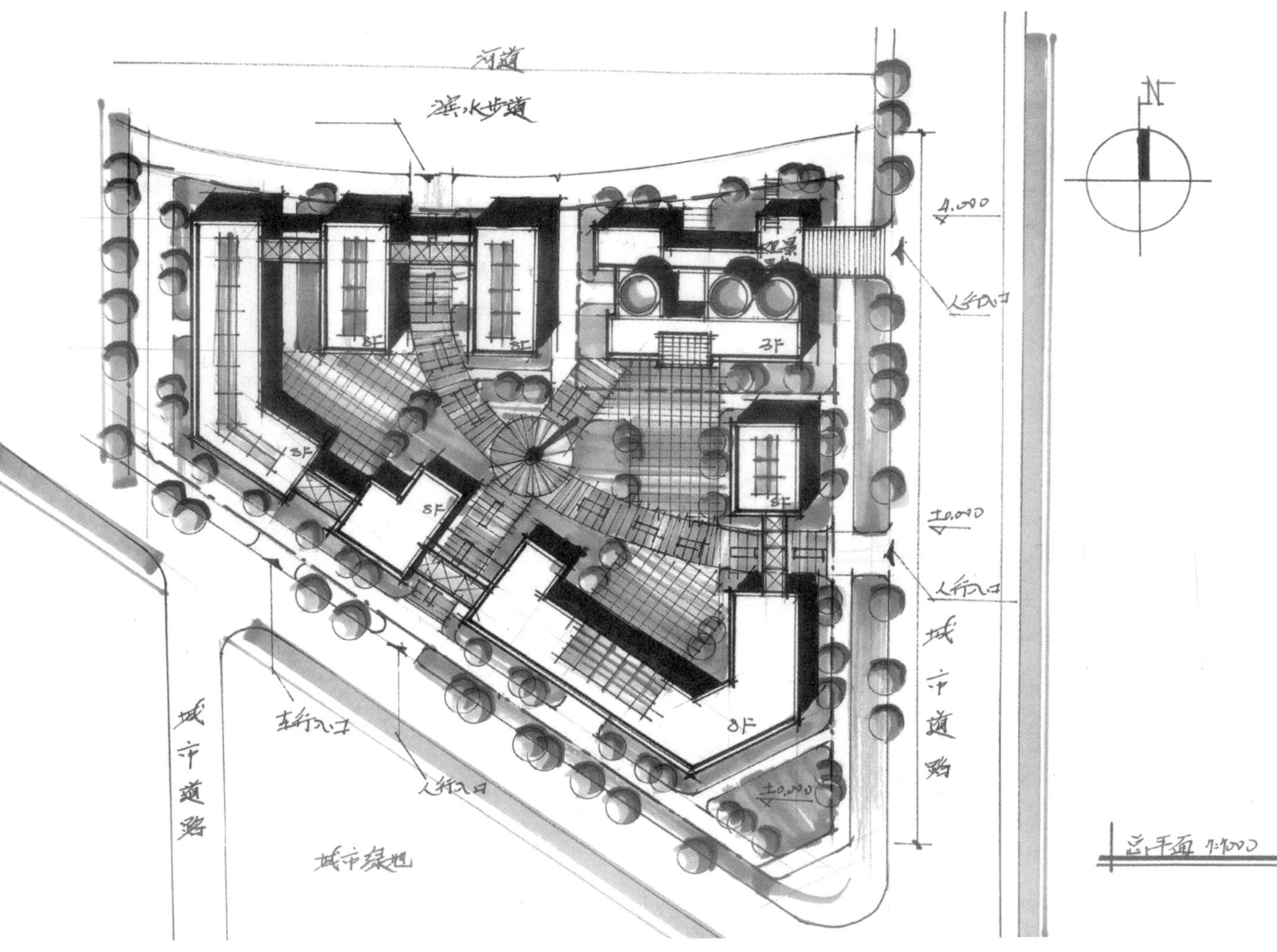

学生作业1

作者：王志飞　图纸尺寸：594mm×841mm　用纸：白色绘图纸　表现方法：尺规线条＋马克笔

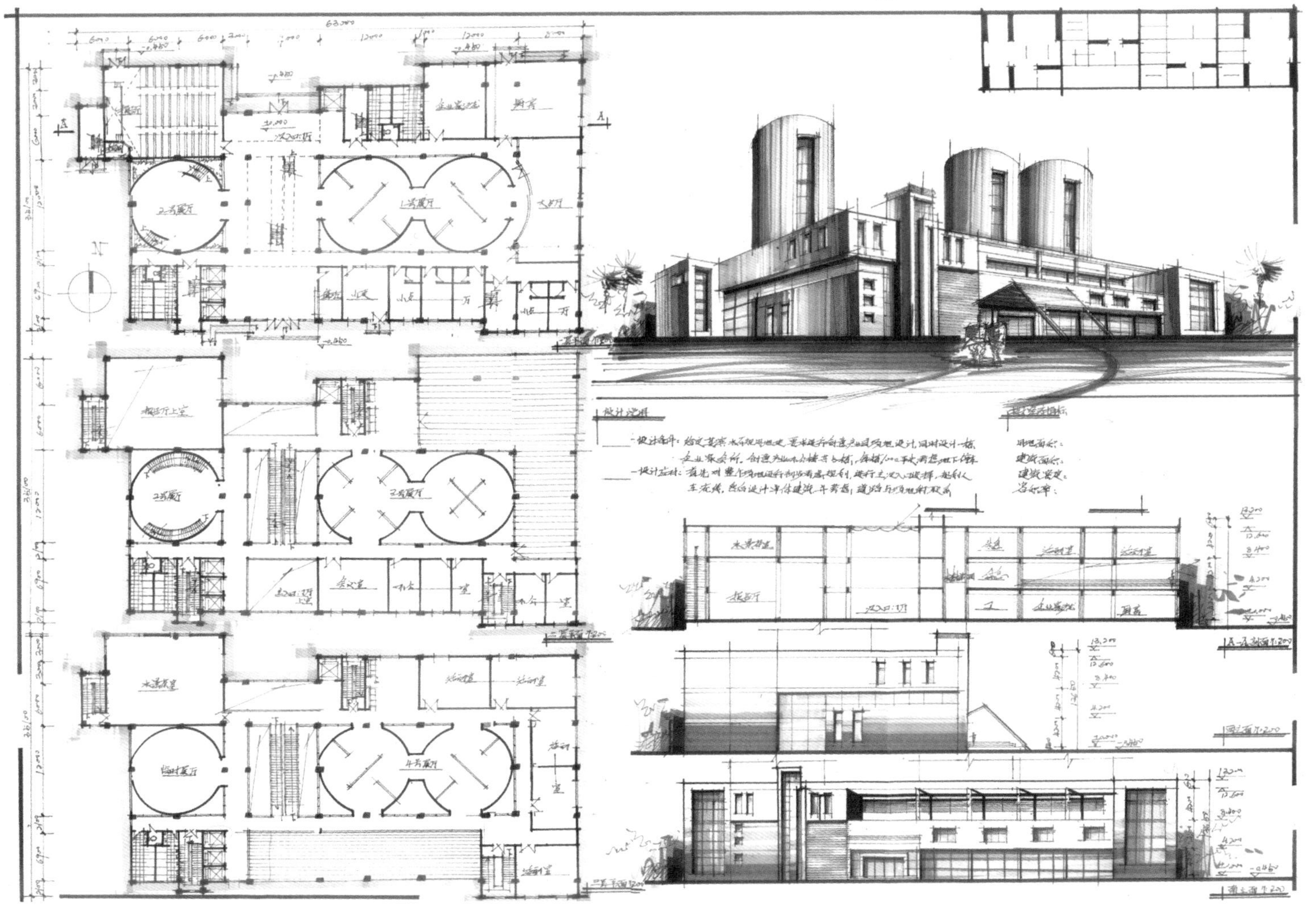

作业评析： 在场地设计部分，建筑依据地形分布，开口合理，不足之处在于布置过多的东西向建筑，不利于采光要求。在平面设计部分，保留原有的圆柱形建筑体量，并结合展厅布置较为灵活的空间，对于疏散楼梯无需做封闭楼梯间，不利于室内自然采光。画面用色沉稳，线条洒脱，图面表达内容完整。

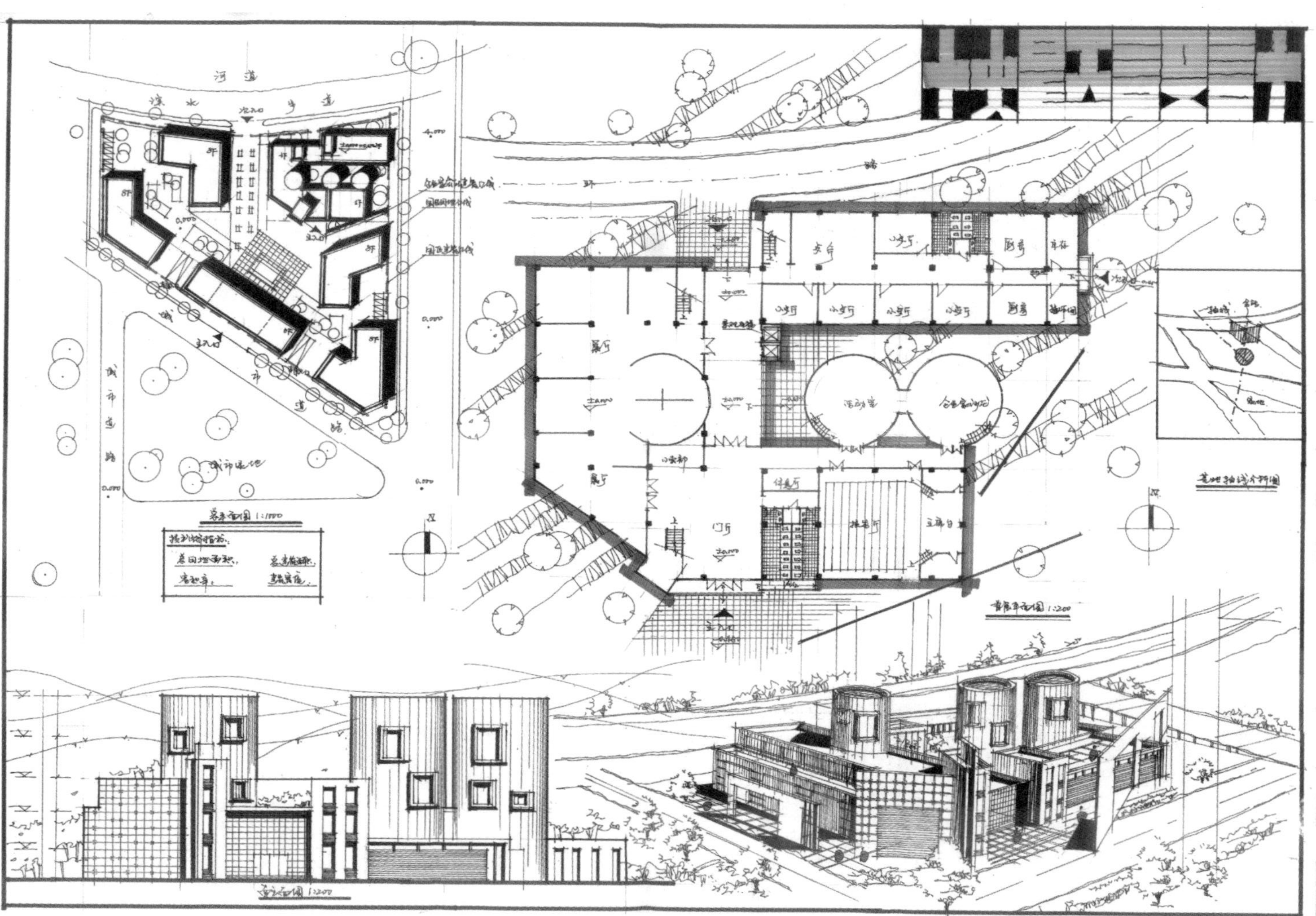

学生作业2

作者：殷天伟　图纸尺寸：594mm×841mm　用纸：白色绘图纸　表现方法：尺规线条 + 马克笔

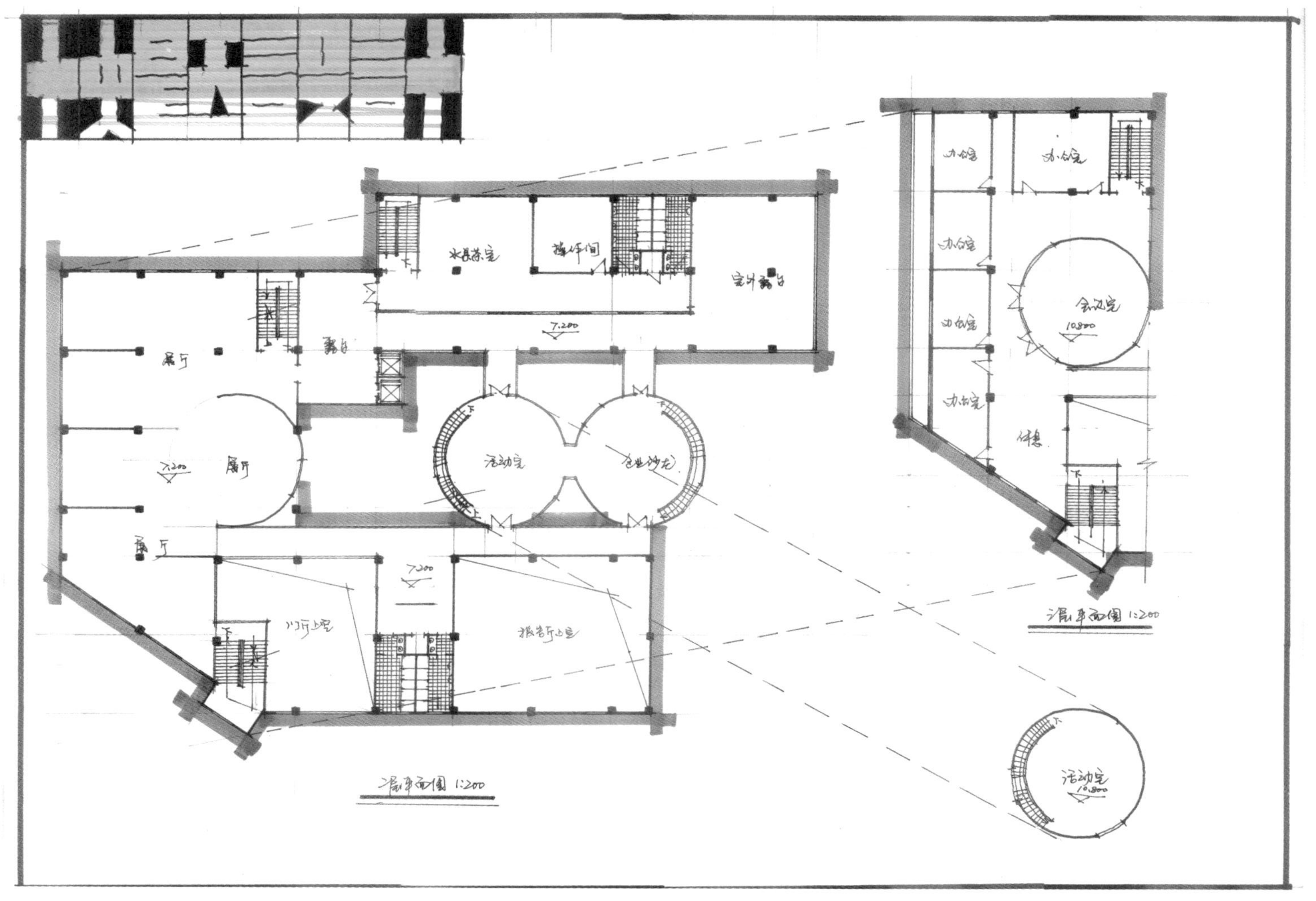

作业评析：在场地设计部分，建筑布局缺乏一定的逻辑性，交通流线不够清晰。在平面设计部分，保留原有的圆柱形建筑体量，并结合展厅布置较为灵活的空间，办公空间西侧采光，并未对其进行一定的防西晒措施。画面用色沉稳，鸟瞰透视图表达较为准确。

5.9.2 设计题目 2：城市建设发展中心规划与建筑设计

特别提醒：总平面图可直接绘制在试卷上，其他图纸需按照要求绘制于 A1 图纸上，自备白纸，张数不限。总平面图需牢固粘贴于 1# 图纸上。

1）设计概况：

西南某市拟建设城市规划展览馆（简称规划馆）、城市学术中心、规划局办公楼（以上三项为多层建筑，近期建设）以及建设服务大厦（高层建筑，远期建设），四项合称为“城市建设发展中心”，建设用地位于该市偏西的区位，中心水系景观区北岸，总用地面积 1.8 万 m2；景观河道以北是城市新区，以南是老城区；地块四周均为城市道路，其中南侧、西侧道路为城市主干道；北侧、东侧道路为次干道；用地北部、东部地块为政务区（多层），西部地块为新建商业酒店区（高层）；

规划馆、城市学术中心、规划局办公楼、建设服务大厦四者可组合也可分离设置，流线相对独立但需有便捷联系。规划馆重点展示城市规划设计成果，包含城市总体规划大型沙龙模型（13m × 36m）一个、区县成就展厅 12 个、城市历史展厅一个及其他规划馆必须功能，规划馆设内部办公 500m^2；城市学术中心包含 200 人学术报告厅 1 个、80 人报告厅 3 个及 40 人小会议室 6 个；规划局办公楼需独立布置，具体内部功能内容见本试题第三节；建设服务大厦主要容纳与城市建设相关的各种政务管理服务型机构，为城市建设的管理、审批、服务、咨询形成一站式办公空间，也是整个地块的竖向标志性建筑（高度自定）；

规划馆建筑面积约为 6000 平方米（地上）；城市学术中心建筑面积按功能自拟；规划局办公楼建筑面积约为 3000 平方米（地上）；建设服务大厦地上建筑约为 18000~20000 平方米；另有约为 1000 平方米的地下设备用房与 200 个车位左右的地下车库，地面有不少于 20 个小车停车位为（3m × 6m）、4 个大型巴士停车位（4m × 10m）；

建设用地基本平整，无明显高差。常年气候温和，无极端气候现象。绿地率不低于 30%，建设密度不高于 40%。

2）设计内容：

（1）完成用地范围内的总平面设计，需标注建筑名称、各类人车出入口位置（实心三角形箭头）、地下建筑范围线（中粗虚线）、场地设计（明确硬质铺地、绿地），需用细虚线绘制出规划馆沙盘模型位置，其他所需标注内容按方案深度的相关规定执行；因建设分期要求，需充分注意建设服务大厦尚未建设时的场地状况；

（2）完成规划局办公楼的单体建筑设计；

（3）完成建设服务大厦的标准层（或典型层）平面设计（基本功能为办公）。

3）规划局办公楼功能要求：

（1）50 人会议室 1 间（兼做城市规委会会议室，需有良好景观及必要的配套服务用房）；20 人左右会议室 5 间；

（2）规划成果公示区约 200m^2；

（3）办公套房 5 套（含接待室、办公室）：约 40~50m^2/ 套、其他办公空间形式自定；

（4）辅助及设备用房（储藏、设备、安保监控等）：300m^2；

（5）其他公共部分用房（门厅、楼电梯间、卫生间、走廊等）：面积按需自定。

4）图纸要求：

（1）总平面图，1：500（可直接绘制在 A3 附图上）；

（2）规划局办公楼各层平面图，1：200（标注两道尺寸；若该层与下层只有较小局部变化，可用细线引出变化部分局部表达，不必绘出该层全部平面）；

（3）建设服务大厦标准层平面图，1：200（要求同上，只需绘制 1 个即可）

（4）剖面图，1 个（至少包含规划局办公楼部分）；

（5）透视表现图，角度自定，表现方法不限；

（6）文字说明、主要技术经济指标（至少包含以下指标）：

① 总用地面积

② 总建筑面积，其中：地上、地下需分别标出

③ 容积率

④ 建筑基底面积

⑤ 建筑密度

⑥ 地下车库车位数、地面车位数

⑦ 层数（地上、地下）

⑧ 绿地率（屋顶绿化不得计入）

附图 2 张：总平面图、区位关系图

图 5.66　用地区位关系示意图

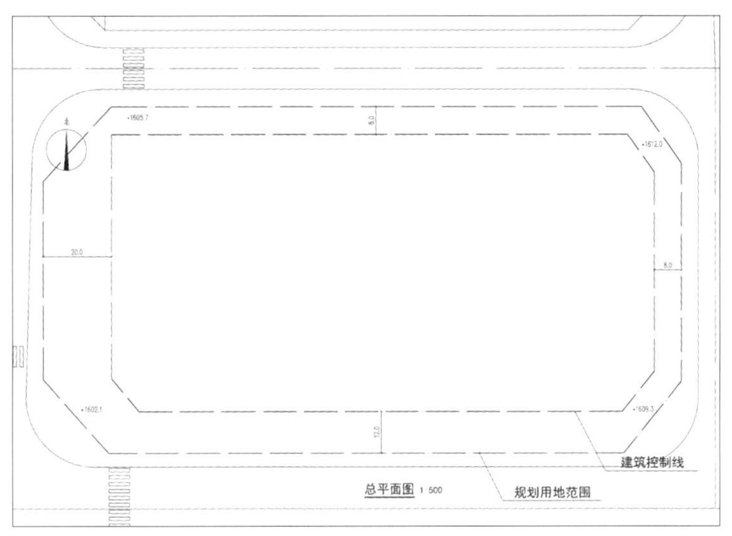

图 5.67　总平面图

设计过程：

1）设计前需要思考的关键问题： 四栋建筑的功能、流线组织与联系；考虑建筑与周边功能的联系和景观资源的分配；分期建设问题。

2）任务书分析

（1）环境分析

① 用地情况：用地地形规整，呈长方形，总用地面积 1.8 万平方米。用地基本平整，无明显高差。

② 周边情况：建设用地位于该市偏西的区位，中心水系景观区北岸；是城市新区，以南是老城区；地块四周均为城市道路，其中南侧、西侧道路为城市主干道；北侧、东侧道路为次干道；用

地北部、东部地块为政务区（多层），西部地块为新建商业酒店区（高层）。

（2）功能分析

① 设计中的功能分区主要由几部分组成?

本题规划部分涉及四个建筑：城市规划展览馆、城市学术中心、规划局办公楼（均为多层建筑，近期建设）以及建设服务大厦（高层建筑，远期建设）；规划局办公楼功能主要包括：会议、规划成果公示区、办公、辅助及设备用房、其他公共部分用房。

② 面积设定规律：主要空间以 $50m^2$ 模数为主。

（3）需要注意的点

高层核心筒设计。

① 总平面图：考虑四者各自合适位置，注意四者相对独立但有便捷联系；另建设分期，需注意建设服务大厦未建的情况下，场地道路环境的完整性；

② 建设服务大厦属于高层建筑，主要考察核心筒的布置。

3）分析图示意

（1）场地限制条件：场地四面均为城市道路，其中道路等级西侧 > 南侧 > 东侧 > 北侧，西南侧道路均属城市主干道。用地北、东两侧为政务区；西侧为新建商业酒店区，南向为中心水系景观区。规划局办公楼与建设服务大厦均属于政务相关的功能，考虑与政务区的方便联系，宜设计在东、北两侧。城市学术中心、城市规划展览馆对景观要求相对更高，因此设计在场地南面。

（2）功能布局示意

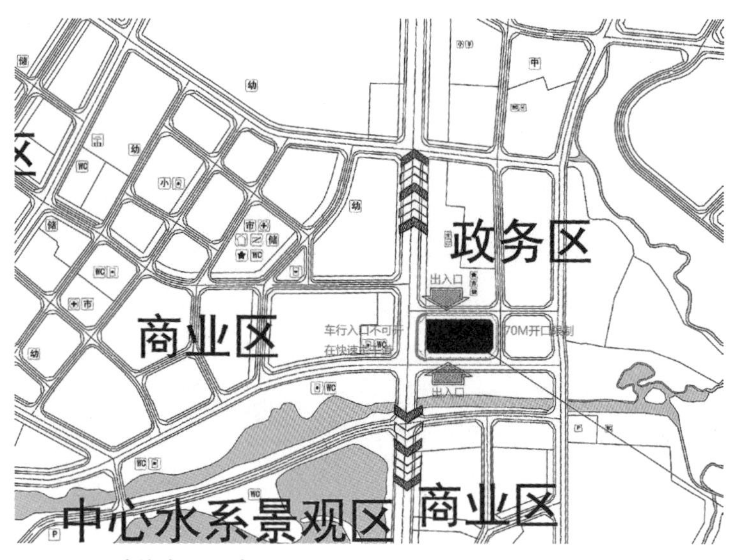

图 5.68　功能布局示意图

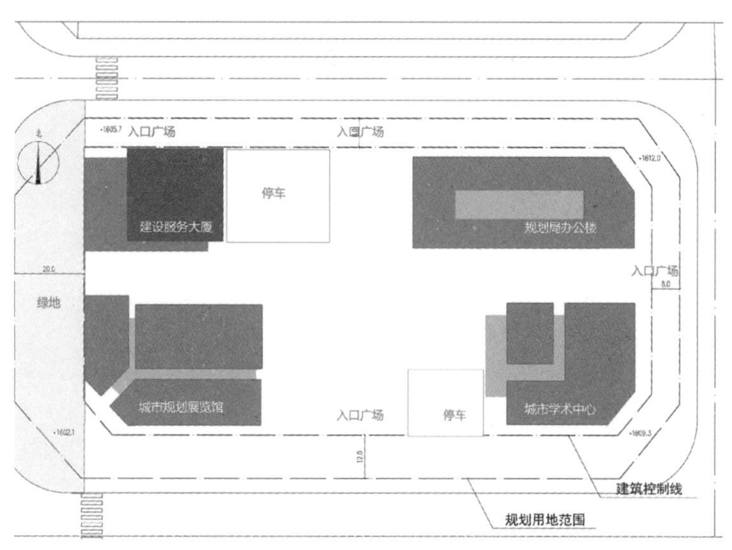

图 5.69　地限制条件分析图

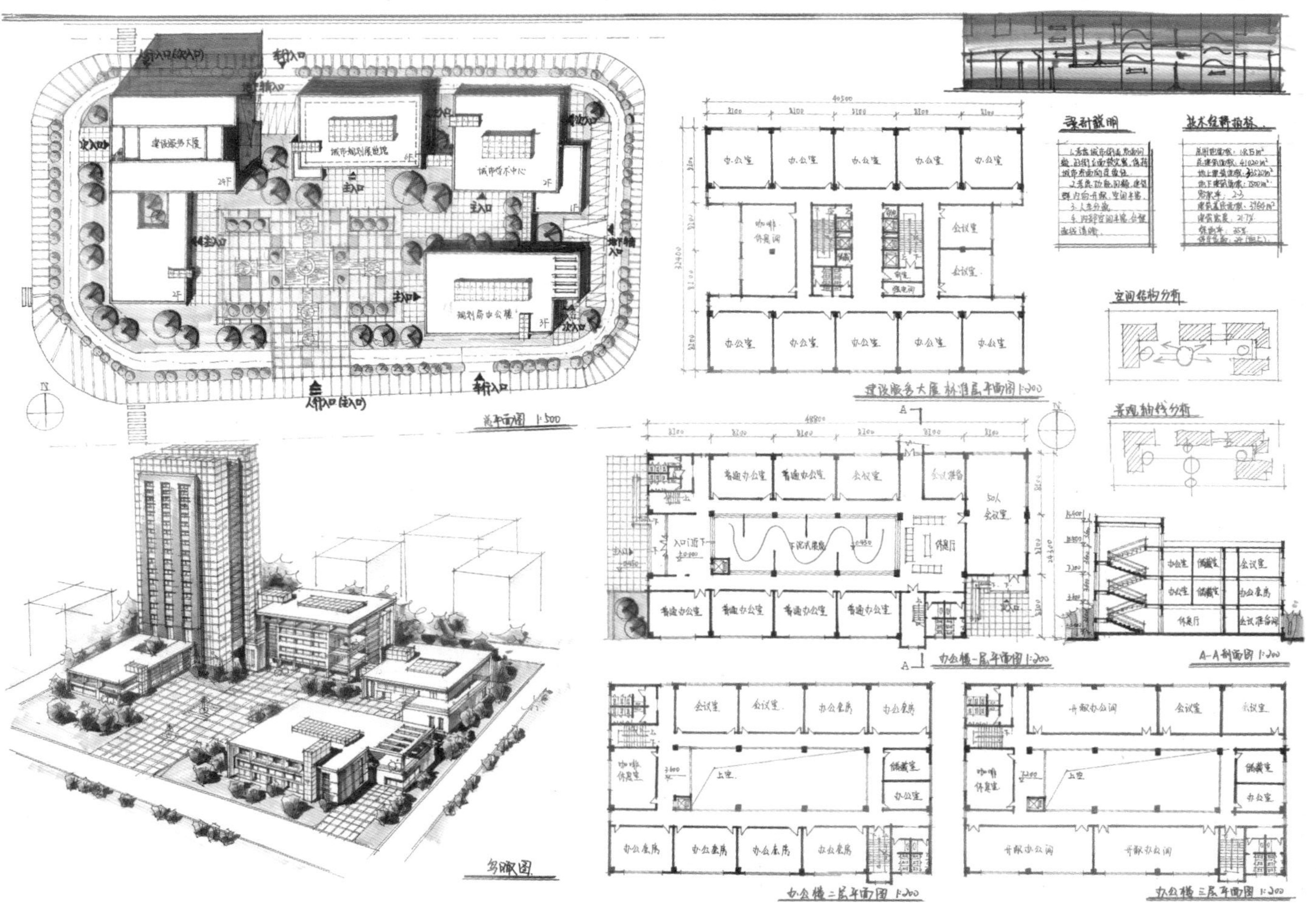

学生作业1

作者：潘高　图纸尺寸：594mm×841mm　用纸：白色绘图纸　表现方法：尺规线条 + 马克笔

作业评析： 方案设计中，图面丰富饱满，表达完整。总平面布置合理，人行流线与车行流线互不干扰。建筑主要布置在西、北、东侧，既能便捷地与周边建筑联系，又能很好地利用南面的水系景观。有一些细节问题需要指出，建设服务大厦的核心筒中未表示出消防电梯。

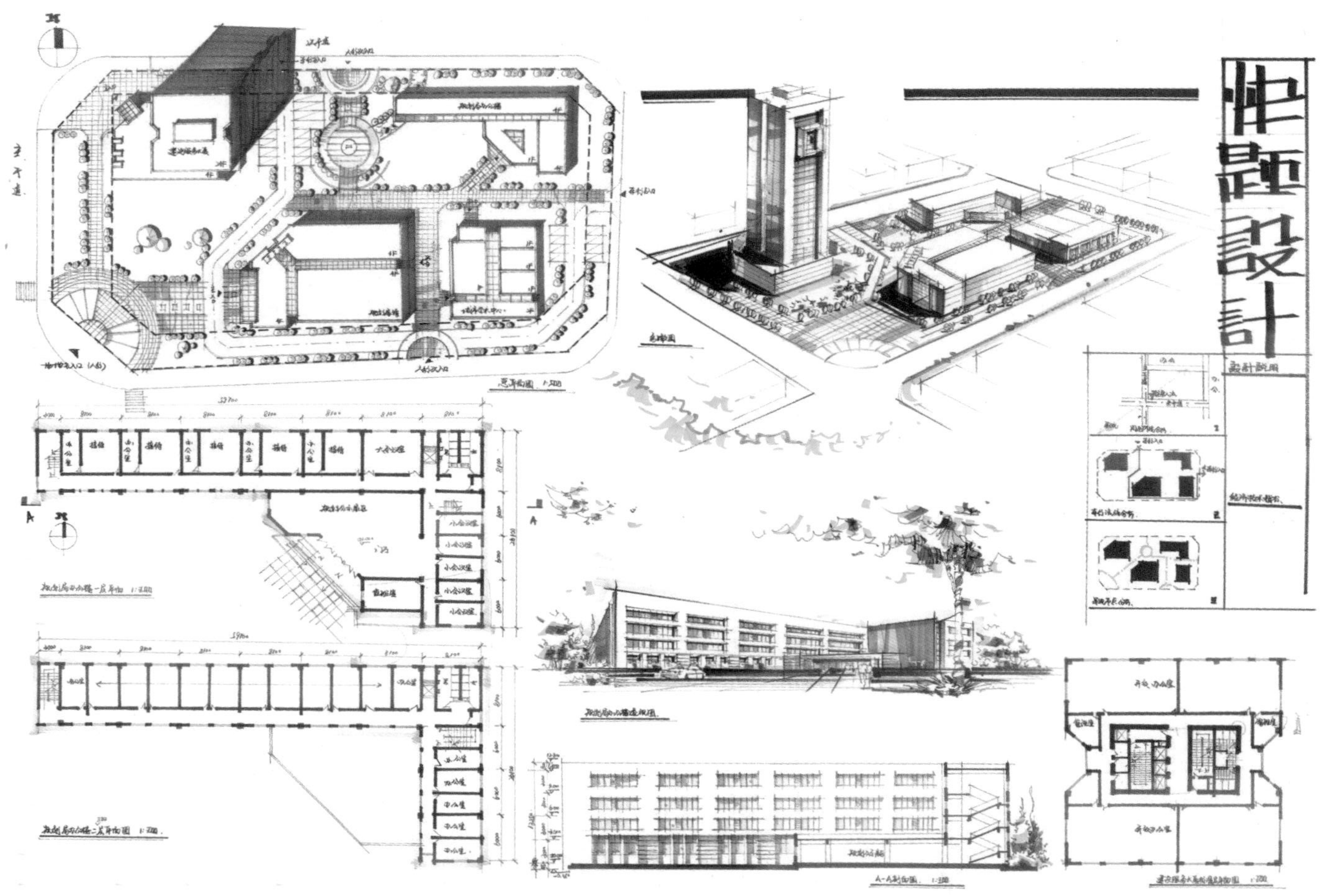

学生作业2

作者：闫枚璐　图纸尺寸：594mm×841mm　用纸：白色绘图纸　表现方法：尺规线条 + 马克笔

作业评析： 方案设计中，总平面布局合理，将建设服务大厦、规划局办公楼这类与政务区联系相对紧密的建筑设计在北侧；将规划局展馆、城市学术中心这类公共性更强、对景观需求更高的建筑设计在南侧。作业整体不错，但在细节表达上，规划局办公楼 2 至 4 层平面图未标注标高；地下车库出入口表达不详，且不少于 2 个。

5.10 优秀建筑快速设计作业

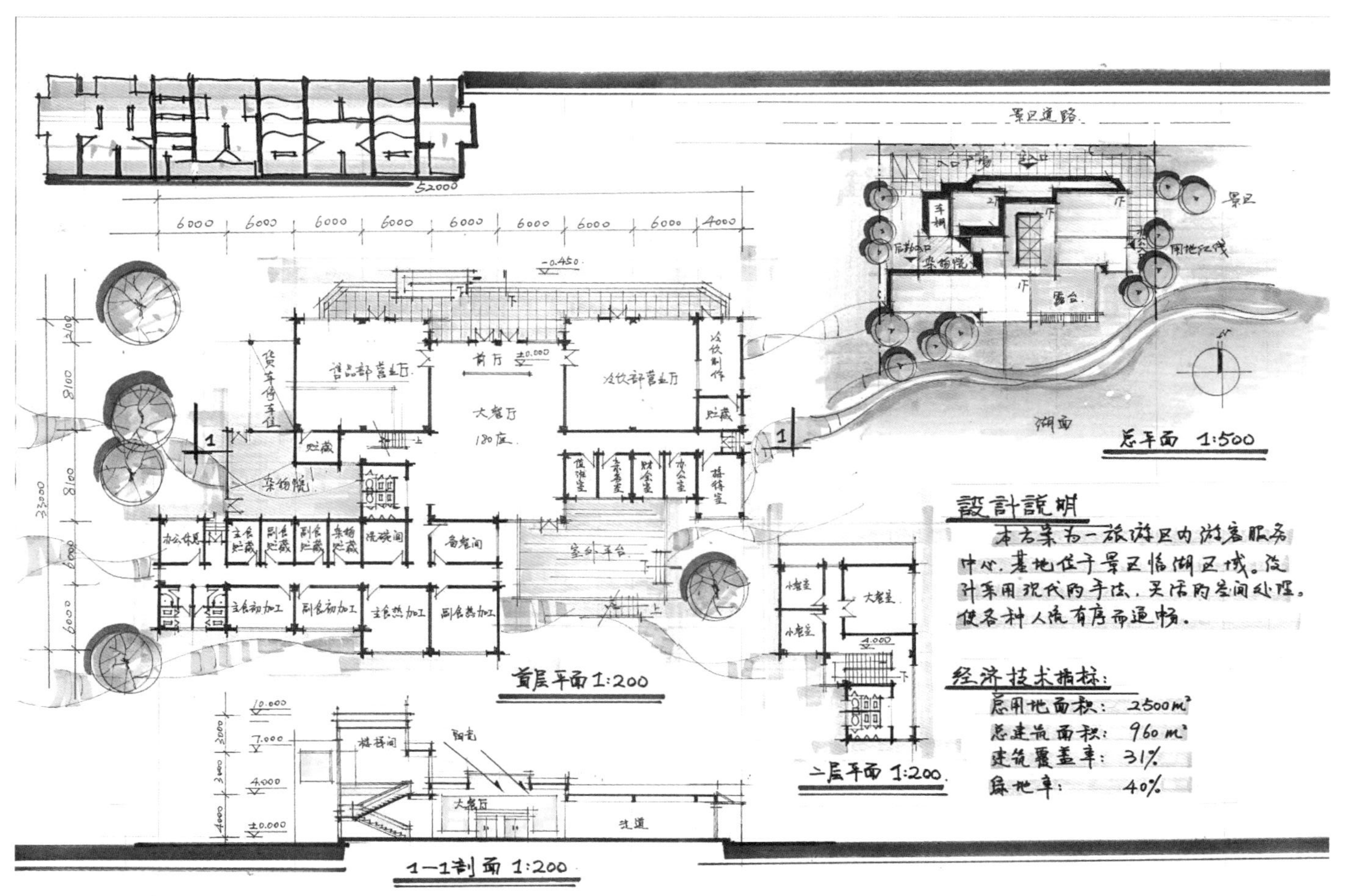

作业1

作者：祁乾龙

透视效果图.
10.000
7.000
4.000
±0.000
3000
3000
4000
入口北立面 1:200
临湖东立面 1:200

作者：祁乾龙

远视效果图

1-1剖面 1:200

东立面 1:200

作业2

作者：祁乾龙

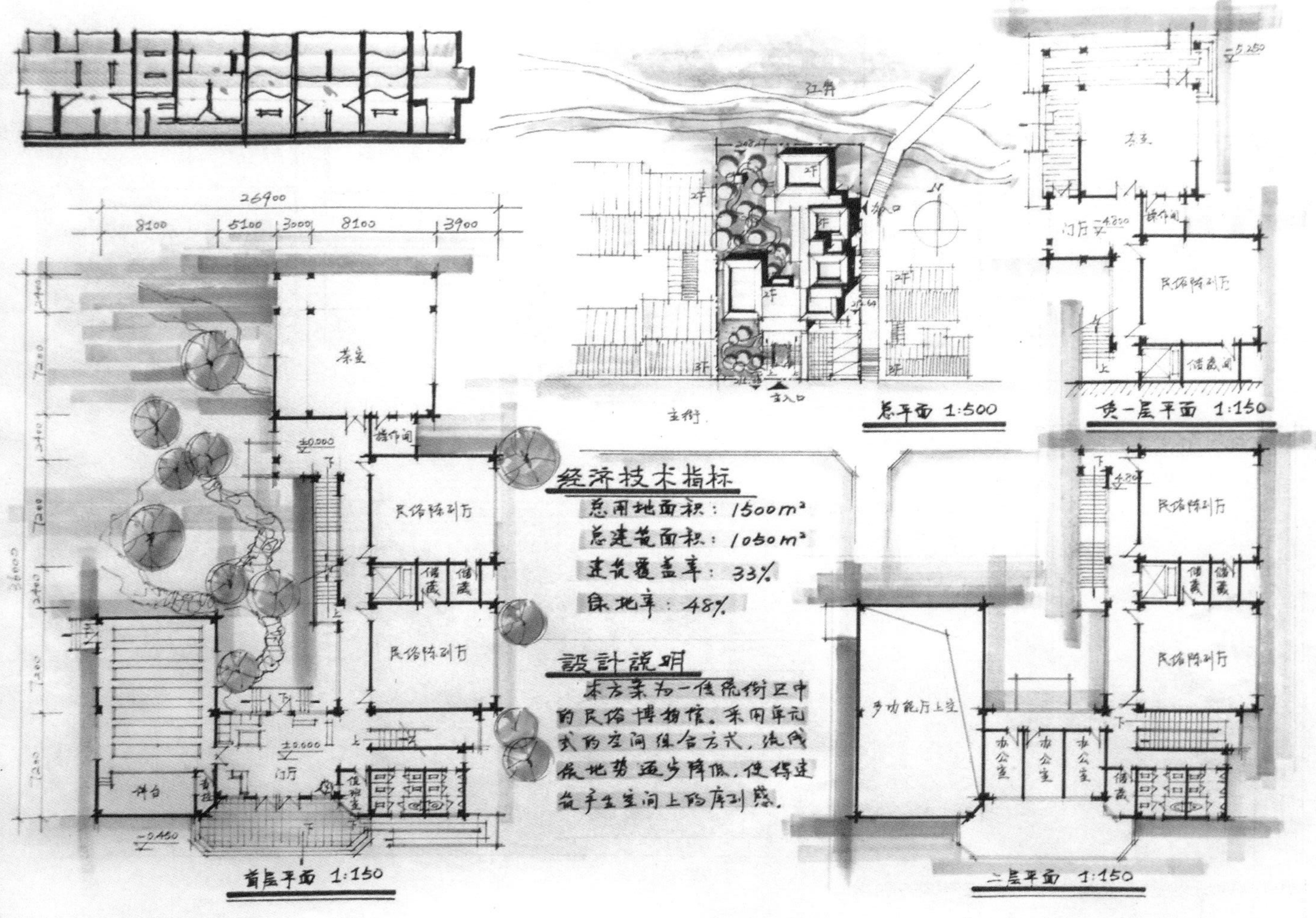
江界
26900
8100
5100
3000
8100
3900
茶室
操作间
民俗陈列厅
储藏
民俗陈列厅
门厅
舞台
首层平面 1:150
主街
主入口
次入口
总平面 1:500
负一层平面 1:150
储藏间
经济技术指标
总用地面积：1500m²
总建筑面积：1050m²
建筑覆盖率：33%
绿地率：48%
設計說明
本方案为一传统街区中的民俗博物馆。采用单元式的空间组合方式，流线依地势逐步降低，使得建筑产生空间上的序列感。
多功能厅上空
办公室
二层平面 1:150

作者：祁乾龙

经济技术指标

用地面积 1600m²
建筑面积 1250m²
建筑覆盖率 35%
绿地率 30%

首层平面 1:200

二层平面 1:200

1-1剖面图 1:200

总平面 1:500

作业3

作者：祁乾龙

1-1剖面 1:200
南立面 1:200
12450
600 3600 3600 4200
12.000
11.400
7.800
4.200
±0.000
-0.450

作业4

作者：祁乾龙

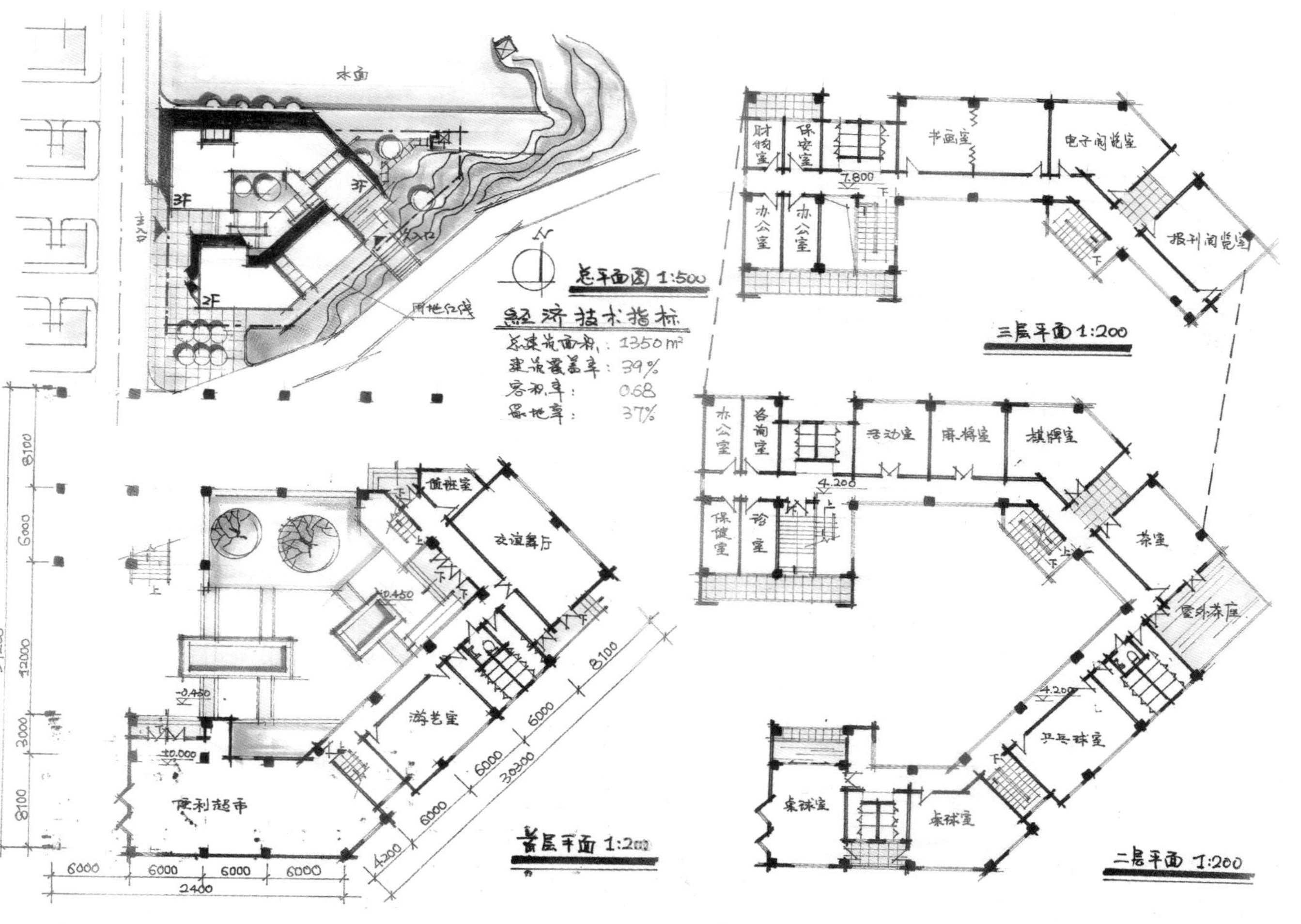
水面
主入口
次入口
3F
2F
绿地红线
总平面图 1:500
经济技术指标
总建筑面积：1350m²
建筑覆盖率：39%
容积率：0.68
绿地率：37%
三层平面 1:200
财物室
保安室
办公室
办公室
书画室
电子阅览室
报刊阅览室
7.800
二层平面 1:200
办公室
咨询室
保健室
诊室
活动室
麻将室
棋牌室
茶室
室外茶座
卫乒球室
桌球室
桌球室
4.200
首层平面 1:200
值班室
交谊舞厅
游艺室
便利超市
±0.000
-0.450
0.450
6000
8100
12000
3000
37200
30300
4200
2400

作者：祁乾龙

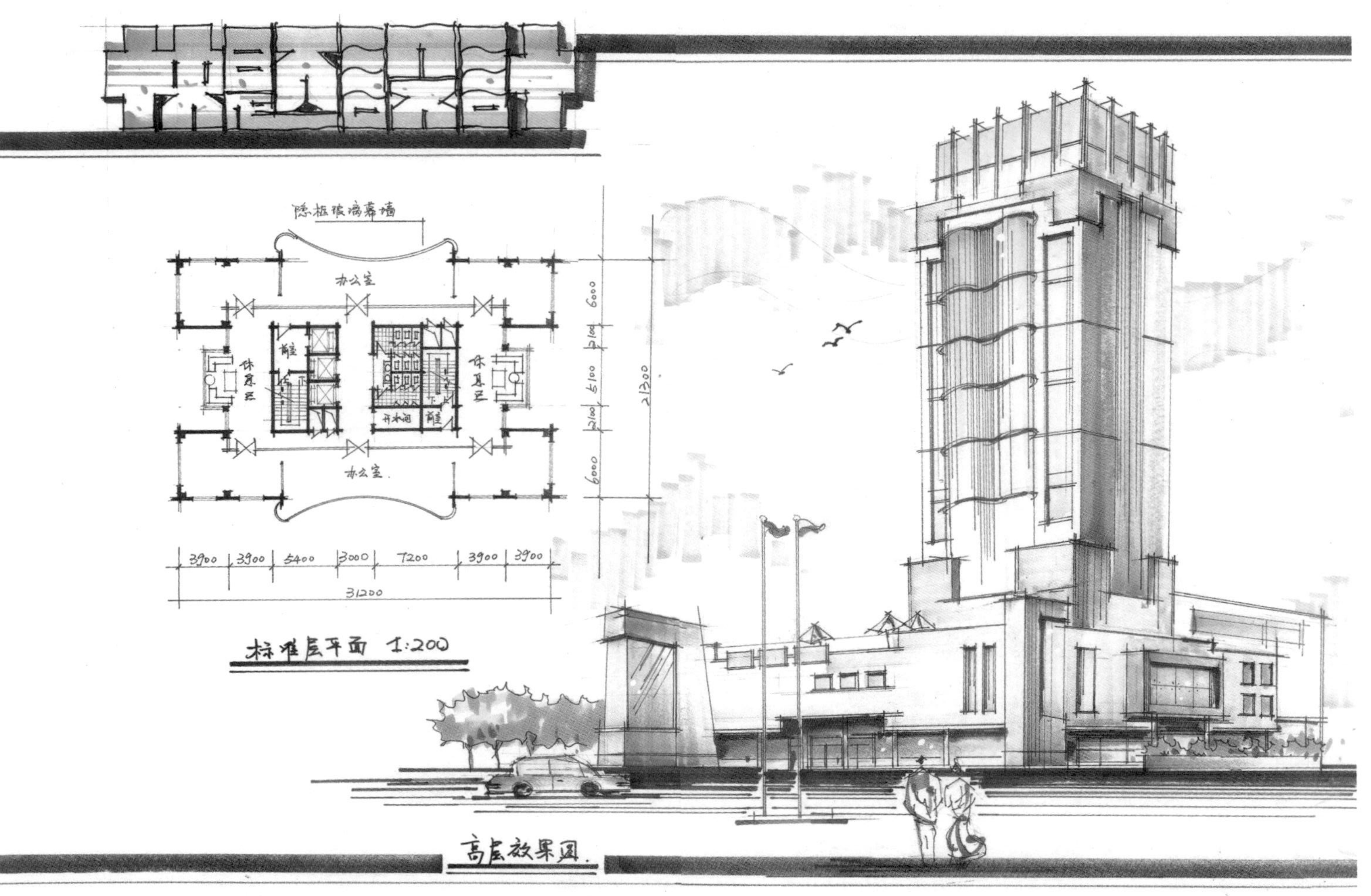
高层效果图
标准层平面 1:200
隐框玻璃幕墙
办公室
办公室
休息室
休息室
3900 3900 5400 3000 7200 3900 3900
31200
6000 2100 6100 2100 6000
22300

作业5

作者：祁乾龙

作业6

作者：王志飞

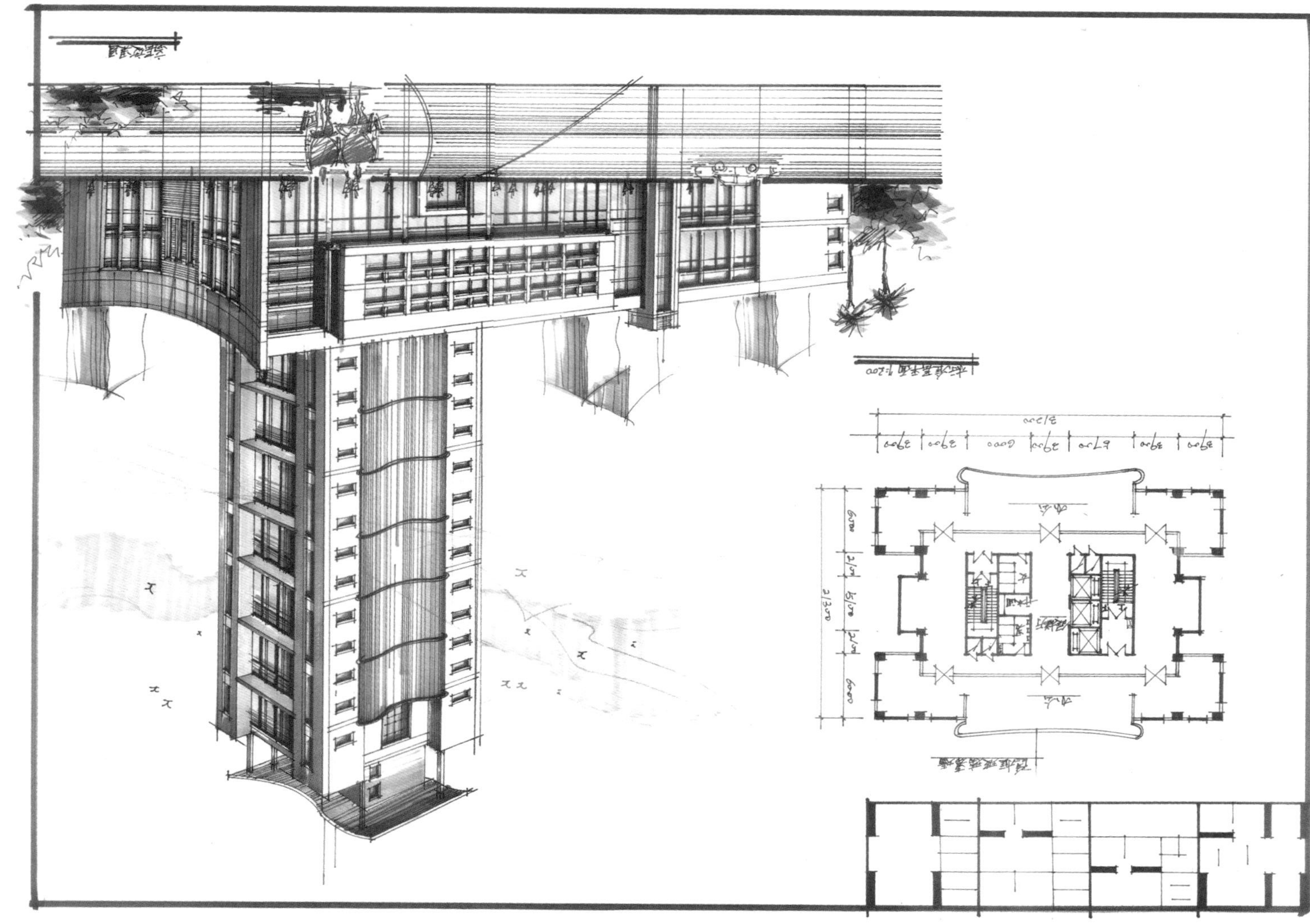

作者：王志飞

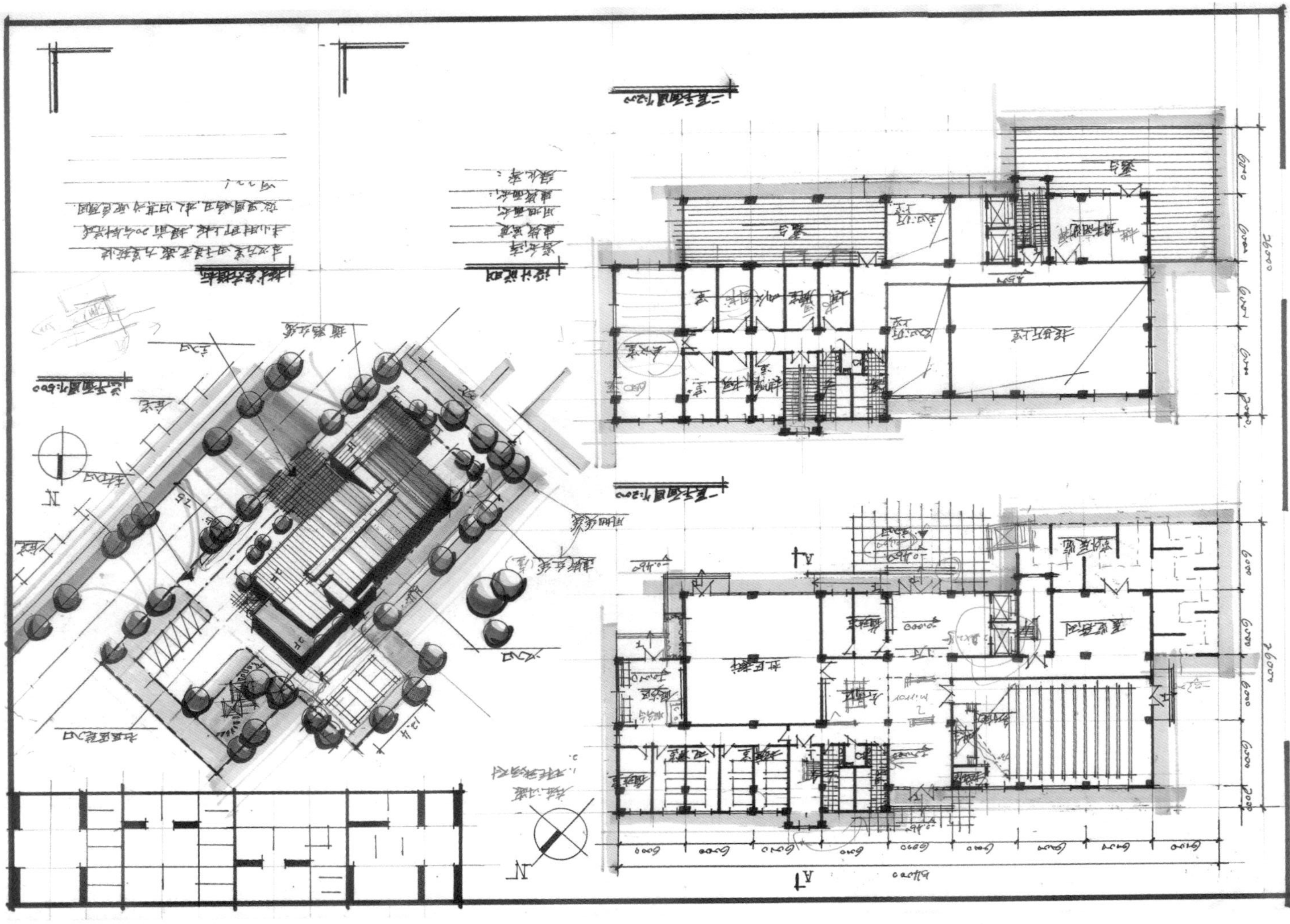

正立面图 1:200

东北立面 1:200

A-A剖面图 1:200

作者：王志飞

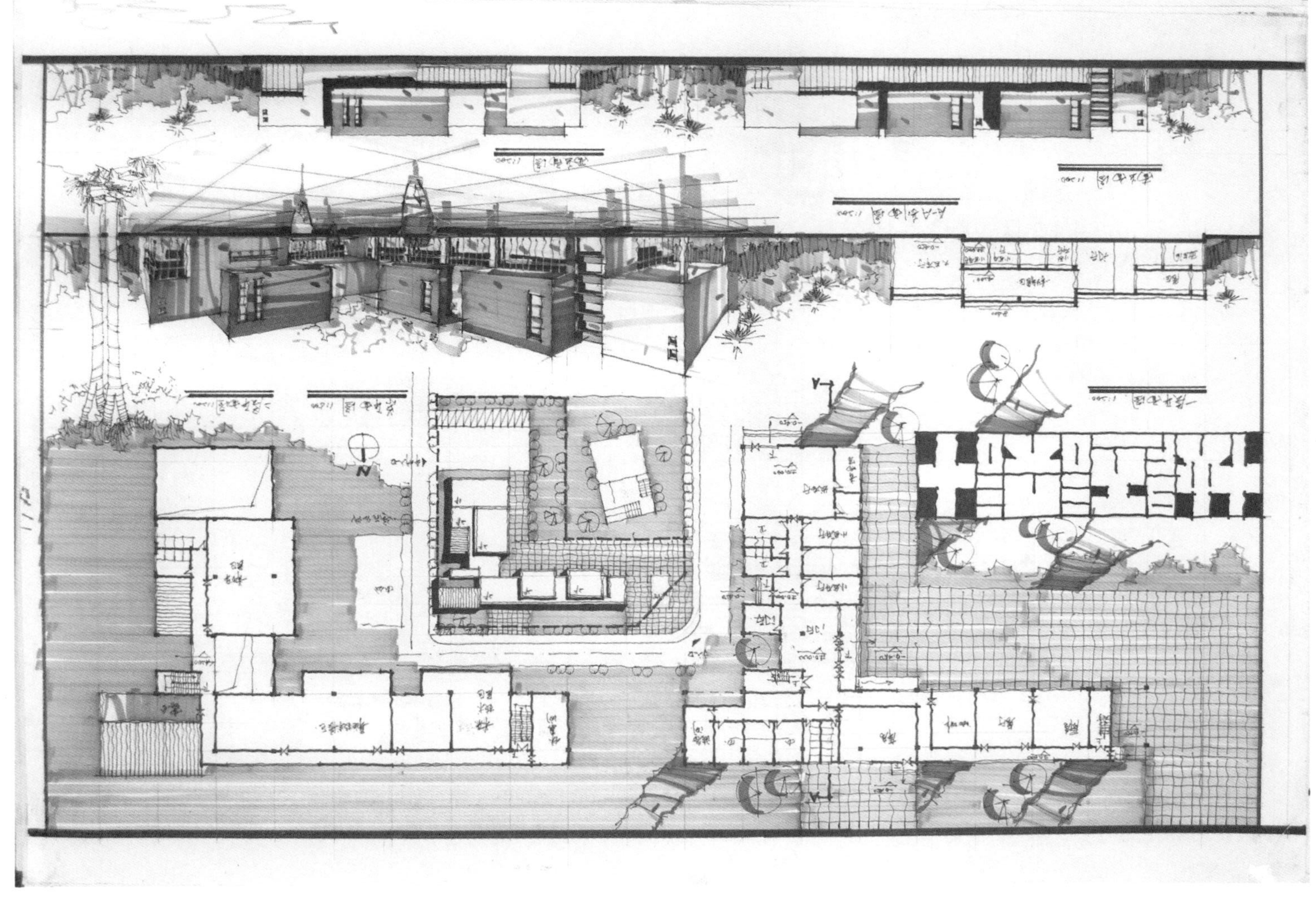

作业8

作者：朱亮亮

快题设计

二层平面 1:150

局部夹层 1:150

设计说明

技术经济指标

一层平面 1:150

A-A剖面 1:150

作业9

作者：陈洁

作者：陈洁

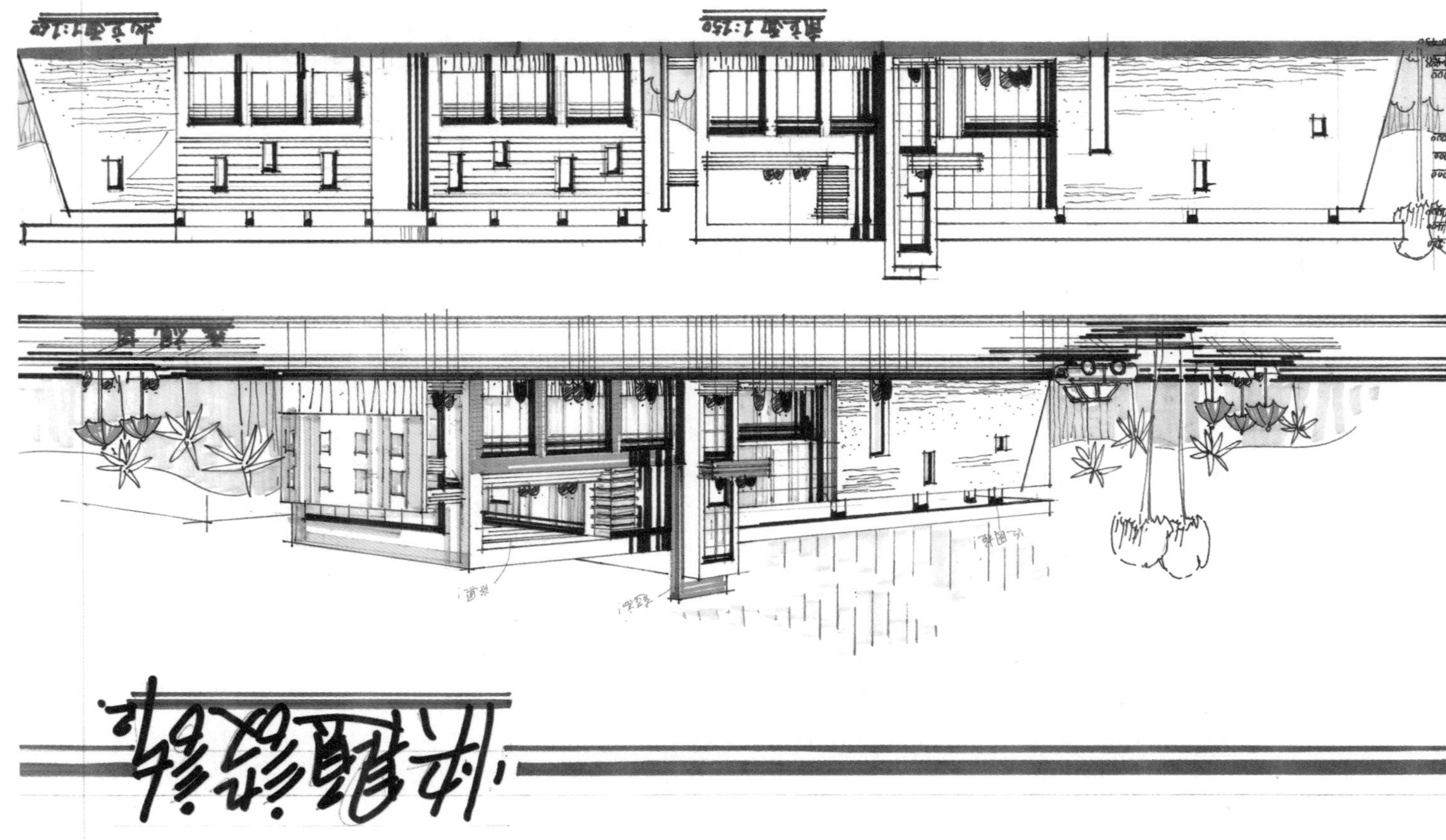

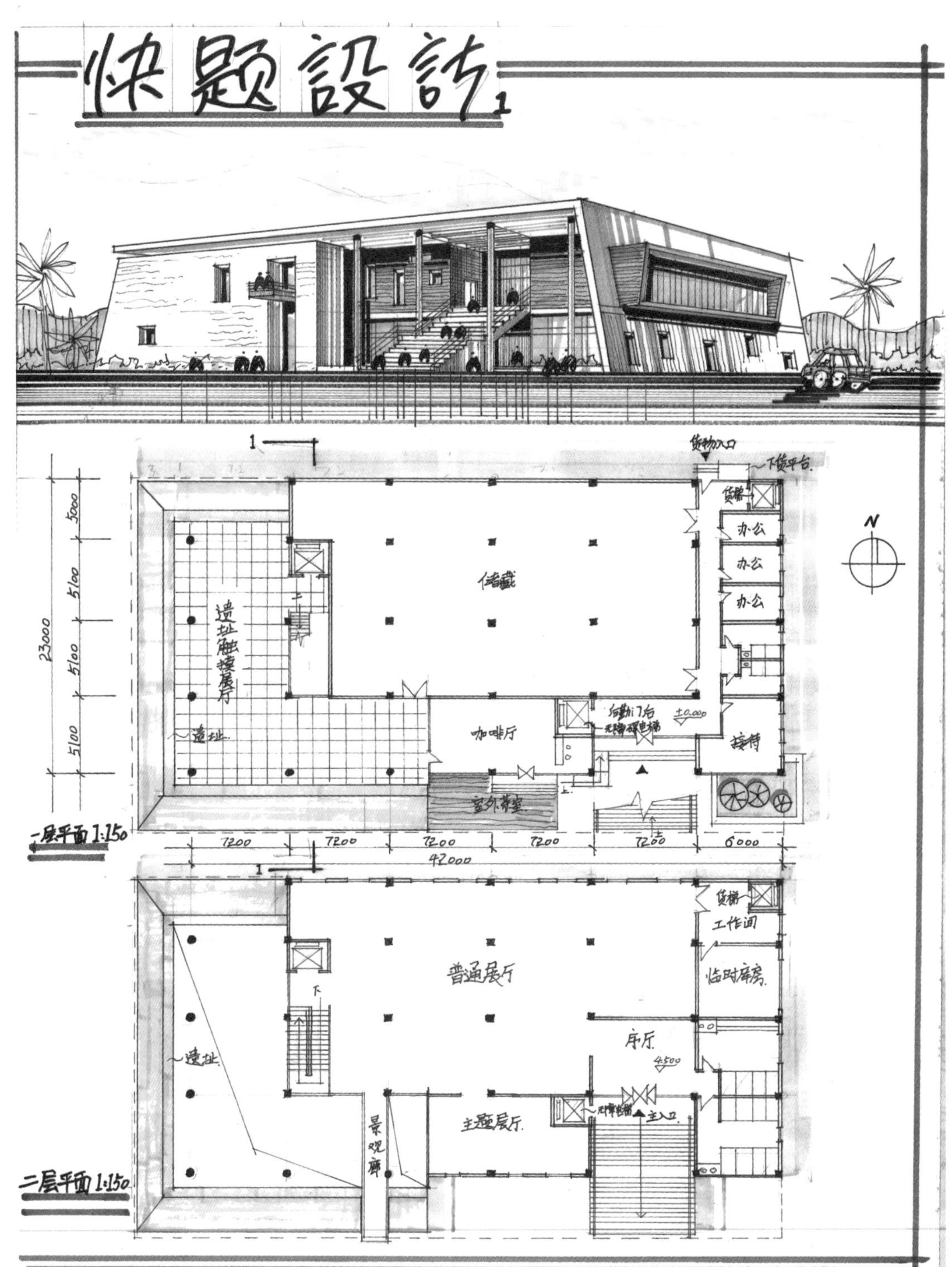

快题設計 1
货物入口
下货平台
货梯
办公
办公
办公
储藏
遗址触摸展厅
遗址
咖啡厅
接待
室外茶室
±0.000
5000
5100
5100
5100
23000
7200
7200
7200
7200
7200
6000
42000
一层平面 1:150
货梯
工作间
普通展厅
临时库房
序厅
4.500
遗址
主题展厅
景观廊
主入口
二层平面 1:150

作业10

作者：王一名

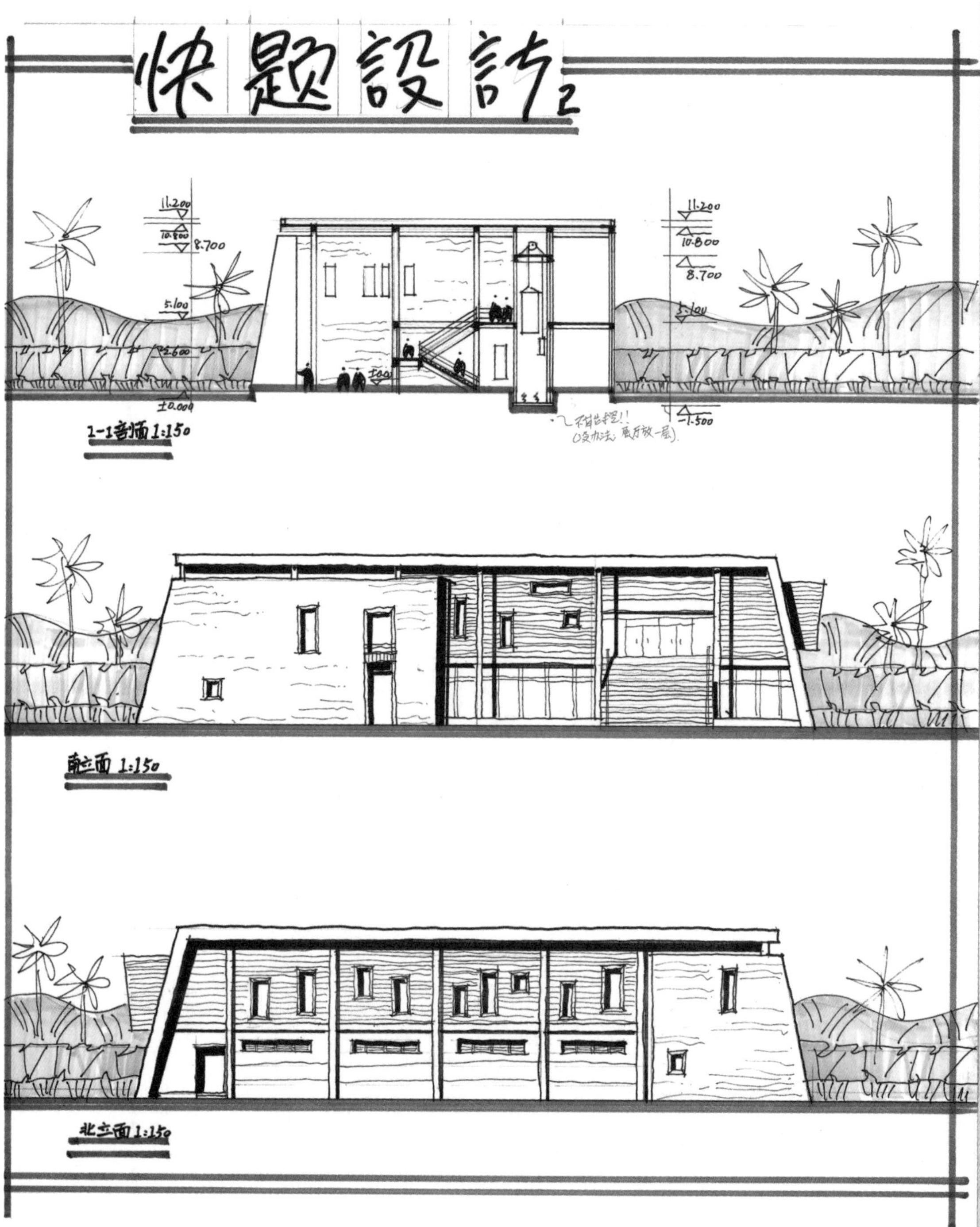
快题設計2
11.200
10.800
8.700
5.100
2.600
±0.000
±0.00
-1.500
1-1剖面 1:150
南立面 1:150
北立面 1:150

作者：王一名

作者：叶鑫

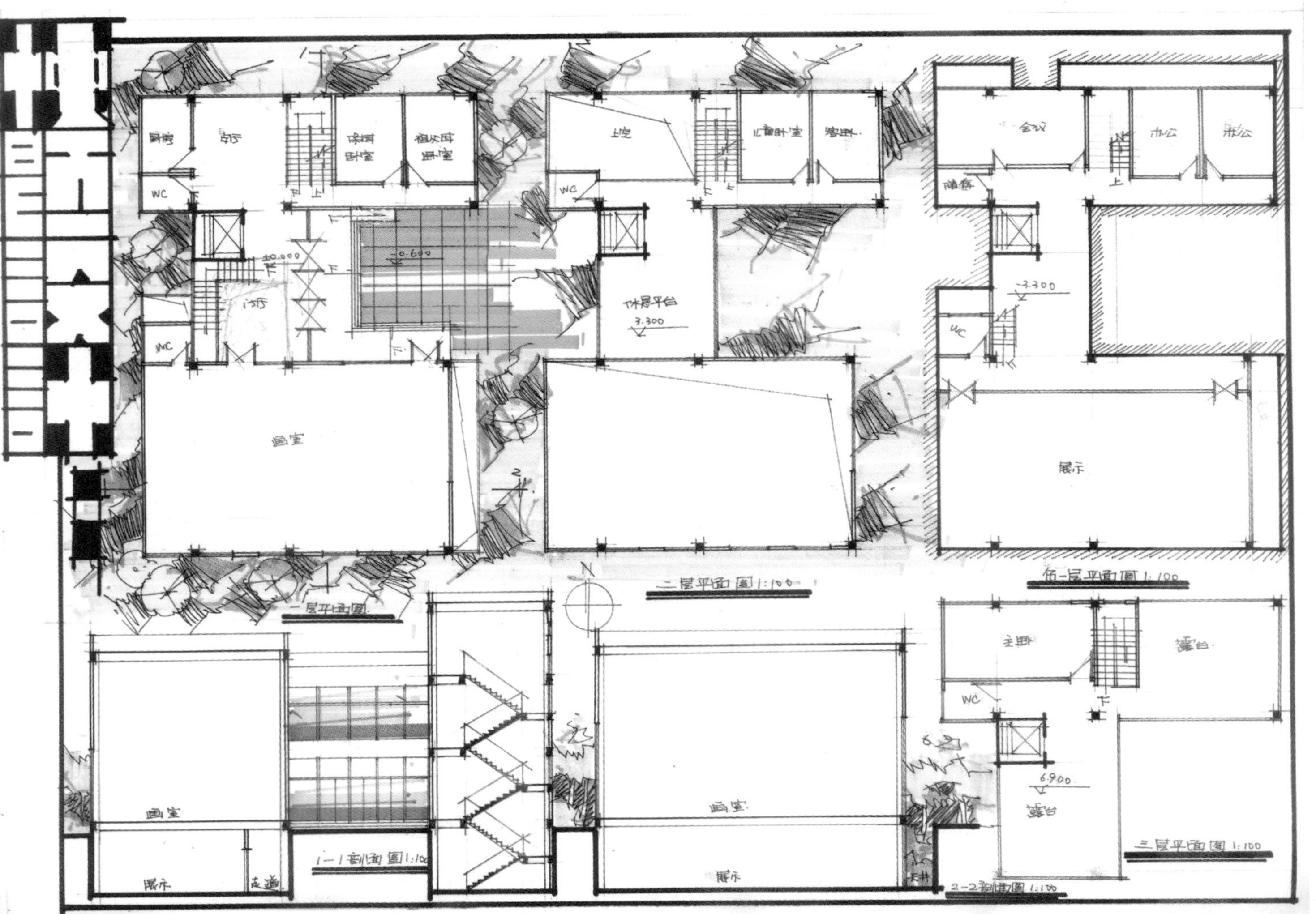
画室
展厅
WC
休息平台
3.300
-3.300
±0.000
-0.600
6.900
二层平面图 1:100
三层平面图 1:100
1-1剖面图 1:100
2-2剖面图 1:100
N

作者：叶鑫

作者：叶鑫

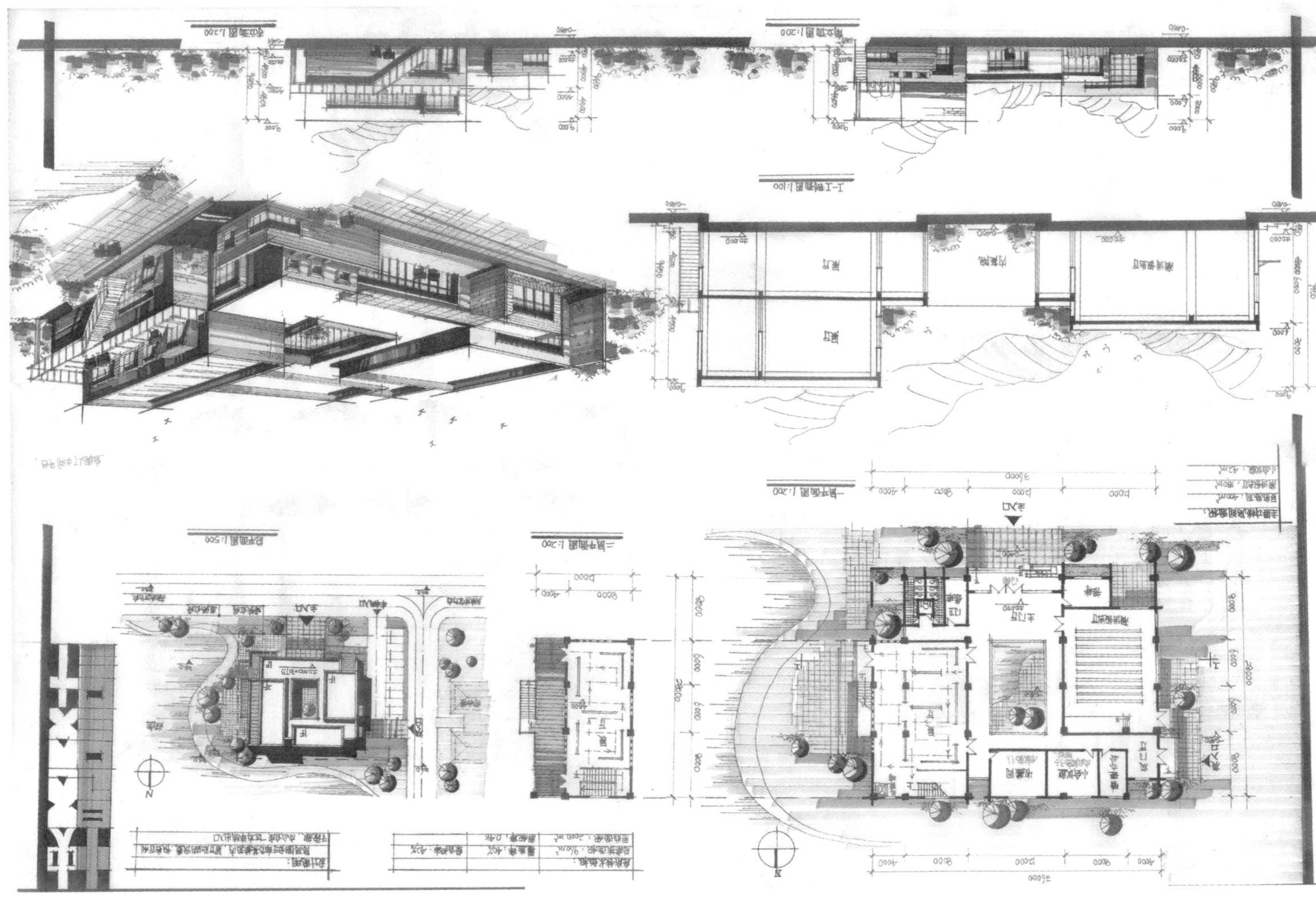

作业13

作者：赵依帆

参考文献/REFERENCE

[1] 民用建筑设计通则 GB 50352—2005[S]. 北京：中国建筑工业出版社，2005.

[2] 文化馆建筑设计规范 JGJ/T41—2014[S]. 北京：中国建筑工业出版社，2015.

[3] 汽车库、修车库、停车场设计防火规范 GB 50067—2014[S]. 北京：中国计划出版社，2015.

[4] 旅馆建筑设计规范 JGJ62—2014[S]. 北京：中国建筑工业出版社，2015.

[5] 交通客运站建筑设计规范 JGJ/T 60—2012[S]. 北京：中国建筑工业出版社，2013.

[6] 住宅设计规范 GB50096—2011[S]. 北京：中国建筑工业出版社，2011.

[7] 商店建筑设计规范 JGJ48—2014[S]. 北京：中国建筑工业出版社，2014.

[8] 建筑设计防火规范 GB 50016—2014[S]. 北京：中国计划出版社，2015.

[9] 建筑制图标准 GB/T50104—2010[S]. 北京：中国计划出版社，2011.

[10] 办公建筑设计规范 JGJ 67—2006[S]. 北京：中国建筑工业出版社，2007.

[11] 车库建筑设计规范 JGJ100—2015[S]. 北京：中国建筑工业出版社，2015.

[12] 黎志涛 . 快速建筑设计方法入门 [M]. 北京：中国建筑工业出版社，1999.

[13] 胡振宇，林晓东 . 建筑学快题设计 [M]. 南京：江苏科学技术出版社 .2007.